普通高等教育"十一五"国家级规划教材

炼钢设备及车间设计

（第2版）

主　编　王令福
副主编　杨治立　周书才
主　审　郑沛然

北　京
冶金工业出版社
2022

内容提要

本书是根据教育部“十一五”普通高等教育教材出版规划编写的，内容涉及炼钢厂或车间熔炼设备、炉外精炼设备和连续铸钢设备以及车间工艺布置设计等问题。全书共分13章，主要讲述氧气转炉炉型、转炉炉衬与金属构件、氧气转炉供氧系统、氧气转炉车间原材料供应、电弧炉炉型与水冷挂渣炉壁、电弧炉变压器、电极及其他设备、炼钢过程的物料平衡与热平衡、炉外精炼设备及工艺布置、连续铸钢设备、氧气转炉炼钢车间、电弧炉炼钢车间、炼钢车间烟气净化与回收。

本书可作为高等院校冶金工程专业教材，也可供从事炼钢生产的工程技术人员参考。

图书在版编目(CIP)数据

炼钢设备及车间设计/王令福主编．—2版．—北京：冶金工业出版社，2007.8（2022.9重印）

普通高等教育“十一五”国家级规划教材

ISBN 978-7-5024-4339-9

Ⅰ．炼…　Ⅱ．王…　Ⅲ．①炼钢设备—高等学校—教材　②炼钢厂—车间—设计—高等学校—教材　Ⅳ．TF34

中国版本图书馆CIP数据核字(2007)第124703号

炼钢设备及车间设计（第2版）

出版发行	冶金工业出版社	**电　　话**	(010)64027926
地　　址	北京市东城区嵩祝院北巷39号	**邮　　编**	100009
网　　址	www.mip1953.com	**电子信箱**	service@mip1953.com

责任编辑　任咏玉　宋　良　美术编辑　彭子赫　版式设计　张　青

责任校对　刘　倩　李文彦　责任印制　李玉山

北京虎彩文化传播有限公司印刷

1998年10月第1版，2007年8月第2版，2022年9月第5次印刷

787mm×1092mm　1/16；12.5印张；330千字；188页

定价25.00元

投稿电话　(010)64027932　投稿信箱　tougao@cnmip.com.cn

营销中心电话　(010)64044283

冶金工业出版社天猫旗舰店　yjgycbs.tmall.com

前　言

本书是根据教育部“十一五”普通高等教育教材出版规划而编写的。其主要内容包括炼钢厂(或车间)熔炼设备、炉外精炼设备和连续铸钢设备以及车间工艺布置设计等方面,以主要炼钢方法——氧气转炉炼钢和电弧炉炼钢为重点。

近半个世纪以来,炉外精炼和连续铸钢得到长足的发展。近年来,我国不仅钢产量居世界首位,而且钢铁生产技术接近世界先进水平。在编写过程中,我们注意到当前钢铁生产的这种趋势,对炉外精炼和连续铸钢有比较详细的论述。

本书在编写过程中,参考了炼钢界的专家和学者编写的教材和有关文献,并引用了某些内容,使本书得到充实,在此特别致谢。

重庆科技学院郑沛然审阅了书稿,提出了许多宝贵意见,在此表示衷心感谢。

本书第1、2、3、4、5、10章由重庆科技学院王令福编写;第8、11、13章由重庆科技学院杨治立编写;第6、9章由重庆科技学院周书才编写;第7、12章由重庆科技学院周书才、王令福编写。

书中有不妥之处,恳请读者批评指正。

编　者

2007年4月

目　录

1 绪 论

1.1 钢铁企业的组成及炼钢生产在整个生产系统中的地位

目前,钢的生产方法大致可分为两类。一类是氧气转炉生产,另一类是电炉(主要是电弧炉)生产。氧气转炉生产的主要原材料是铁水,大多数情况下铁水由高炉供给,而高炉的主要原材料是铁矿石;转炉生产出来的产品是钢坯(或钢锭),它们还不是最终成品,而必须经由轧钢机轧制成各种类型和规格的钢板、型钢、钢管等最终产品,提供给市场。因此,氧气转炉不可能独立存在,它必须前有炼铁,后有轧钢,共同组成一个钢铁生产的联合体。我们称这样的生产模式为钢铁联合企业。电弧炉的主要原材料是废钢铁,其产品仍然是钢坯或钢锭,需经由轧钢制成最终成品,满足市场需求。在这种情况下,作为成品钢材的一个生产单位,往往由炼钢和轧钢两个部分组成,我们称这样的生产模式为电炉钢厂。

1.1.1 钢铁联合企业的组成及总体布置

1.1.1.1 钢铁联合企业的组成

钢铁联合企业一般应包括炼铁、炼钢、轧钢三个主要生产部门,以及为它们服务的各种辅助生产部门和机构。在很多钢铁联合企业里还包括有炼铁生产之前的采矿、选矿以及烧结、炼焦等生产部门,即庞大的高炉炼铁原料供应与准备系统。

除主要的生产部门之外,钢铁联合企业还必须包含能满足全企业需要的动力设施,诸如:变配电站(或自备发电厂),供水、排水及污水处理,热力供应,燃料供应与制备,制氧(及其他生产用气体)生产,机修车间,运输部门,通讯部门及试验研究部门等。

钢铁联合企业工艺流程如图 1-1 所示。

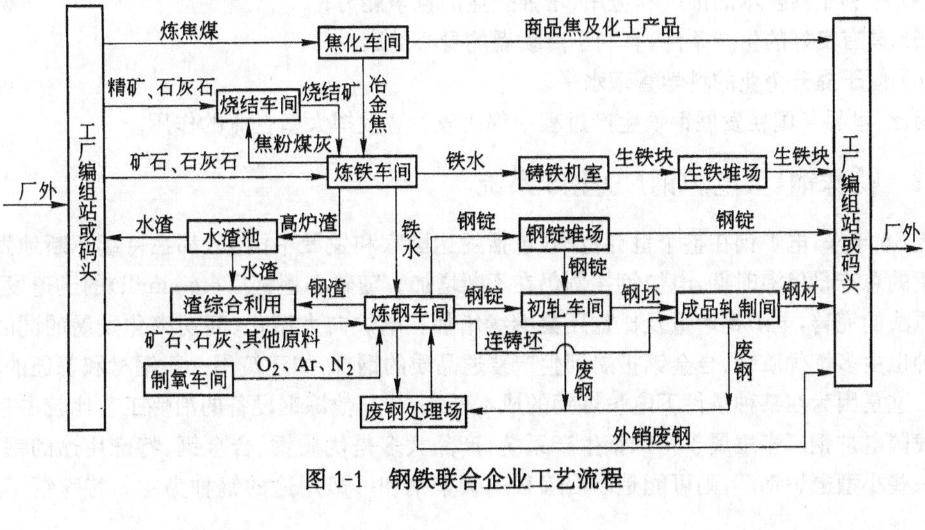

图 1-1 钢铁联合企业工艺流程

组成联合企业的各个生产和辅助部门有密切的联系。首先,原材料供求关系要互相满足,如炼铁车间(分厂)冶炼出来的铁水送至炼钢车间(分厂)及时供应炼钢炉的需要,炼钢车间的连铸钢坯(或合格钢锭)送至成品轧制车间(或开坯车间开坯)轧制成材,而不同规格与成品的轧钢车间之间也存在着坯料供需关系。其次,这种联系还表现在上下工序(车间)之间在生产能力上的相互平衡和相互适应,一旦破坏了这种平衡与适应关系,就会给生产带来不良的影响。动力设施和各辅助车间又是主生产流程的保证,如果辅助原料、燃料、氧气不能及时供给,也会影响主体生产线的正常运行,甚至造成停产。全厂金属料平衡和其他生产必需品的物料平衡表示出这种互相平衡和相互适应的关系。表 1-1 给出钢铁企业主要生产车间原材料的消耗系数,它标志着供需平衡关系,也是钢铁生产的一个重要技术经济指标。

各种原料消耗系数与生产工艺、生产品种、产品规格尺寸有关。例如,轧制板材、管材的原料消耗将大于大尺寸的棒材与型材;连铸坯的钢水收得率高于模铸钢锭。

表 1-1 钢铁企业主要生产车间原材料消耗系数

每吨铁水消耗系数		每吨钢锭消耗系数		每吨钢材消耗系数	
主要原料	消耗系数	主要原料	消耗系数	主要原料	消耗系数
铁矿及烧结矿	1.6～2.0	铁水及废钢	1.10～1.25	钢 锭	1.15～1.25

1.1.1.2 大型企业具有的优势

近十年来,我国钢铁工业发展迅猛。在发展过程中,除了注意发挥已有的中小企业作用外,相当大的注意力是放在建设和改造一批大型的、现代化的钢铁联合企业上。随着我国社会主义市场经济体制的逐步完善,通过兼并、重组、强强联合,一定会出现一些高水平的特大型钢铁联合企业,不仅在我国经济建设中发挥重要作用,而且在国际钢铁市场上施以重大影响。一般说来,大型企业具有以下优点:

(1) 生产能力大,效率高,各项经济技术指标优于中小型企业;

(2) 各专业厂(车间)之间运输距离相对缩短,调度更加合理,生产周期相应缩短,单位产品的生产与运输费用降低;

(3) 能合理地利用资源及本企业生产的各种副产品,开展综合利用,实现良好的环境保护,有利于做到可持续发展;

(4) 有利于新技术的推广和应用,增强企业的竞争能力;

(5) 具有良好的生产条件,有利于劳动者的身心健康;

(6) 便于提升企业的科学管理水平。

因此,世界各国在发展钢铁生产过程中都比较注意发挥大型企业的作用。

1.1.2 特殊钢厂(电炉钢厂)生产系统

近 30 年来,电炉钢在整个世界范围(包括发达国家和发展中国家)都在持续不断地发展,在世界钢的总产量停滞时期,电炉钢比例仍在不断增加。随着小型钢厂(minimill)的迅速发展和直接还原法的完善,电炉钢产量及比重还会继续增加。电炉向大型化、高功率化发展的同时,其冶炼品种也由多炼优质钢、合金钢扩展到生产普通品质的钢种,如建筑用一般钢材和普通的型钢与板材。这是因为在某种条件下电炉炼钢的成本低廉,与其他炼钢设备的冶炼工艺比较占有优势。

我国电炉钢厂多隶属于特殊钢生产系统,产品大多是优质钢、合金钢、特殊用途的钢种。而在另一些小型电炉钢厂,则可能是以冶炼普通碳素钢和一般用途的钢种为主。特殊钢厂里由于品种质量的要求，其冶炼、加工工艺较为复杂，还需要设置除电弧炉以外的精炼炉、真空熔炼炉、电渣炉等多种类型的设备以适应不同钢种的生产需要。就某些合金钢种的压力加工流程而言，首先应进行锻压开坯（或成材），而后轧制成材，供给用户。特殊钢生产的工艺流程如图 1-2 所示。

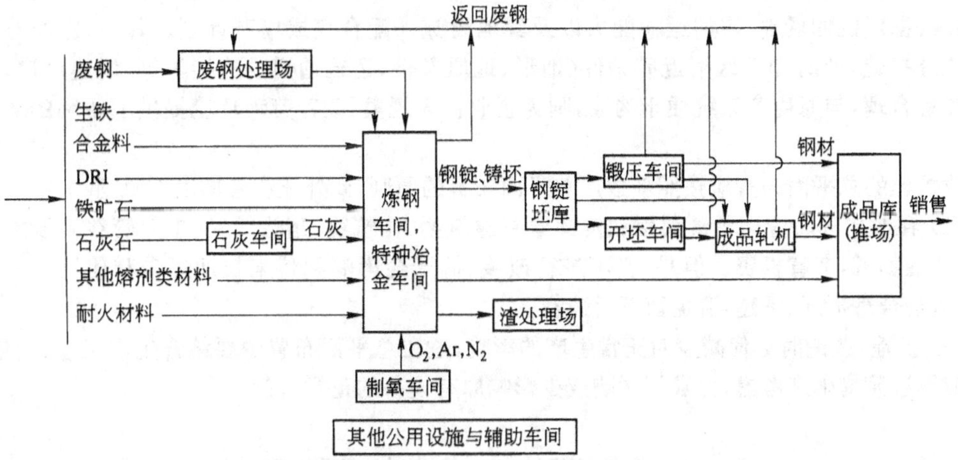

图 1-2 特殊钢生产工艺流程

20 世纪 60 年代以来，国外率先涌现出一大批所谓的小型厂（minimill）。这些厂以废钢为原料（或者包含一部分直接还原铁），其冶炼部分的构成通常是：一座高功率或超高功率电弧炉、一座炉外精炼装置（如 LF 炉）和一台连铸机，生产出来的钢坯热送至紧邻的轧钢车间直接轧制。这种厂结构紧凑，投资省，建设周期短，年产钢可以从万吨到百万吨，品种范围广，由普通碳素钢到优质合金钢。十多年来，这种 minimill 在我国也在不断地建设和发展。

1.1.3 总图

钢铁厂内部各车间在位置上的相互关系构成联合企业（或电炉钢厂）的总平面布置图，简称总图。它表明企业内地面及地下的一切建筑物、构筑物的位置和高度，各种管线在厂区内的分布和铺设情况，交通运输线路，绿化美化等设施的平面位置。总平面布置是总图设计的重要组成部分，各车间与公用设施的布局是否合理会直接影响到能否合理地顺利地组织生产，影响到企业建设投资效益及生产经营成本等一系列问题。总平面布置是一项政策性、系统性、综合性很强的设计工作，涉及的专业范围很广，遇到的问题错综复杂，通常要经过多种方案的技术经济比较，择优选取，以便创造好的工作和生产环境，提高建设投资的经济效益和降低生产成本。

总之，总图设计是设计部门的一个极为重要的工作，总图设计的质量事关大局，会影响到一个厂能否正常运营，能否安全生产，以及长远发展的可能性。总图设计还要与各种专业设计相联系，满足各专业生产车间的需要。炼钢车间工艺设计人员要向总图设计人员提供炼钢车间设计的若干技术资料，以便后者开展工作，诸多具体技术应由双方共同确定，使全厂性、总体性设计能为炼钢生产服务，而炼钢车间这一个局部又应纳入全厂这个整体并服从整体。这就是专业车间设计与总图设计的关系。

1.1.4 改扩建老厂应注意的原则

随着生产、技术的发展，一些厂往往会碰到改建或扩建问题。

改扩建老厂的设计比建新厂(车间)的设计更为复杂,处理技术问题也较为困难。改扩建形式有不同的情况。其一,在原企业场地上改扩建,场地上不增加新建筑物、构筑物,只在车间内部增加设备或更换新技术设备,以强化生产,提高操作技术水平,扩大生产。这种形式(扩大生产)对总图影响不大,但产量增加需要增加运输能力。所以,改扩建的重点将是把运输设施相应地加以调整、改造,以满足扩大生产的需要。其二,扩大原有厂房或增建新厂房以扩大生产,这就必须占据厂区的场地,增加运输能力以及其他设施来配合完成增产计划。其三,在原有企业场地之外扩建,此时如厂区附近有条件(地形、地质条件,运输通道的连接等等)增建厂房,而且生产流程合理,与原生产系统便于沟通,则为企业扩大规模、改善劳动环境提供了便利的场地条件。

改扩建的总平面布置应按照新建厂总平面布置的原则,此外还应考虑以下原则:

(1) 在改扩建时应当尽量利用和发挥原有建筑物、构筑物、运输线路、工业管线等设施的效用,以节约物资,节省投资。但是,当不进行改换、拆迁会影响到将来长期运转和使用上不合理时,则应当合理拆迁、重建,避免留下后遗症。

(2) 扩建、改造时如何减少对正常生产的影响,这在总平面布置中要结合生产工艺、运输、动力供应等过渡措施来考虑,力求不影响或少影响原有设备的正常生产。

1.2 炼钢厂生产规模与金属平衡

1.2.1 炼钢厂生产规模与产品大纲

炼钢厂的生产规模是指该厂年产原钢的数量,即合格钢锭或合格连铸坯或二者之和的年产量。但对于某一个炼钢厂来说,还应区分它的“生产能力”和“实际(或计划)产量”,当设备运转正常,无意外的外界因素影响时,两者实际上相同。但是由于市场因素或其他原因的影响,某些厂可能开工率不足,这样实际产量就会低于生产能力。

炼钢厂的产量是由企业钢材生产的需要决定的。企业的产品计划(即钢材产品的产量、品种、产品规格等)确定了加工工序和加工设备类型,再依加工工序的要求来确定炼钢厂所应提供的铸坯或钢锭的质量与断面形状、尺寸,从而计算出按不同钢种所需供应的坯(或锭)的数量(吨)。这通常称为炼钢厂的产品大纲。

设计炼钢厂时首先应制定产品大纲(或称为设计的产品计划),详细地列出所要熔炼的钢种,各钢种具有代表性的若干钢号,各钢号的产量及在总产量中所占的比例,各钢号铸成连铸坯(或钢锭)的断面形状与尺寸及定尺长度等。为了便于了解各钢种的生产流程,还应当说明各种铸坯(或钢锭)送往哪一个后步加工工序,这样就可使炼钢厂的产品品种、产量、所占比例和去向十分清楚地表述出来。

1.2.2 铸坯(或钢锭)需要量的计算

在决定工厂各轧钢车间钢坯(或钢锭)需要量时,必须知道一吨成品钢材的金属消耗系数。

随着浇注、加热、轧钢等工艺技术的改进,金属消耗系数趋于下降。金属的消耗系数与生产的具体条件有关,如钢的质量(沸腾钢、镇静钢),浇注方法,钢锭重量,钢材品种,以及在轧钢过程中有否中间加热等等。

表 1-2 为各种钢材 1t 成品的总的金属消耗系数,供设计时参考运用。

表 1-2 成品钢材总的金属消耗系数(t/t 钢材)

轨梁轧机	
铁路钢轨	1.26～1.35
电车钢轨	1.40～1.45
钢桩	1.27～1.29
轧制角钢的沸腾钢	1.13～1.15
轧制角钢的镇静钢	1.28～1.30
沸腾钢轧制成的 24～36 号钢梁	1.15～1.17
镇静钢轧制成的 24～36 号钢梁	1.29～1.31
沸腾钢轧制成的 45、55、60 号钢梁	1.20～1.22
镇静钢轧制成的 45、55、60 号钢梁	1.33～1.35
管坯	1.26～1.33
沸腾钢钢坯	1.13～1.15
镇静钢钢坯	1.28～1.30
大型轧钢机	
矿山用钢轨	1.27～1.32
垫板	1.16～1.20
鱼尾板	1.22～1.28
钢梁槽钢	1.15～1.18
型钢轧机	
轧型钢的沸腾钢	1.15～1.18
轧型钢的镇静钢	1.26～1.30
汽车拖拉机用钢	1.35～1.40
汽车用钢	1.32～1.38
铬镍钢	1.32～1.35
汽车轮盘	1.41～1.47
汽车板簧	1.33～1.38
薄板坯	1.09～1.11
槽钢及钢梁	1.15～1.18
管坯轧机	
管坯	1.15～1.18
线材轧机	
普通线材	1.15～1.16
高碳钢线材	1.30～1.32
钢板轧机	
普通碳钢厚钢板	
用沸腾钢轧成	1.33～1.40
用镇静钢轧成	1.50～1.65
燃烧室用钢板	1.80～1.90
热轧薄钢板	
用沸腾钢轧成	1.28～1.31
用镇静钢轧成	1.39～1.41
汽车拖拉机酸洗钢板	
用沸腾钢轧成	1.32～1.34
用镇静钢轧成	1.44～1.46
合金钢钢板	1.70～1.80
冷轧钢板	1.33～1.35

续表 1-2

酸洗钢板	1.36～1.38
屋顶钢皮	1.34～1.36
开坯轧机	
型钢用沸腾钢初轧坯	1.12～1.14
型钢用镇静钢初轧坯	1.22～1.25
钢轨用初轧坯	1.23～1.28
沸腾钢板坯	1.12～1.15
镇静钢板坯	1.27～1.32
合金钢板坯	约1.55
成品钢管的坯料消耗	
钻管	1.12～1.13
钻探套管	1.09～1.14
无咬口钻探管	1.08～1.13
容器钢管	1.06
压缩泵用管	1.085～1.11
裂化用管	1.135
石油管	1.09
不锈钢管	1.26
蒸汽过热器用管	1.08

1.2.3 炼钢厂的物料平衡

炼钢厂生产的物料平衡，是指某一时期进入该厂的各项原材料的量，与同一时期生产出来的合格坯(锭)量，排出的炉渣、工业垃圾、废气以及可回收的烟尘等的量，所作的平衡计算。也就是一个炼钢厂生产的投入与产出的实物量的平衡关系。炼钢过程消耗的原料以金属料(钢铁原料与合金料)量为最大，所以物料平衡中宜以金属料平衡为主。

物料平衡计算是以实际生产中统计的技术经济指标为依据，应当选用生产上的平均先进指标(如原材料的单位消耗和收得率，合格率等)作为设计的指标进行计算。而各项指标又与不同的生产流程、设备的类型(不同种类的熔炼炉及其容量大小)以及所熔炼的钢种密切相关。因此，选用计算资料时必须认真考虑，并且用这些指标来代表设计方案的技术可行性和经济合理性。原料的单位消耗是指平均单位合格产品所需用的原料量。表 1-3、表 1-4 是转炉炼钢与电弧炉炼钢主要消耗指标，可供计算物料平衡时参考。表 1-3、表 1-4 资料引自国家行业标准 YB9058—92(炼钢工艺设计技术规范)。

表 1-3 转炉熔炼主要消耗指标

序 号	项 目	单 位	转炉容量		
			<30t	30～100t	>100t
1	钢铁料	kg/t 坯	1130	1120	1100
2	石 灰	kg/t 坯	70	60	50
3	炉 衬	kg/t 坯	10	6	4
4	氧 气	m^3/t 坯	70	60	55

注：1. 表中指标为每吨连铸坯的消耗指标，如换算为钢水需除以 0.95；

2. 氧气消耗系吹炼过程用氧(未包括废钢处理用氧)。

表 1-4 电弧炉熔炼主要消耗指标

序 号	项 目	单 位	电炉功率水平	
			RP	HP,UHP
1	金属料,其中: 钢铁料 合金料	kg/t 钢水 kg/t 钢水 kg/t 钢水	1070～1120 1050～1080 20～40	1020～1120 1050～1080 20～40
2	石 灰	kg/t 钢水	40～70	40～70
3	电 极	kg/t 钢水	5～7	3～5
4	炉衬耐火材料	kg/t 钢水	10～20	4～10
5	钢包耐火材料	kg/t 钢水	4～10	4～10
6	氧 气	m^3/t 钢水	15～30	15～30

注:RP——普通功率,HP——高功率,UHP——超高功率。

计算炼钢厂生产的物料平衡的意义在于:

(1) 对一定规模的炼钢厂,显示出它的输入与输出任务的大小,即炼钢厂吞吐量的定量概念。由此又可以选定各种原材料输入,成品与废品的输出应采用的运输方式。计算所得运输任务的大小也是进行总图运输设计的依据。

(2) 由物料消耗量设计各原材料的储存量与储存容器容积或存放场地面积。

(3) 所选用指标的优劣直接反映设计的经济合理与否,特别是金属料的消耗与部分金属在生产流程中的循环往复更能显示所设计流程的先进与否,显示金属利用的水平。图 1-3、图 1-4 是模铸工艺和弧形连铸机连铸热装工艺的金属料投入产出与损失(流失不能回收的部分)平衡图。对于生产厂都应有如图 1-3、图 1-4 所示类型的金属平衡图,对于拟建的炼钢厂,设计时也必须有此种金属料平衡的计算。图 1-3、图 1-4 引自《炼钢》,1988No. 2,48—52。炼钢车间设计时也必须有此种金属料平衡的计算。

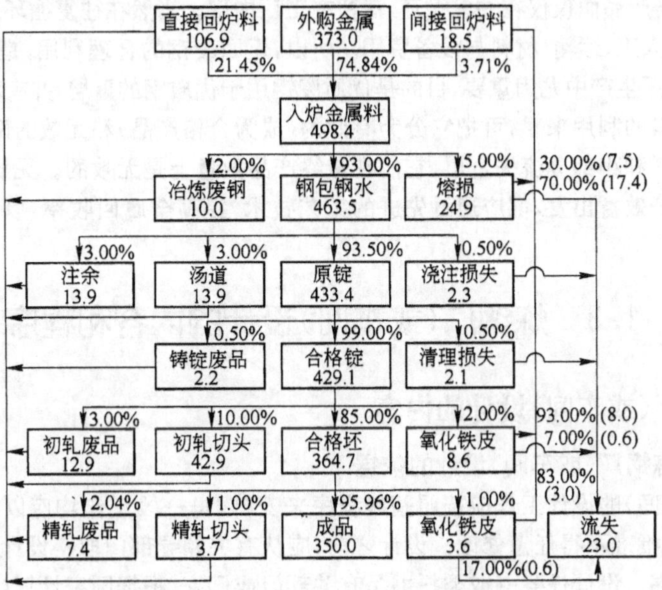

图 1-3 模铸工艺的金属料流程图(单位:1000t/a)

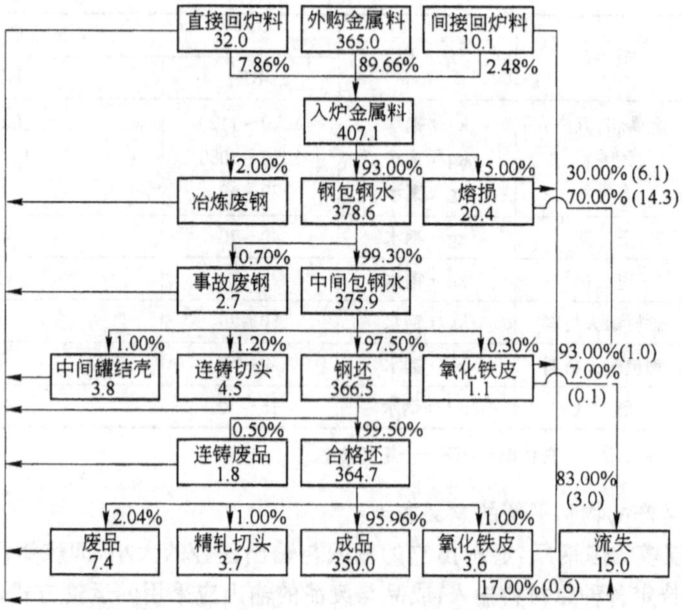

图 1-4 常规弧形连铸机连铸热装工艺的金属料流程图(单位:1000t/a)

图 1-3、图 1-4 均为年产 35 万 t 成品钢材(以线、棒材为例计算)的规模,由于所采用的生产工艺不同,故生产过程中各阶段的金属收得率不同,同时也各有一定量的金属流失而不可回收。简化计算时,间接回炉料可以不加考虑,因其占比例很小且生产中未必充分利用。生产过程中作为直接回炉料的那一部分返回废钢分别为全部炉料的 21.45%和 7.86%,它与成品量之比高达 30.5%(模铸)和 9.1%(连铸-热装),占钢水量的 23%和 8.5%。这部分返回废钢料的比值意味着有如此比率的金属在反复经历着装料、熔炼、加工、报废、回收和再次循环过程。无论哪种过程,总有这部分金属永不会成为合格产品而仅仅在往复循环,滞留在工厂内部。当然在往复循环周期之内,还要照例消耗一定的能量、人工、运输、材料与设备费用。所以,返回废钢的合理利用,是钢厂配料的重要环节之一,在特殊钢厂生产中尤为重要,目的是优质废钢用于优质钢的重熔,并有利于回收合金元素。

从外购金属料的利用来看,可把它分为有效的(成为合格产品)和无效的两组,无效的外购金属包括循环回炉料和小部分流失金属,它们在最终产品数量上是无效的。无疑,无论是从环境保护还是从生产经济效益出发,都应通过先进的工艺技术,提高金属回收率,以尽量减少这种无效外购金属的数量。

1.3 炼钢厂(或车间)设计的内容和程序

1.3.1 炼钢厂(或车间)设计的内容

1.3.1.1 炼钢厂(或车间)设计的依据

炼钢厂(或车间)的设计工作应按照基建程序来安排,每一段工作均应以批准的前一段设计文件为依据,非经批准不得任意修改。设计之前,应从有关领导部门取得设计任务书或建设单位提出的设计委托书。设计任务书或委托书是有关部门或厂家,根据国家计划或当地计划,经过充分讨论研究之后制定的。

设计任务书应包含下列基本内容：

(1) 车间生产规模，生产品种的基本设想或方案；

(2) 厂址选择方案。包括建厂所在地区的资源情况；原材料来源与可供情况；动力、供水、燃料的供应条件与解决途径，必要时应附有供应原料与供电、水等的协议书或意向书；厂区的水文地质资料和运输条件及地形图等；

(3) 建厂(车间)要求达到的经济效益和技术水平；

(4) 当地的环保情况，与要求的环境质量；

(5) 投资的控制数字，与劳动定员控制数字。

设计任务书或委托书是进行各阶段设计的基本依据，此外，设计单位还要根据工作需要到建设单位的现场进行详细的调查，了解实况，收集资料。这是设计工作的准备阶段，或称设计前期工作。设计单位应积极参加设计任务书的编制与建设地址选择等前期工作。

1.3.1.2 炼钢厂(或车间)设计的目的和基本内容

设计的目的是要建设新的生产厂(或车间)，扩建或改建旧有企业使之更适合国民经济发展的需要，提高产量和质量，改善生产环境。设计的任务是要对建设单位作出技术与经济的详细规划，确定企业的生产经济状况、技术经济指标，以及可能的工程建设进度计划。设计中所拟定的劳动人员编制和建设投资估算与概算，是企业招工定额、建立人员编制和申请拨付投资或贷款的依据。

炼钢车间设计一般应包括下列各项基本内容：

(1) 车间的工艺设计；

(2) 车间机械设备设计；

(3) 供电设施设计，电讯系统设计，照明设计；

(4) 给水、排水(包括污水处理)设计；

(5) 厂房通风与局部的采暖、通风设计；

(6) 厂房与设备基础及其他构筑物设计；

(7) 环境保护与安全卫生设计。

显然上述众多设计内容应由各种专业设计人员共同协作完成，各专业之间形成一个完整的综合体，不同专业为一共同目的而互相协作，密切配合，而由该项目的总设计师(项目总负责人)组织、协调各方面的工作。

一个钢铁厂的设计工作(或单一的炼钢车间的设计工作)是一个多专业合作的集体创作过程，钢铁冶金专业人员所负责完成的是工艺设计部分。概括地说，工艺设计的任务是确定主体工艺流程，选定各项生产设备(主体设备的选型或设计)，解决生产车间各组成部分的布置问题。

1.3.1.3 车间工艺设计的任务

车间工艺设计的任务是以设计任务书为依据，对下列各项内容进行较详细的设计与计算，编制设计说明书，绘制相应的图纸。

(1) 制订详细的产品方案(产品大纲)；

(2) 根据不同钢种，制订生产工艺大纲；

(3) 主体设备的选型，确定设备数量、型号等；

(4) 选择各种辅助设备，提出非标准设备的设计工艺要求；

(5) 设计并绘制车间的工艺布置平面图与剖面图；

(6) 提供水、电、热力、土建、通风、照明、设备制造及总图运输等各专业设计所需要的资料；

(7) 计算各项原材料的消耗量，计算炼钢——浇注生产过程的各项技术经济指标；

(8) 编制劳动定员计划；

(9) 钢锭(坯)生产成本计算或提出成本计算的技术资料,提出进行技术经济分析所需要的资料。

由上述各项可见,工艺设计部分是决定一个厂(或车间)面貌的主要因素,是决定和影响其他专业设计的前提条件。正确进行工艺设计便成为完成设计任务、保证设计质量的关键。因此,设计者必须根据设计任务书所提出的要求,严格按照设计工作所应遵循的程序,既避免繁琐,又不可草率,保证设计工作的质量。

1.3.2 设计工作程序

炼钢厂(或车间)设计是一项集体创作,它所涉及的面很广,除炼钢工艺设计人员外还有其他专业人员参加。设计单位的实践证明,设计工作必须有组织有秩序地进行,否则势必会引起各专业之间工作脱节,造成设计各部分不协调,小则引起设计返工,大则影响施工质量或造成事故。

设计工作的组织及秩序应与设计任务的具体情况相适应。一般来说,应在统一领导下,组织各方面的专业人员,依次平行地作设计。在设计过程中把一切合理的意见与建议归纳集中起来,然后在设计的各部分贯彻。当设计到一定阶段时,经过审查,签字批准后,对各个阶段相应的问题都做了规定,各部分设计人员一律要遵照执行,不经同意不能更改设计。通常将设计工作划分为三个阶段或两个阶段,即初步设计、技术设计和施工设计,或扩大初步设计和施工设计。

建国初期,工厂设计是按照三个阶段进行的。后来逐渐地积累了比较多的设计资料和设计经验,采取了两阶段设计(即扩大的初步设计和施工设计)。目前较多的是采用两个阶段设计。当设计项目对国家经济有重大影响,或技术要求比较高以及缺乏生产经验时,则仍采用三阶段设计,对于规模小的简单的工厂(或车间)也可以采用一阶段设计。

一阶段设计也称技术施工设计,即在施工设计之前,以工艺人员为主,根据经济建设的各项方针政策,对生产纲领、车间规模的大小、车间等级、协作产品及分期建设等原则问题提出初步意见,并作出车间平面布置图,经有关部门负责人审查同意后,即可开始施工设计。但是,近年来为了确保拟建项目的经济与技术的可靠性,充分发挥项目建成后的作用,在设计开始前应做可行性研究,也就是说,设计要在可行性研究报告完成的基础上进行。实际上我国已把拟建项目的可行性研究视作设计过程的最初阶段。

所谓可行性研究就是根据基建项目的要求,在对影响拟建项目的各种因素进行认真的调查研究和深入分析的基础上,提出可能采取的几种建设方案,加以分析比较,论证,并说明它在技术上的先进性和可靠性及经济上的合理有利,符合安全卫生标准,并提出研究报告。可以在所分析比较的两个或两个以上的方案中选出较为合理的推荐方案,作为进一步设计的基础。另外,设计各阶段均有不同深度与广度的具体要求,并且涉及到除工艺专业之外的其他相关专业。

思考题

1-1 钢铁联合企业有哪些组成部分,大型企业具有哪些优势?
1-2 什么是“小钢厂”(minimill),其生产有何特点?
1-3 什么是总图,总图在炼钢厂设计中起什么作用?
1-4 改建、扩建老钢厂要注意哪些原则?
1-5 什么是炼钢厂的产品大纲?
1-6 炼钢厂设计的目的和基本内容有哪些?
1-7 车间工艺设计有哪些内容,它在整个炼钢厂设计中起何作用?
1-8 炼钢厂设计的一般程序有哪些?

2　氧气转炉炉型

转炉是转炉炼钢车间的核心设备。转炉炉型及其主要参数对转炉炼钢的生产率、金属收得率、炉龄等经济指标都有直接的影响，其设计是否合理也关系到冶炼工艺能否顺利进行，车间主厂房高度和与转炉配套的其他相关设备的选型。所以，设计一座炉型结构合理，满足工艺要求的转炉是保证车间正常生产的前提，而炉型设计又是整个转炉车间设计的关键。

2.1　顶吹转炉炉型及各部分尺寸

2.1.1　转炉炉型及其选择

转炉由炉帽、炉身、炉底三部分组成。转炉炉型是指由上述三部分组成的炉衬内部空间的几何形状。由于炉帽（截锥形）和炉身（圆柱形）的形状没有变化，所以通常按熔池形状将转炉炉型分为筒球型、锥球型和截锥型等三种（见图 2-1）。炉型的选择往往与转炉的容量有关。

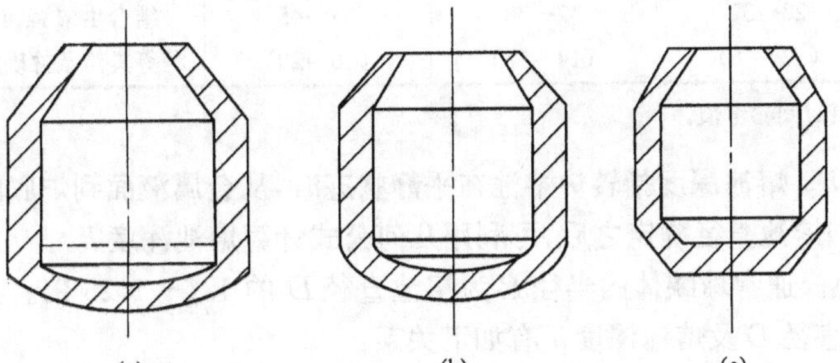

图 2-1　常见转炉炉型
(a) 筒球型；(b) 锥球型；(c) 截锥型

(1) 筒球型。熔池由球缺体和圆柱体两部分组成。炉型形状简单，砌砖方便，炉壳容易制造，被国内外大、中型转炉普遍采用。

(2) 锥球型。熔池由球缺体和倒截锥体两部分组成。与相同容量的筒球型比较，锥球型熔池较深，有利于保护炉底。在同样熔池深度的情况下，熔池直径可以比筒球型大，增加了熔池反应面积，有利于去磷、硫。我国中小型转炉普遍采用这种炉型。

(3) 截锥型。熔池为一个倒截锥体。炉型构造较为简单，平的熔池底较球型底容易砌筑。在装入量和熔池直径相同的情况下，其熔池最深，因此不适用于大容量炉。我国 30t 以下的转炉采用较多。

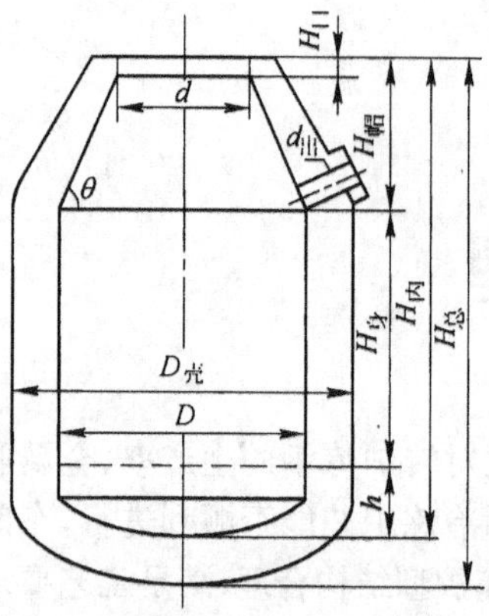

图 2-2　氧气顶吹转炉主要尺寸
D—熔池直径；$D_壳$—炉壳直径；
d—炉口直径；$d_出$—出钢口直径；
h—熔池深度；$H_身$—炉身高度；
$H_帽$—炉帽高度；$H_内$—转炉有效高度；
$H_总$—转炉总高；$H_口$—炉口直线段高度；
θ—炉帽倾角

2.1.2　转炉炉型各部分尺寸的确定

转炉炉型各部分尺寸，主要是通过总结现有转炉的实际情况，结合一些经验公式并通过模型试验来确定。转炉的主要尺寸如图 2-2 所示。

2.1.2.1　熔池尺寸

(1) 熔池直径 D。熔池直径指转炉熔池在平静状态时金属液面的直径。它主要与金属装入量和吹氧时间有关。我国设计部门推荐的计算熔池直径的经验公式为：

$$D = K\sqrt{\frac{G}{t}} \tag{2-1}$$

式中　D——熔池直径，m；
G——新炉金属装入量，t，可取公称容量；
K——系数，参见表 2-1；
t——平均每炉钢纯吹氧时间，min，参见表 2-2。

表 2-1　系数 K 的推荐值

转炉容量/t	<30	30～100	>100	备　注
K	1.85～2.10	1.75～1.85	1.50～1.75	大容量取下限，小容量取上限

表 2-2　平均每炉钢冶炼时间推荐值

转炉容量/t	<30	30～100	>100	备　注
冶炼时间/min	28～32 (12～16)	32～38 (14～18)	38～45 (16～20)	结合供氧强度，铁水成分和所炼钢种等具体条件确定

注：括号内数系吹氧时间参考值。

(2) 熔池深度 h。熔池深度指转炉熔池在平静状态时，从金属液面到炉底的深度。对于一定容量的转炉，炉型和熔池直径确定之后，可利用几何公式计算熔池深度 h。

1) 筒球型熔池。通常球缺体的半径 R 为熔池直径 D 的 1.1～1.25 倍。当 $R = 1.1D$ 时，熔池体积 $V_池$ 和熔池直径 D 及熔池深度 h 有如下关系：

$$V_池 = 0.79hD^2 - 0.046D^3 \tag{2-2}$$

因而

$$h = \frac{V_池 + 0.046D^3}{0.79D^2} \tag{2-3}$$

2) 锥球型熔池。倒锥度一般为 12°～30°，当球缺体半径 $R = 1.1D$ 时，球缺体高 $h_1 = 0.09D$ 的设计较多。熔池体积 $V_池$ 和熔池直径 D 及熔池深度 h 有如下关系：

$$V_池 = 0.665hD^2 - 0.033D^3 \tag{2-4}$$

因而

$$h = \frac{V_池 + 0.033D^3}{0.665D^2} \tag{2-5}$$

3) 截锥型熔池。通常倒截锥体顶面直径 $b \approx 0.7D$。熔池体积 $V_池$ 和熔池直径 D 及熔池深度 h 有如下关系：

$$V_池 = 0.574hD^2 \tag{2-6}$$

因而

$$h = \frac{V_池}{0.574D^2} \tag{2-7}$$

为防止炉底直接受氧气射流冲击，氧气射流穿透深度 $H_{穿}$ 应小于熔池深度 h，一般应使 $H_{穿}<0.7h$。

2.1.2.2 炉身尺寸

转炉炉帽以下，熔池面以上的圆柱体部分称为炉身。其直径与熔池直径是一致的，故须确定的尺寸是炉身高度 $H_{身}$。

$$H_{身}=\frac{4V_{身}}{\pi D^2}=\frac{4(V_t-V_{帽}-V_{池})}{\pi D^2} \tag{2-8}$$

式中 $V_{帽}$、$V_{身}$、$V_{池}$——分别为炉帽、炉身和熔池的容积；

V_t——转炉有效容积，为 $V_{帽}$、$V_{身}$、$V_{池}$ 三者之和，取决于容量和炉容比。

2.1.2.3 炉帽尺寸

顶吹转炉一般都是正口炉帽，其主要尺寸有炉帽倾角、炉口直径和炉帽高度。

(1) 炉帽倾角 θ。倾角过小，炉帽内衬不稳定，容易倒塌；过大则出钢时容易钢渣混出和从炉口大量流渣。目前倾角多为 $60°\pm3°$，小炉子取上限，大炉子取下限，这是因为大炉子的炉口直径相对要小些。

(2) 炉口直径 d。在满足顺利兑铁水和加废钢的前提下，应适当减小炉口直径，以减少热损失。一般炉口直径为熔池直径的43%～53%较为适宜。小炉子取上限，大炉子取下限。

(3) 炉帽高度 $H_{帽}$。为了维护炉口的正常形状，防止因砖衬蚀损而使其迅速扩大，在炉口上部设有高度为 $H_{口}=300$～400mm 的直线段。因此炉帽高度 $H_{帽}$ 为：

$$H_{帽}=\frac{1}{2}(D-d)\tan\theta+H_{口} \tag{2-9}$$

炉帽总容积 $V_{帽}$ 为：

$$V_{帽}=\frac{\pi}{12}(H_{帽}-H_{口})(D^2+Dd+d^2)+\frac{\pi}{4}d^2H_{口} \tag{2-10}$$

2.1.2.4 出钢口尺寸

出钢口内口一般都设在炉帽与炉身交界处，以使转炉出钢时其位置最低，便于钢水全部出净。出钢口的主要尺寸是中心线的水平倾角和直径。

(1) 出钢口中心线水平倾角 θ_1。为了缩短出钢口长度，以利维修和减少钢液二次氧化及热损失，大型转炉的 θ_1 趋于减小。国外不少转炉采用0°，国内转炉多为45°以下。

(2) 出钢口直径 $d_{出}$。出钢口直径决定着出钢时间，随炉子容量不同而异。出钢时间通常为2～8min。时间过短（即出钢口过大），难以控制下渣，且钢包内钢液静压力增长过快，脱氧产物不易上浮。时间过长（即出钢口过小），钢液容易二次氧化和吸气，散热也大。通常 $d_{出}$(cm)按下面的经验式确定：

$$d_{出}=\sqrt{63+1.75G} \tag{2-11}$$

式中 G——转炉公称容量，t。

2.1.2.5 炉容比（或容积比）

炉容比系指转炉有效容积 V_t 与公称容量 G 之比值 V_t/G(m^3/t)。V_t 系炉帽、炉身和熔池三个内腔容积之和。公称容量以转炉炉役期的平均出钢量来表示。

确定炉容比时应综合考虑。通常，铁水比增大，铁水中Si、S、P含量高，用矿石作冷却剂以及供氧强度提高时，为了减少喷溅或溢渣损失，提高金属收得率和操作稳定性，炉容比要适当增大。但过大的炉容比又会使基建和设备投资增加。对于大型转炉，由于采用多孔喷枪和顶底复吹，操作比较稳定，因此在其他条件相同的情况下，炉容比有所减小。

转炉新砌炉衬的炉容比推荐值为0.90～0.95m^3/t，大转炉取下限，小转炉取上限。

2.1.2.6 高径比(或高宽比)

高径比系指转炉炉壳总高 $H_{总}$ 与炉壳外径 $D_{壳}$ 之比值。实际上它只是作为炉型设计的校核数据。因为当炉膛内高 $H_{内}$ 和内径 D 确定之后,再根据所设计的炉衬和炉壳厚度,高径比也就被定下来了。增大高径比对减少喷溅和溢渣、提高金属收得率有利。但是高径比过大,在炉膛体积一定时,反应面积反而小,氧气流股易冲刷炉壁,对炉衬寿命不利;而且导致厂房高,基建费用大;转炉倾动力矩大,耗电大。随着转炉大型化和顶底复吹技术的采用,转炉由细高型趋于矮胖型,即高宽比趋于减小。转炉高径比推荐值为 1.35～1.65。一般大炉子取下限,小炉子取上限。

国内外几座转炉炉型主要工艺参数见表 2-3。

表 2-3 国内外几座转炉炉型主要工艺参数

序号	厂名			中国 Q-1J	新日铁 广畑一炼	中国 S-7T	中国 F-1	美国伯利恩拉卡奥纳厂	日本钢管公司福田山二炼	中国引进新日铁
1	公称容量	G	t	50	100	120	150	230	250	300
2	设计或投产日		年	72	60/65	71/74		64	69/71	80
3	炉壳全高	$H_{壳}$	mm	7470	8500	9750	9250	11732	11000	11500
4	炉壳外径	$D_{壳}$	mm	5110	5400	6670	7000	7720	8200	8670
5	炉膛有效高度	$H_{内}$	mm	6491	7672	8150	8480	1060		10458
6	炉膛直径	$D_{膛}$	mm	3500	4000	4860	5260	6250	5670	6832
7	炉内有效容积	V_t	m^3	52.72	80	121	129.1	209.3	193	315
8	炉口直径	d	mm	1850	2200	2200	2500	2360	3000	3600
9	熔池直径	D	mm	3500	4000	4860	5260	6250		6740
10	熔池深度	h	mm	1085		1350	1447	1725		1954
11	熔池面积	S	m^2	9.62	12.57	18.85	21.73	30.70		33.9
12	熔池容积	$V_{熔}$	m^3			19.4				33.9
13	炉帽倾角	θ	(°)			62°6′	60°			
14	出钢口直径	$d_{出}$	mm			170	180			200
15	出钢口倾角	θ_1	(°)			20°	20°			15°
16	$H/D_{壳}$			1.46	1.57	1.46	1.32	1.52	1.45	1.33
17	$H_{内}/D_{膛}$			1.855	1.92	1.66	1.61	1.72		1.53
18	V_t/t			0.95	0.83	1.01	0.86	0.91	0.774	1.05
19	S/t			0.192	0.126	0.157	0.145	0.1166	0.10	0.115
20	$d/D_{膛}$	%		52.9	55	45.3	47.5	53.7		52.7

2.2 顶底复吹转炉炉型和底部供气构件

顶底复吹转炉是继氧气顶吹转炉和底吹转炉之后,于 20 世纪 70 年代中期出现的一种新型转炉,兼有顶吹易于控制成渣过程和底吹可以增大熔池搅拌强度的优点,是节能降耗、扩大品种、提高产品质量的有效途径。因此,近几年来获得迅速发展。据报道,日本基本淘汰了单纯顶吹法。国内转炉的发展方向也是积极采用复吹。

2.2.1 炉型设计

2.2.1.1 炉型选择

图 2-3 系顶底复吹转炉炉型示意图。

顶底复吹转炉炉型的基本特征如下：

(1) 吹炼的平稳和喷溅程度优于顶吹转炉，而不及底吹转炉。故炉子的高宽比略小于顶吹转炉，却大于底吹转炉，即略呈矮胖型。

(2) 炉底一般为平底，以便设置喷口，所以熔池常为截锥型。

(3) 熔池深度主要取决于底部喷口直径和供气压力，同时兼顾顶吹氧流的穿透深度，力求保持吹炼平稳。

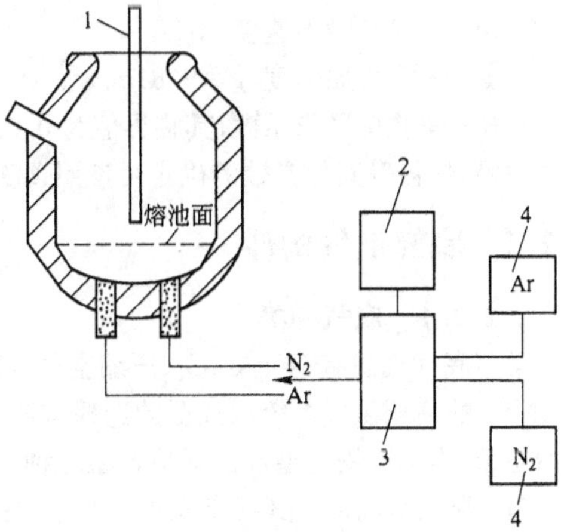

图 2-3 顶底复吹转炉

1—氧枪；2—气体控制板；3—气体分配站；4—储存罐

2.2.1.2 主要参数的确定

(1) 炉容比。由于复吹转炉吹炼过程比单纯顶吹平稳，且钢渣喷溅高度也较低，所以复吹转炉的炉容比可略小于顶吹转炉。从目前实际情况来看，二者的炉容比基本相同，即复吹转炉一般也取 0.85～0.95m³/t。对于容量较小的炉子，铁水比大且 Si、P、S 含量高，以及供氧强度增加和底部喷口直径大者，取上限。

(2) 高径比。复吹转炉的高径比略小于顶吹转炉，通常取 1.25～1.45。同样，对于容量较小的炉子，铁水比大且 Si、P、S 含量高，以及供氧强度增加和底部喷口直径大者，取上限。

(3) 熔池直径 D。可按以下经验式确定：

$$D=\sqrt{\frac{1}{\rho K_1}}\cdot\sqrt{\frac{G}{h}} \tag{2-12}$$

或

$$D=K_2\sqrt{\frac{G}{h}} \tag{2-13}$$

式中 G——炉子公称容量，t；

h——熔池深度，mm；

ρ——铁水密度，t/m³；

K_1——与倒截锥体底部直径 d 有关的熔池容积系数。通常 $d=0.65\sim0.85D$，与此相应的 K_1 值列于表 2-4；

K_2——系数，$K_2=1/\sqrt{\rho K_1}$，其相应数值也列于表 2-4。

表 2-4 对应于不同 d 的 K_1 和 K_2 值

d/mm	0.65D	0.70D	0.75D	0.80D	0.85D
K_1	0.536	0.574	0.604	0.637	0.673
$K_2/\sqrt{m^3/t}$	0.520	0.503	0.490	0.477	0.465

(4) 熔池深度 h。当底部供气压力一定时，熔池深度主要取决于炉底喷口直径 d_0，且与其成正比。而喷口直径又与喷口的数目有关。研究表明，熔池深度可近似按下式确定：

$$h=Kw\sqrt{\frac{\rho_g}{\rho_l-\rho_g}\cdot\frac{d_0}{g}} \tag{2-14}$$

式中 ρ_g——底气密度，t/m³；

ρ_1——炉内金属的密度，t/m³；

w——底气喷出速度，m/s；

g——重力加速度，$g=9.81\text{m/s}^2$；

K——吹炼平稳系数，其临界值为0.6。设计取值应大于它。

炉帽、炉衬等其他参数的确定可参照顶吹转炉来进行。

2.2.2 底部供气构件

2.2.2.1 底气种类

常用底气气源有 N_2、Ar、O_2、压缩空气、CO、CO_2 等。气源压力应不小于3MPa，必要时应设置5MPa的高压供气系统。气源的选择与吹炼功能有关。按照吹炼功能，顶底复吹法可分为强化冶炼型、增加废钢比型和加强搅拌型三种。

(1) 强化冶炼型。其特点是顶枪吹氧，底部也吹氧，同时还要吹入保护性燃料和中性气体、石灰粉等。供气构件和系统都比较复杂。

(2) 增加废钢型。其特点是顶枪上设有上、下孔。上孔专为CO完全燃烧成 CO_2 提供氧气，下孔专为氧化金属中的杂质供氧。底枪为氧—燃型喷枪，即可加热废钢，又能搅拌熔池。采用这种手段通常使废钢用量增加10%。

(3) 加强搅拌型。其特点是顶枪吹氧，底部吹惰性气体和中性气体 N_2 等。其供气构件比较简单。

2.2.2.2 底气用量

采用底吹氧时，一般认为吹氧量占总氧量的20%～25%就足以使熔池获得良好的搅拌，且废钢用量也基本上达到最大值。若超过30%，冶金特征变化不大。底吹氧强度为0.3～0.8m³/(t·min)时，冶金特征已接近底吹法。

采用底吹 N_2、Ar、CO_2 等气体时，供气强度小于0.03m³/(t·min)，其冶金特征接近顶吹法；达到0.2～0.3m³/(t·min)，则可以降低炉渣和金属的氧化性，并达到足够的搅拌强度。最大供气强度一般不超过0.3m³/(t·min)。全程吹Ar，成本太高；全程吹 N_2，又会增加钢中的氮。为此，可根据所炼钢种的要求，采用不同的吹炼工艺。目前常用的有两种：一种是当冶炼含碳低于0.02%的钢时，待碳含量降至0.035%～0.040%左右时，切断顶枪的氧气，改为底吹 N_2，吹炼时间约5～10min。另一种是底部全程供气，只是前期吹 N_2，末期再改吹Ar。

2.2.2.3 供气构件

目前常用的供气构件主要有以下三类。

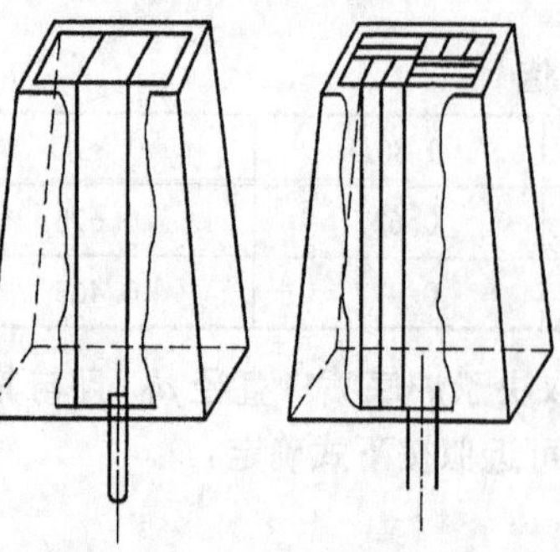

图2-4 组合式透气砖

(1) 透气砖。早期透气砖内有大小约100目的无数微细孔。其主要缺点是砖的致密性差，寿命低，气流通过的阻力大。图2-4系组合式透气砖，它由多块耐火砖按不同形式组合成各种砖缝并外包不锈钢板而成。这种透气砖致密度增加，寿命提高，但气流分布不均匀。

图2-5为高压成型透气砖，砖质以镁炭砖为宜。图2-5a是在砖内埋入许多易熔金属丝，待其焙烧熔出后即成通道。通道直径为 $\phi0.1$～5mm。实践证明，当直径小于 $\phi0.5$mm时，气流阻力增大；若直径大于 $\phi3$mm，特别是在供气量小的情况下，通道容易灌钢。图2-5b为分段组合式透气砖。砖内设置10～150支细不锈钢管或耐热钢管，单管直径为 $\phi0.5$～

3mm。根据我国具体情况，目前供气构件宜采用高级镁炭质材料高压成型多支细不锈钢管的形式，单管内径可取 $\phi 1.5 \sim 4$mm，壁厚 1mm。

上述砖内通道也可不等径，中间直径比四周直径大。这可避免在工作面上形成的气带形状不稳定，减少管道堵塞现象，提高吹炼效果和透气砖的寿命。

除上述透气砖外，各国还研制出几种组片式透气砖。

图 2-6 为法国发明的定向透气砖。由五片耐火材料组合而成，每片砖面上有若干个贯通孔（孔的最大面积为 $1mm^2$）。砖的外部用 1mm 厚的钢板包覆。砖片尺寸为 150mm×100mm×（30～50）mm（宽×高×厚）。

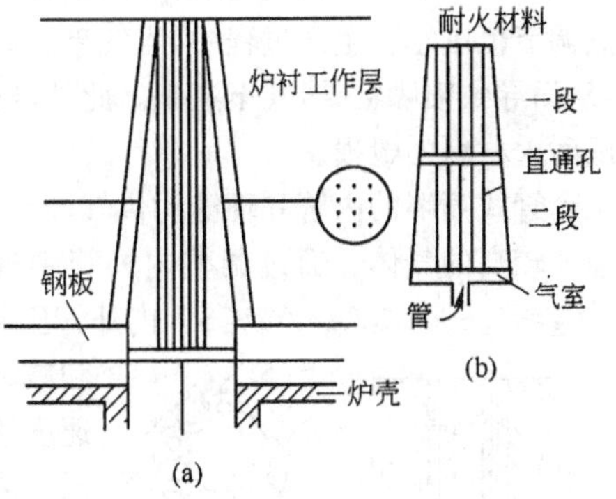

图 2-5　高压成型透气砖

(a) 改进前；(b) 改进后

日本研制出一种内夹波形衬板的透气砖（见图 2-7）。砖内贯通孔由两块金属质或陶瓷质的衬板贴合而成，一块带波形，另一块是平板，或者两块均呈波形。据研究者认为，在面积相同的情况下，圆孔的周长短，钢水与孔壁的接触界面小，当气流量小时，容易灌钢；而弓形孔可以较好地防止钢水侵入。

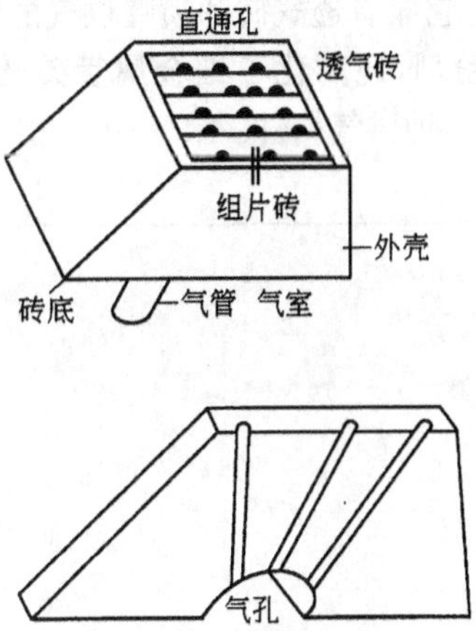

图 2-6　定向透气砖

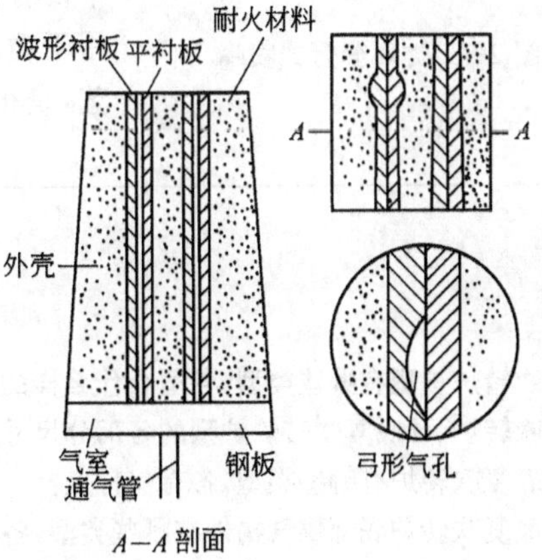

图 2-7　内夹波形衬板的透气砖

(2) 喷嘴。炉底喷嘴有单管式、套管式和实心环缝式三种（见图 2-8）。

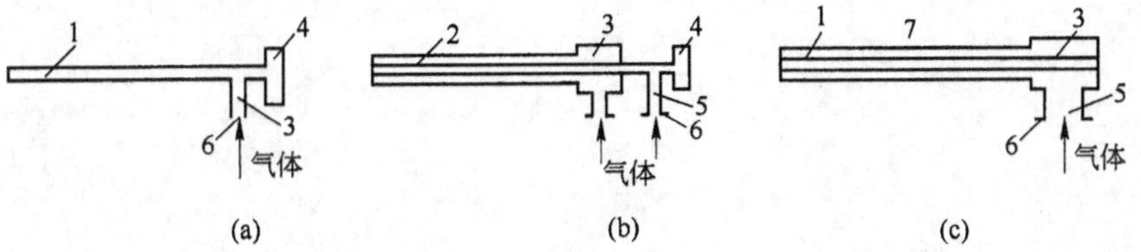

图 2-8　喷嘴结构

(a) 单圆管风嘴；(b) 套管风嘴；(c) 环缝式风嘴

1—中心管；2—外管；3—风包；4—测量孔；5—导管；6—法兰；7—耐火材料

顶底复吹法发展初期，主要采用单管式炉底喷嘴喷吹 Ar、N_2 等非氧化性气体。这种构件供气量调节范围小。生产过程中，当气流出口速度低于音速时，容易引起气流脉动，造成间断式供气，从而导致喷嘴粘结，甚至灌钢。此外，出口处气流后座力（反向非连续性冲击力）也大，会加速炉底耐火材料的毁损。

套管式喷嘴的内管和环缝均供气，所供气体的压力和流量各异。为防止内管粘钢，环缝应送入速度较高的气体。通过调整内外管中气流的压力和面积，可以改善气流的性能。一般要求 $p_{内}/p_{缝}\geqslant1.89$，$1\leqslant A_{内}/A_{外}\leqslant3$。内外管压差越大，气流反向冲击次数就越少，这对提高喷嘴寿命和减轻炉底耐火材料的损毁是有利的。若环缝出口处气流速度达到音速，则会形成气流屏障保护内管。通过改变内管压力来调节流量。这种喷嘴既可用于喷吹非氧化性或氧化性气体，也可喷粉。只是可调节的气量范围仍比较小，其最大气量与最小气量之比值不大于 2.0。

环缝式喷嘴只由环缝供气，内管用耐火材料堵实。当出口气流速度达到音速时，可消除喷嘴结瘤，后座力也大大减小。该喷嘴的气量调节范围很大。其主要不足是不适用于喷吹氧化性较强的气体，且因环缝狭窄（0.5～5.0mm），也不适宜喷粉。

(3) 类环缝管式喷嘴。图 2-9 是类环缝管式喷嘴。环缝中设有许多细金属管。它兼有透气砖和喷嘴供气的优点，适用于喷吹各种气体和粉剂，还简化了细金属管砖的制作工艺，是很有发展前途的一种供气构件。

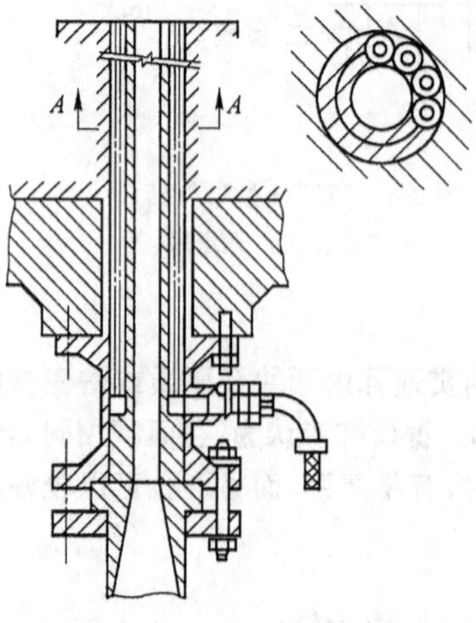

图 2-9　类环缝管式喷嘴

思考题

2-1　顶吹转炉炉型有哪些类型，各适合什么样的炉子？

2-2　顶吹转炉、顶底复吹转炉炉型的各部分尺寸如何确定？

2-3　顶底复吹转炉有哪些类型，各有何特点？

2-4　顶底复吹转炉底部供气构件有哪些类型，各有何特点？

3 转炉炉衬与金属构件

3.1 转炉炉衬

3.1.1 炉衬材质选择

转炉炉衬寿命是一个重要的技术经济指标，受许多因素的影响，特别是受冶炼操作工艺水平的影响比较大。但是，合理选用炉衬（特别是工作层）的材质，也是提高炉衬寿命的基础。

根据炉衬的工作特点，其材质选择应遵循以下原则：

（1）耐火度（即在高温条件下不熔化的性能）高；

（2）高温下机械强度高，耐急冷急热性能好；

（3）化学性能稳定；

（4）资源广泛，价格便宜。

近年来氧气转炉炉衬工作层普遍使用镁炭砖，炉衬寿命显著提高。但由于镁炭砖成本较高，因此一般只用于诸如耳轴区、渣线等炉衬易损部位。

3.1.2 炉衬组成及厚度确定

通常炉衬由永久层、填充层和工作层组成。有些转炉则在永久层与炉壳钢板之间夹有一层石棉板绝热层。

永久层紧贴炉壳（无绝热层时），修炉时一般不予拆除。其主要作用是保护炉壳。该层常用镁砖砌筑。

填充层介于永久层与工作层之间，一般用焦油镁砂捣打而成，厚度 80～100mm。其主要功能是减轻炉衬受热膨胀时对炉壳产生挤压和便于拆除工作层。也有的转炉不设填充层。

工作层系指与金属、熔渣和炉气接触的内层炉衬，工作条件极其苛刻。目前该层多用镁炭砖和焦油白云石砖综合砌筑。

炉帽可用二步煅烧镁砖，也可根据具体条件选用其他材质。

转炉各部位的炉衬厚度设计参考值如表 3-1 所示。

表 3-1　转炉炉衬厚度设计参考值

炉衬各部位名称		转炉容量/t		
		<100	100～200	>200
炉　帽	永久层厚度/mm	60～115	115～150	115～150
	工作层厚度/mm	400～600	500～600	550～650
炉身（加料侧）	永久层厚度/mm	115～150	115～200	115～200
	工作层厚度/mm	550～700	700～800	750～850
炉身（出钢侧）	永久层厚度/mm	115～150	115～200	115～200
	工作层厚度/mm	500～650	600～700	650～750

续表 3-1

炉衬各部位名称		转炉容量/t		
		<100	100～200	>200
炉 底	永久层厚度/mm	300～450	350～450	350～450
	工作层厚度/mm	550～600	600～650	600～750

3.1.3 炉衬砖型选择

砌筑转炉炉衬选择砖型时应考虑以下一些原则：

(1) 在可能条件下，尽量选用大砖，以减少砖缝，还可提高筑炉速度，减轻劳动强度；

(2) 力争砌筑过程中不打或少打砖，以提高砖的利用率和保证砖的砌筑质量；

(3) 出钢口用高压整体成型专用砖，更换方便、快捷；炉底用带弧形的异型砖；

(4) 尽量减少砖型种类。

3.1.4 转炉炉衬修砌

转炉炉衬修砌可分为上修和下修两种。下修法在中小转炉上采用较多，转炉作成活炉底，炉底可以拆卸，卸下的炉底由炉底车（见图 3-1）开出至其他位置修砌，炉身和炉底分别修砌完毕后再组合成一个整体。图 3-2 为我国中小转炉用套筒式升降修炉车。图 3-3 为国外带砌大块砖衬车的修炉车，设计时留出备放炉底车和修炉车的位置。

在大中型转炉上多采用上修法，此时烟罩下部应作成可移动式，修炉时烟罩下部或侧向或向炉后开出，并考虑修炉吊车及运送衬砖的布置。图 3-4 为上修法使用的塔架式修炉机。

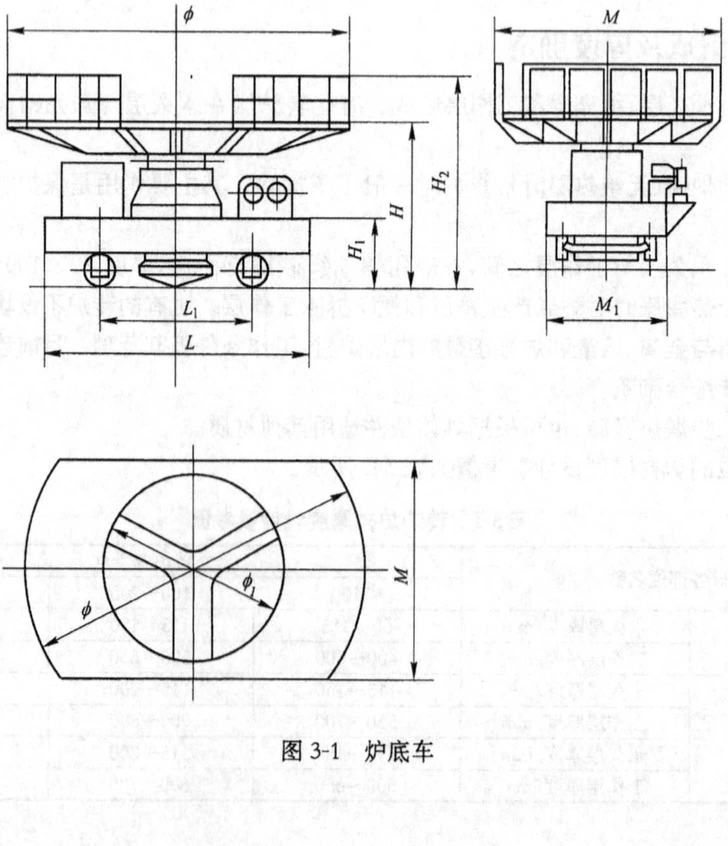

图 3-1 炉底车

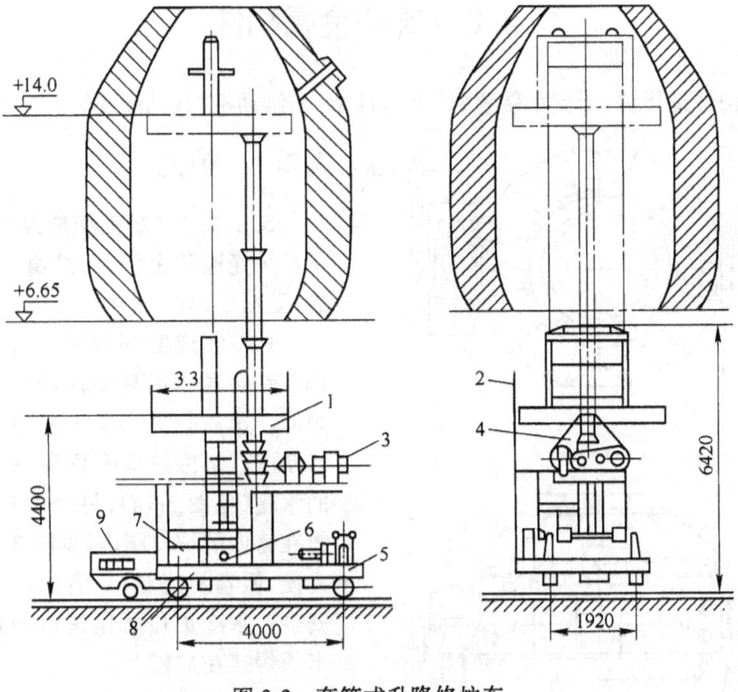

图 3-2 套筒式升降修炉车

1—工作平台；2—梯子；3—主驱动；4—液压缸；5—支座；6—送砖台传动装置；7—送砖台；8—小车；9—装卸机

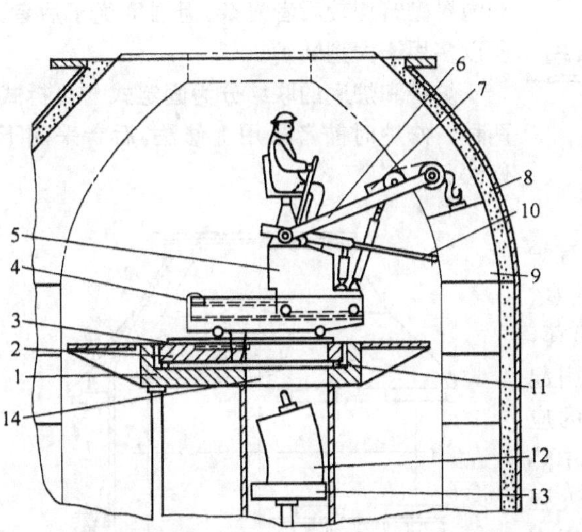

图 3-3 带砌衬车的修炉车

1—工作平台；2—转盘；3—轨道；4—行走小车；5—砌炉衬车；6—液压起重机；7—吊钩卷扬；8—炉壳；9—炉衬；10—砌砖推杆；11—滚珠；12—衬砖；13—衬砖托板；14—衬砖进口

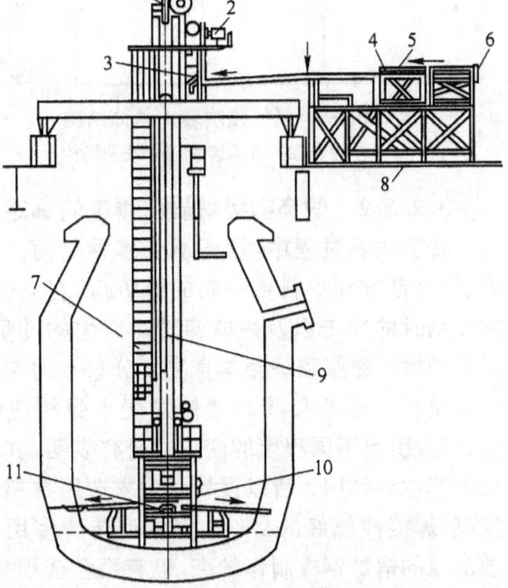

图 3-4 上修法塔架式修炉机

1—提升机传动装置；2—塔架升降装置；3—进砖装置；4—滚子台；5—提升台；6—推砖机；7—梯子及保护带；8—炉子跨辅助平台；9—斗式提升机；10—取砖装置；11—推砖机

3.2　转炉金属构件

转炉金属构件是指炉壳、支承装置(托圈与耳轴)和倾动机构(见图3-5)。

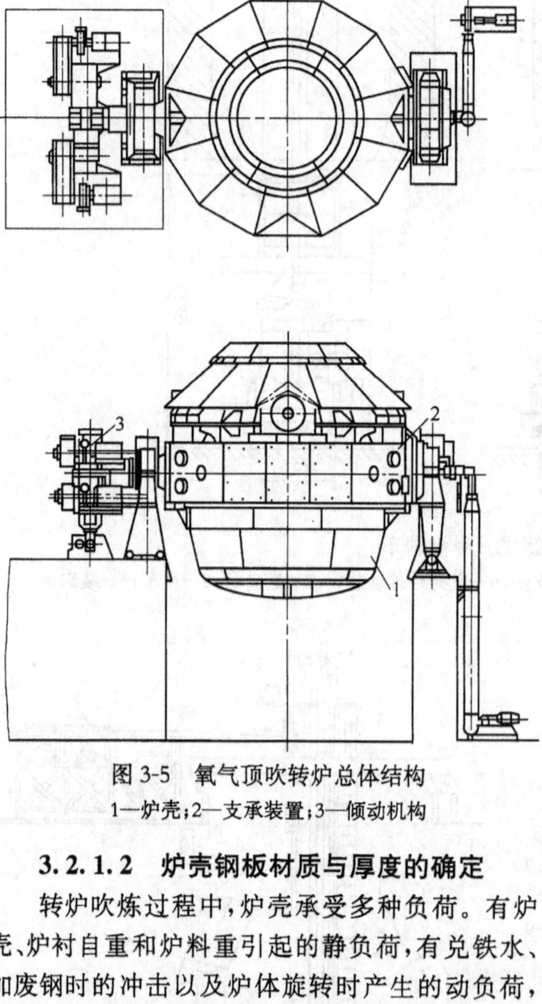

图3-5　氧气顶吹转炉总体结构
1—炉壳;2—支承装置;3—倾动机构

3.2.1　炉壳

3.2.1.1　炉壳组成及结构型式

炉壳通常由炉帽、炉身和炉底三部分组成(见图3-6)。

炉帽制成截圆锥形。由于炉帽,特别是炉口受高温作用易变形,所以普遍采用水冷炉口。这样既提高了炉帽寿命,又能减少炉口粘渣。水冷炉口有两种:一种是钢板焊成的水箱(见图3-7a);另一种是把蛇形钢管埋铸在铸铁的炉口圈内(见图3-7b)。前者制作方便,但容易烧穿;后者制作难度大,但使用安全。水冷炉口可用销钉与炉帽连接,或用卡板焊接在炉帽上。

炉身制成圆柱形,它是整个炉子的承载部分,受力最大。

炉底有球冠型和截锥型两种。前者制作和内衬砌筑均较后者复杂,但强度优于后者,所以多用于大型转炉。

炉身和炉底的联结分为固定式与可拆式两种。修炉时前者采用上修法,后者采用下修法。

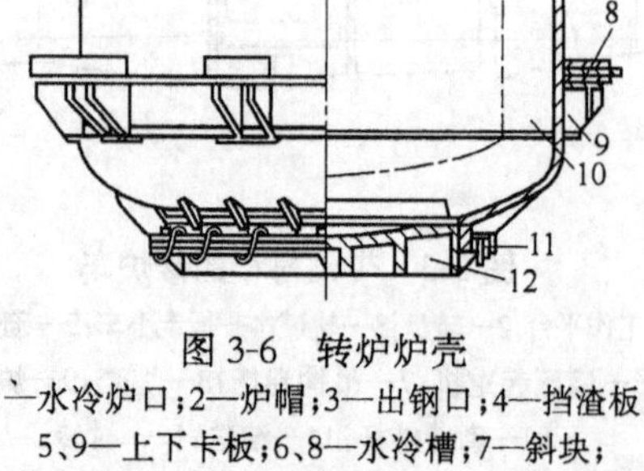

图3-6　转炉炉壳
1—水冷炉口;2—炉帽;3—出钢口;4—挡渣板;5、9—上下卡板;6、8—水冷槽;7—斜块;10—炉身;11—销钉和斜块;12—活动炉底

3.2.1.2　炉壳钢板材质与厚度的确定

转炉吹炼过程中,炉壳承受多种负荷。有炉壳、炉衬自重和炉料重引起的静负荷,有兑铁水、加废钢时的冲击以及炉体旋转时产生的动负荷,还有炉衬热膨胀和炉壳本身温度分布不均匀引起的热负荷。这些负荷必然使炉壳承受相应的应力,以致引起不同程度的变形。研究表明,其中热应力起主导作用。所以设计时力求选用抗蠕变强度高、焊接性能好的材料。大中型转炉多用耐高温高压的锅炉钢板制作炉壳,也有用合金钢板的。国内用于制作炉壳的低合金高强度钢有16Mn、14MnNb、20g等。

由于应力计算相当复杂,所以炉壳钢板的厚度常按表3-2中的经验式确定。表3-3列出几种炉子容量的实际炉壳尺寸。

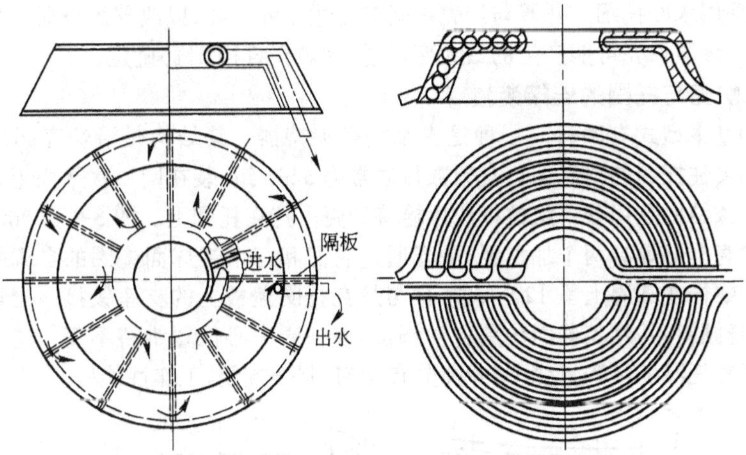

图 3-7 水冷炉口

(a) 水箱式;(b) 埋管式

表 3-2 炉壳钢板厚度的确定

炉子容量/t	δ_1/mm	δ_2/mm	δ_3/mm	备 注
≤30	$(0.8\sim1.0)\delta_2$	$(0.0065\sim0.008)D_{壳}$	$0.8\delta_2$	δ_1:炉帽钢板厚度 δ_2:炉身钢板厚度 δ_3:炉底钢板厚度 $D_{壳}$:炉壳外径
>30	$(0.8\sim0.9)\delta_2$	$(0.008\sim0.011)D_{壳}$	$(0.8\sim1.0)\delta_2$	

表 3-3 几种炉子容量的实际炉壳尺寸

炉子容量/t	15	30	50	120	150①	300
炉帽钢板厚度/mm	24	30	55	50	58	75
炉身钢板厚度/mm	24	40	55	70	80	85
炉底钢板厚度/mm	20	30	45	70	62	80
炉壳高度/mm	5530	7000	7470	9750	8992	11575
炉壳外径/mm	3548	4220	5110	6670	7000	8670

① 国外某厂转炉。

3.2.2 支承装置

支承装置承载转炉炉体的全部重量,由托圈、炉体与托圈的连接装置、耳轴及轴承构成。

3.2.2.1 托圈

托圈是转炉的承载和传动部件,通常是用钢板焊成的呈箱形断面的环形结构(见图 3-8),两侧焊有铸钢的耳轴座,供装耳轴用。大型转炉的托圈直径较大,一般将其分为四段,运往现场组装。为增加托圈的刚度,中间焊有垂直筋板。

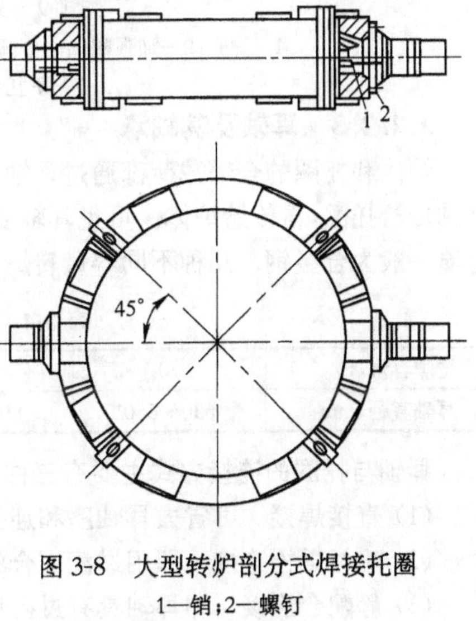

图 3-8 大型转炉剖分式焊接托圈

1—销;2—螺钉

另有一种托圈系半圆形(或马蹄形)开口式结构。炉体通过三个点支承在托圈上。拆开三个轴承上盖,即可退出整个炉体,所以装拆炉体很方便。从降低热应力考虑，还可采用水冷托圈。托圈与炉壳之间应有适当的间隙，以改善炉身通风条件和适当留有扩容潜力，可以参照炉壳可能产生的最大变形量（为炉壳直径3%）确定。

3.2.2.2 炉壳与托圈的连接装置

连接装置的基本型式有两种。一种是支承托架夹持器。其结构是沿炉壳圆周固接若干组上、下托架，它们夹住托圈的顶底面。支架数目通常为3～6组，装在同一水平面上。另一种是吊挂式连接装置。该结构是用若干组拉杆或螺栓将炉壳吊挂在托圈上。图3-9为300t转炉自调螺栓连接装置。炉壳上部焊有两个加强圈，炉壳通过它们和三个带球面垫圈的自调螺栓与托圈连接在一起。三个螺栓在圆周上呈120°布置，且与焊在托圈盖板上的支座铰接。当炉壳产生位移时，自调螺栓本身倾斜，并靠其球面垫圈自动调位，使炉壳中心位置维持不变。这种三支点支承结构能适应炉壳和托圈的不等量变形，载荷分布均匀，制作方便，工作性能好。

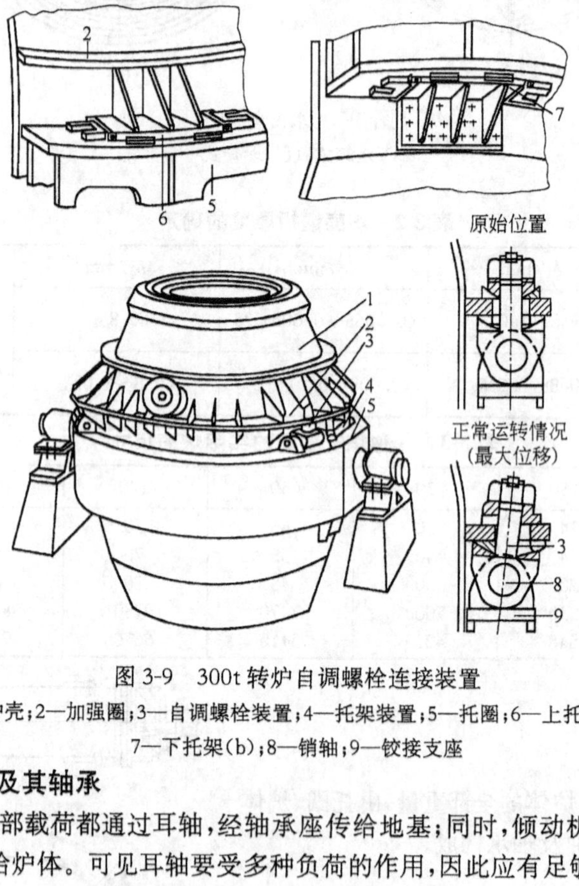

图3-9 300t转炉自调螺栓连接装置

1—炉壳；2—加强圈；3—自调螺栓装置；4—托架装置；5—托圈；6—上托架(a)；7—下托架(b)；8—销轴；9—铰接支座

3.2.2.3 耳轴及其轴承

炉体和托圈的全部载荷都通过耳轴，经轴承座传给地基；同时，倾动机构的倾动力矩又通过耳轴传给托圈，再传给炉体。可见耳轴要受多种负荷的作用，因此应有足够的强度和刚度。耳轴材质一般为合金钢。几种不同容量转炉的耳轴直径如表3-4所示。

表3-4 不同容量转炉的耳轴直径

转炉容量/t	30	50	130	200	300
耳轴直径/mm	630～650	800～820	850～900	1000～1050	1100～1200

耳轴与托圈的连接方式主要有三种：

(1) 直接焊接 可省去耳轴座和连接件。

(2) 法兰螺栓连接 即用过渡配合将耳轴装入托圈的耳轴座中，再用螺栓和圆销连接。

(3) 静配合连接 即耳轴具有过盈尺寸，装配时将其冷缩插入耳轴座，或把耳轴孔加热后再装进耳轴。

常用的耳轴轴承是重型双列向心球面滚子轴承。其特点是能承受重载、自动调位和保持良好的润滑。

3.2.3 倾动机构

转炉在冶炼过程中要前后倾转，倾动角度为±360°，以满足兑铁水、加废钢、取样、测温、补炉、出渣、出钢等工艺操作的需要。倾动速度一般是可调的。此外，倾动机构还需与氧枪和烟罩升降机构连锁，且能适应载荷的变化和结构的变形。

3.2.3.1 倾动机构主要参数

倾动机构的主要参数有倾动速度、倾动力矩和耳轴位置。

(1) 倾动速度。转炉的转速通常为0.15～1.5r/min。小于30t的转炉可不调速，转速为0.7r/min。50～100t转炉用两级调速，低速为0.2r/min，高速为0.8r/min。150t以上的转炉采用无级调速，转速为0.15～1.5r/min。

(2) 倾动力矩。计算倾动力矩的目的是确定不同情况下的倾动力矩值和合理选择耳轴位置，以确保操作安全。

转炉倾动力矩M(合成力矩)由空炉力矩M_k、炉液力矩M_y和耳轴上摩擦力矩M_c三部分组成，即

$$M = M_k + M_y + M_c \tag{3-1}$$

(3) 耳轴位置。最佳耳轴位置的确定应兼顾安全性和经济性。

欲使转炉在任何倾角下均能自动回复零位，必须满足以下条件：

$$(M_k + M_y) > M_c \tag{3-2}$$

考虑到经济上的合理性，可取M_k和M_y的临界值或最小合成值，且满足：

$$(M_k + M_y)_{cr} \geqslant M_c \tag{3-3}$$

据式(3-1)，$M_{cr} = (M_k + M_y)_{cr} + M_c$，故上式可改写成

$$M_{cr} \geqslant 2M_c \tag{3-4}$$

式(3-3)和式(3-4)便是确定最佳耳轴位置的条件式。

3.2.3.2 倾动机构类型

(1) 落地式。整个传动装置均安装在地基上(见图3-10)。传动程序如下：电动机2→弹性联轴器3→初级减速机4→齿轮联轴器5→末级减速机6→齿轮联轴器7→转炉8。整个传动系统通过联轴器连接。

这种布置方式占地面积大，早期建造的小转炉曾采用它。建炉较早的某厂150t转炉，也曾采用这种布置。

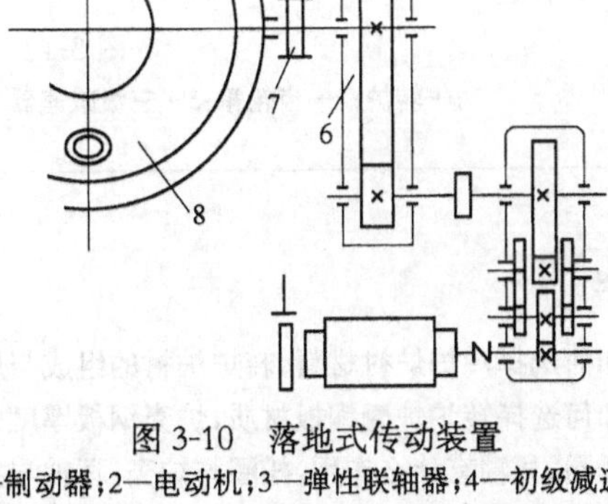

图3-10 落地式传动装置

1—制动器；2—电动机；3—弹性联轴器；4—初级减速机；5—齿轮联轴器；6—末级减速机；7—齿轮联轴器；8—转炉

(2) 半悬挂式。初级减速机和电动机安装在地基上，末级减速机则悬挂在耳轴上(见图3-11)。传动程序如下：电动机1→齿轮联轴器2→初级减速机3→弹性联轴器4→悬挂式末级减速机5→转炉7。

这种布置方式省掉连接耳轴的末级联轴器，占地面积也较前者少，通常适用于中型转炉。

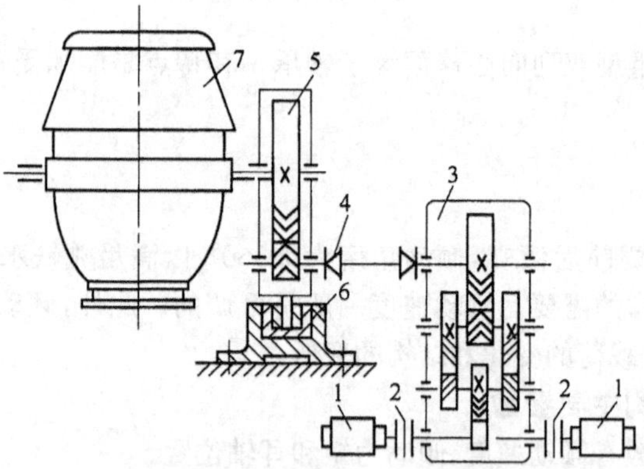

图 3-11　半悬挂式传动装置

1—电动机；2—齿轮联轴器；3—初级减速机；4—弹性联轴器；
5—悬挂式末级减速机；6—制动器；7—转炉

(3) 悬挂式。整个传动装置全部悬挂在耳轴上。传动程序与半悬挂式基本相同。

这种布置方式的优点是设备轻，结构紧凑，占地面积少。特别是末级减速机中采用了由数个小齿轮驱动同一大齿轮的多点啮合传动方式，使设备的运行安全可靠性大大提高，因而被广泛采用。所以，在一般情况下，新建转炉都采用这种传动装置。悬挂式倾动机构如图 3-12 所示。

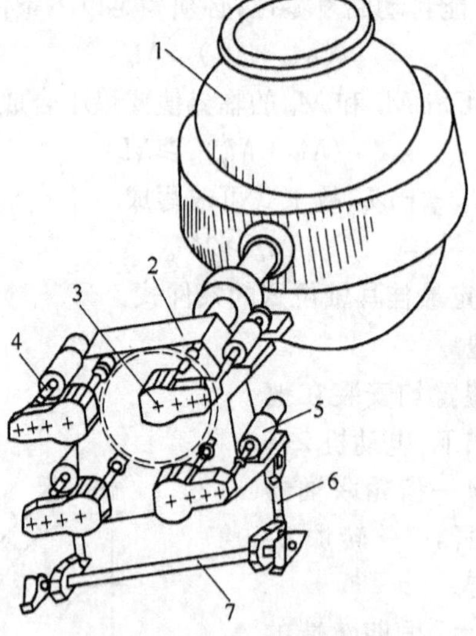

图 3-12　悬挂式倾动机构

1—转炉；2—齿轮箱；3—三级减速器；4—联轴节；5—马达；6—连杆；7—缓振抗扭轴

思考题

3-1　如何选择转炉炉衬材料，转炉炉衬的组成与厚度，炉衬砌筑方法有哪些？

3-2　如何选择转炉炉壳钢板材质，炉壳钢板厚度的确定？

3-3　托圈、耳轴有什么作用，托圈与炉壳、耳轴与托圈是如何连接的？

3-4　倾动机构有哪些类型，各有何特点？

4 氧气转炉供氧系统

4.1 氧气的供应

氧气转炉炼钢要消耗大量的工业纯氧，氧气纯度要求在99.5%以上。因此，现代钢铁厂都有相当大规模的空气分离(制氧)设备。

4.1.1 供氧系统工艺流程

氧气转炉炼钢车间的供氧系统一般由制氧机、加压机、中间贮氧气罐、输氧管、控制闸阀、测量仪表及喷枪等主要设备组成。如图4-1所示。

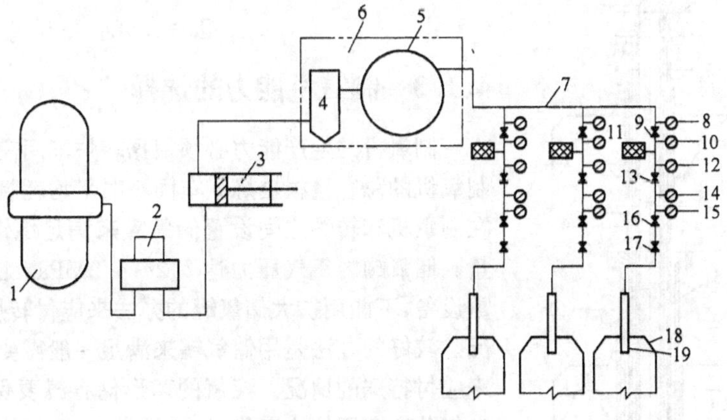

图4-1 供氧系统流程

1—制氧机；2—低压储气柜；3—压氧机；4—桶形罐；5—中压储气罐；6—氧气站；7—输氧总管；8—总管氧压测定点；9—减压阀；10—减压阀后氧压测定点；11—氧气流量测定点；12—氧气温度测定点；13—氧气流量调节阀；14—工作氧压测定点；15—低压信号联锁；16—快速切断阀；17—手动切断阀；18—转炉；19—氧枪

4.1.2 转炉炼钢车间需氧量计算

氧气转炉炼钢车间耗氧量主要决定于车间吹炼座数、炉容量、每吨钢耗氧量和吹炼周期。由于一炉钢的纯吹氧时间仅占冶炼周期的一半左右，因此，在吹氧时间内就会出现供氧的高峰负荷。也就是说存在着间歇性的炼钢吹氧工艺和连续性制氧工艺之间的不均衡性。故需计算出转炉生产中的平均耗氧量和高峰耗氧量，以此为依据选择制氧机的能力和台数。

4.1.2.1 一座转炉吹炼时的小时耗氧量

(1) 平均小时耗氧量 Q_1 (Nm^3/h)：

$$Q_1 = \frac{60GW}{t_1} \tag{4-1}$$

式中　G——平均炉产钢水量，t；

W——吨钢耗氧量，m^3/t，可取 $45 \sim 55m^3/t$；

t_1——平均每炉冶炼时间，min。

（2）高峰小时耗氧量 Q_2（m^3/h）：

$$Q_2 = \frac{60GW}{t_2} \tag{4-2}$$

式中　t_2——平均每炉纯吹氧时间，min。

4.1.2.2　车间小时耗氧量

（1）车间平均小时耗氧量 Q_3（m^3/h）：

$$Q_3 = NQ_1 \tag{4-3}$$

式中　N——车间经常吹炼的炉座数。

（2）车间高峰小时耗氧量 Q_4（m^3/h）：

车间高峰小时耗氧量是指炼钢车间内几座转炉同时处于吹氧期所需的供氧量。因此，必需根据具体情况，确定几座转炉处于同时吹氧期所占的时间比例。一般来说，若车间采用“三吹二”工作制，可考虑两座转炉同时吹氧时间有一半重叠。因此

$$Q_4 = 1.5Q_2 \tag{4-4}$$

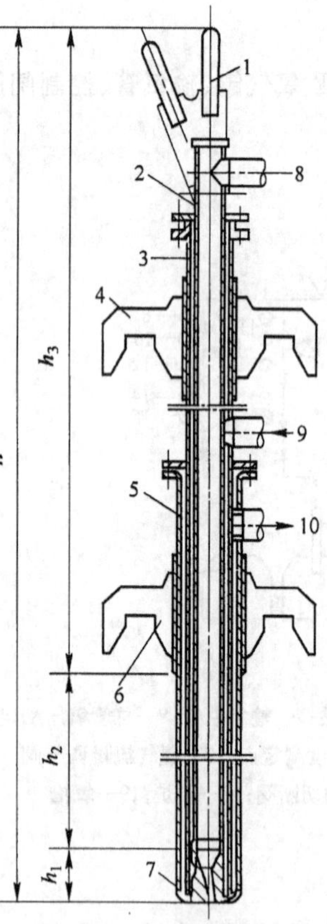

图 4-2　氧枪总体结构

1—吊环；2—中心管；3—中层管；4—上托座；5—外层管；6—下托座；7—喷头；8—氧气管；9—进水口；10—出水口；h—氧枪总长；h_1—喷头长度；h_2—枪体长度；h_3—枪尾长度

4.1.3　制氧机能力的选择

制氧机的生产能力必须根据转炉车间需氧量进行选择。制氧机的总容量根据炼钢车间小时平均耗氧量确定，并通过在制氧机和转炉之间设置储氧罐来满足炼钢车间高峰用氧量。储氧罐内氧气压力达 3.2～4.2MPa。由于储氧罐是贵重设备，不能用扩大储氧罐的办法来应付转炉特殊的各种情况。较好的办法是用储氧罐来满足一般需要，而用液氧系统来应付特殊的情况。液氧的球形储存罐要保证一旦有一台空气分离装置停止工作时，能提供 3～5 日的需氧量。

制氧机的总容量除满足炼钢用氧外，还应考虑车间其他工序的小额用氧量，如连铸坯切割、废钢清理等。如果制氧车间是为整个钢铁企业提供氧气，还应考虑其他厂的用氧量，如高炉富氧鼓风、电炉吹氧、轧钢厂切割和清理等用氧量。

目前我国制氧机系列有：150、300、800、1000、1500、3200、6000、20000、26000、35000m^3/h 等。当前我国氧气转炉炼钢厂使用的制氧机，最大容量已达 $1 \times 10^5 m^3/h$ 以上。

4.2　氧　枪

氧枪由喷头、枪身和尾部结构三部分组成（见图 4-2）。喷头常用紫铜制成；枪身由三层无缝钢管套装而成；尾部结构连接输氧管和冷却水进出软管。

4.2.1 喷头类型与选择

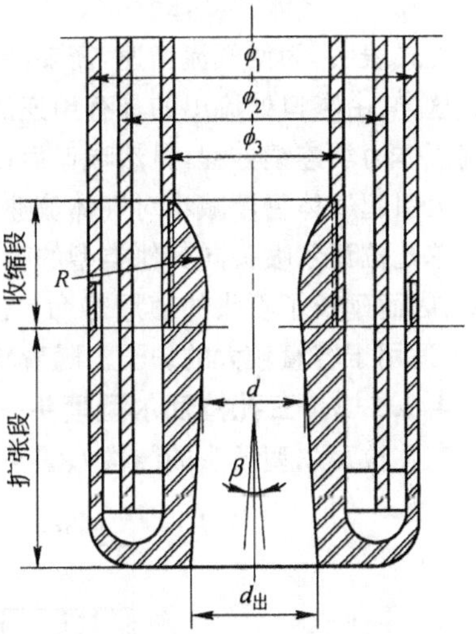

图 4-3 单孔拉瓦尔型喷头

喷头是一个极为重要的构件。冶炼工艺要求喷头能正确合理地供氧，使熔池得到强烈而均匀的搅拌，达到快速化渣和强化元素氧化的目的。国内外转炉炼钢应用的喷头类型很多，早期有单孔拉瓦尔型，目前多用多孔（三孔及三孔以上）拉瓦尔型，此外还有三孔直筒型喷头、多流道氧气喷头、为处理中高磷铁水而采用的长喉氧气-石灰喷头、为加热废钢而采用的氧-燃喷头等。

4.2.1.1 单孔拉瓦尔型喷头

单孔拉瓦尔型喷头的结构如图 4-3 所示。拉瓦尔喷头由收缩段、喉口、扩张段三部分组成。喉口处于收缩段和扩张段的交界处，此处的截面积最小，通常把喉口（缩颈）的直径称为临界直径，把该处的截面积称为临界断面积。

拉瓦尔喷嘴是把高压气体的压力能转变为动能，从而使气体获得超声速流动的设备。其工作原理是：高压气体流经收缩段时，气体的压力能转化为动能，使气流获得加速度，在临界截面上气流速度达到了声速，在扩张段内气体的压力能继续转化为动能（部分消耗在气体的膨胀上），在喷头出口处当气流压力降低到与外界压力相等时，可获得远大于声速的气流速度。例如，把气流速度与当地条件下的声速之比用马赫数 Ma 表示，当收缩段进口处气体 $Ma = 0.2$ 时，则临界断面处气体 $Ma = 1$，而在出口处气体 $Ma = 1.8 \sim 2.2$。

根据气体力学中反应质量守恒方程：

$$W_1 \times F_1 = W_2 \times F_2 = V \tag{4-5}$$

式中　F_1、F_2——气流管路截面积，m^2；

V——气体在管路中的体积流量，m^3/s；

W_1、W_2——气体流经 F_1、F_2 截面积时的流速，m/s。

气体流动过程的能量守恒和转换的伯努利方程：

$$\Delta p_{动} = \frac{W^2}{2} \times \rho \tag{4-6}$$

式中　$\Delta p_{动}$——气体动能或动压头，N/m^2；

ρ——气体密度，kg/m^3；

W——气体流速，m/s。

从能量守恒的连续方程和伯努利方程得到结论：具有一定压力的气流在马赫数小于 1 的亚声速情况下，流过逐渐收缩的断面时，其压力减小，而速度增加。即压力能转换为速度能（动能）。氧气管中流动的氧气流速一般都小于 60m/s，氧流在拉瓦尔喷头的收缩段内被不断增速，到喉口处被加速到声速，要继续使仍具有较高压力能的气流增速，同样根据气体力学连续方程：

$$G_1 = G_2 = G = WF\rho \tag{4-7}$$

所以

$$W = \frac{G}{F\rho} \tag{4-8}$$

式中　W——气体流速，m/s；

G——气体的流量，kg/s；

F——气体管路截面积，m^2；

ρ——气体密度，kg/m^3。

上式表明，为使气流增速，需要减小密度 ρ 和截面积 F。而密度 ρ 的减小，需要气体体积膨胀。这样，由喉口处流出的具有声速的氧气流，通过喉口后的扩张段再度被增速而成为超声速。根据气体力学连续方程，虽然喉口后截面积增大会影响气流速度的提高，但这个影响远小于截面积增大引起气体密度减小对气体流速增大的影响，所以氧气流流速明显地被再度提高。

单孔拉瓦尔喷头同其他类型的喷头相比，流股的动能较高，在相同的吹透深度之下枪位可以高些，因而延长了喷头的使用寿命。但单孔拉瓦尔型喷头的氧流与熔池接触面积小，供氧强度低，不适用于容量较大的炉子。随着转炉大型化，逐步发展为多孔拉瓦尔型喷头。

4.2.1.2 三孔拉瓦尔型喷头

三孔拉瓦尔型喷头的结构如图 4-4 所示。

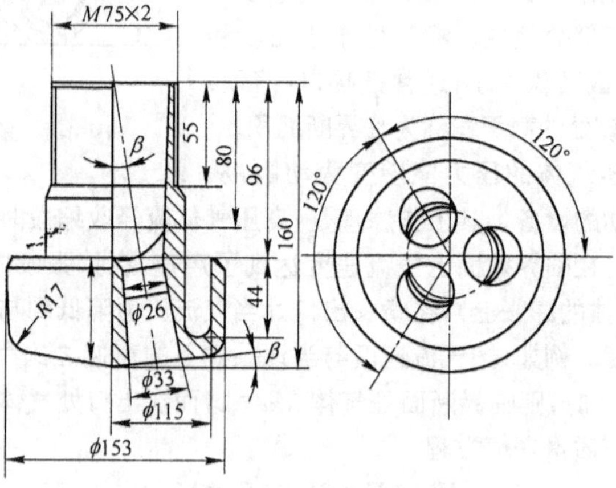

图 4-4 三孔拉瓦尔型喷头(30t 转炉用)

喷孔的几何中心线和喷头中轴线的夹角 β 称为喷孔夹角，一般 $\beta=9°\sim11°$。三个孔中心的连线呈等边三角形。氧气分别流经三个拉瓦尔管，在出口处获得三股超声速氧气流股而喷出。生产实践证明，三孔拉瓦尔型喷头比单孔拉瓦尔型喷头有以下优点：

(1) 减少喷溅，提高金属收得率(约 1.5%～3.5%)；

(2) 枪位稳定，成渣速度快；

(3) 提高供氧强度，缩短吹氧时间，提高生产率；

(4) 延长炉衬寿命，缩短修炉时间；

(5) 炉子热效率提高(约 20%左右)，可以多用废钢。

三孔拉瓦尔型喷头结构较复杂，加工制造比较困难，三孔中心的鼻梁部分易于烧毁而失去三孔的作用。三孔喷头结构改进的关键在于加强三孔夹心部分的冷却。为此可以在喷孔之间开冷却槽，也可以采用组合式水冷喷头，使冷却水能深入夹心部分进行冷却。也有的在喷孔之间穿洞，使喷头端面造成正压而免于烧毁。另外从工艺操作上应防止喷头粘钢，防止出高温钢，避免化渣不良与低枪位操作等，这些对提高喷头寿命都是有益的。

在多孔拉瓦尔型喷头中，除常用的三孔、四孔外，还有五孔、六孔、七孔和八孔的。

国内生产经验表明，50t 以下转炉宜采用三孔拉瓦尔型喷头，50t 或 50t 以上转炉可采用四孔或五孔拉瓦尔型喷头。

4.2.1.3 三孔直筒形喷头

三孔直筒形喷头的结构如图 4-5 所示。

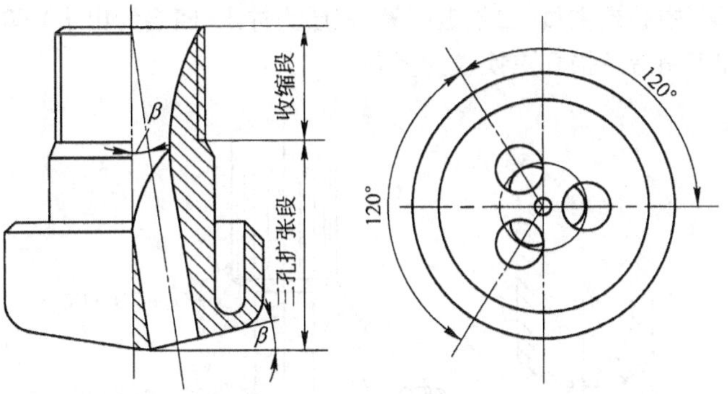

图 4-5 三孔直筒形喷头

这种喷头由收缩段、喉口及三个与喷头中轴线成 β 角的直筒形喷孔构成，β 角一般为 9°～12°，三个直筒形喷孔的断面积之和为喉口断面积的 1.1～1.6 倍。这种喷头产生的氧气流股冲击面积比单孔拉瓦尔型喷头大 4～5 倍。但直筒形喷头喷出的氧气流股的速度不能超过声速。与三孔拉瓦尔型喷头比较，这种氧气流股与钢液面的相遇面积较小，结果使渣中氧化铁含量降低，去磷和化渣的效果也稍差些。不过在小型氧气转炉上采用三孔直筒形喷头，工艺操作效果与三孔拉瓦尔型喷头基本相近，而且制造方便，使用寿命高。

4.2.1.4 多流道氧气喷头

使用多流道氧气喷头的目的在于提高转炉装入量的废钢比，一般配用在顶底复吹转炉上。多流道氧气喷头又分为双流道喷头和三流道喷头。

(1) 双流道喷头。由于普遍采用铁水预处理和转炉顶底复合吹炼工艺，铁水温度有所下降，铁水中放热元素减少，使废钢比下降。尤其是用中、高磷铁水冶炼低磷高合金钢，即使全部使用铁水，也还需另外补充热源。此外多使用废钢可以降低炼钢能耗。目前转炉内热补偿的主要方法有：预热废钢，加入放热元素，炉内 CO 的二次燃烧。显然二次燃烧是改善冶炼热平衡，提高废钢比最为经济的方法。

双流道氧气喷头分主氧流道和副氧流道。主氧流道向熔池供氧气，同传统的喷头作用相同。副氧流道所供氧气用于炉气中的 CO 二次燃烧，所产生的热量除快速化渣外，还可以提高废钢比。

双流道氧气喷头有两种形式，即端部式和顶端式（台阶式）。图 4-6a 为端部式双流道喷头。其主、副氧道基本在同一平面上，主氧道喷孔常为 3 孔、4 孔或 5 孔拉瓦尔型喷头，其中心线与喷头主轴线的夹角通常为 9°～12°。副氧道则为 6、8、10 孔直筒型喷孔，其中心线与喷头主轴线的夹角通常为 30°～50°。供氧强度主氧道为 2.0～3.5$m^3/(t \cdot min)$；副氧道为 0.3～1.0$m^3/(t \cdot min)$；主氧量加副氧量之和的 20% 为副氧流量的最佳值（也有采用 15%～30% 的）。使用顶底复吹转炉的吹入底气量为 0.05～0.10$m^3/(t \cdot min)$。采用端部式双流道氧气喷头的喷管仍为三层，副氧流喷孔设在喷头端面主氧流外环同心圆上。副氧道氧流量是从主氧道氧流量分流出来的，副氧道总流量是受副氧道喷孔大小、数量及氧管总压、流量所控制的。这种结构方式既影响主氧道供氧参数，也影响副氧道供氧参数，这是端部式双流道喷头结构的主要缺点。但其喷头及喷管结构简单，损坏时更换方便。

图 4-6b 为顶端式（台阶式）双流道喷头。主副氧流量及吹入底气量与端部式喷头基本相同。副氧道喷角通常为 20°～60°。副氧道离主氧道端面的距离，小于 100t 的转炉为 500mm，大于 100t 的转炉为 1000～1500mm（甚至高达 2000mm）。喷孔可以是直筒孔型，也可以是环缝型。顶端式双流道对捕捉 CO 的覆盖面积有所增大，并且供氧参数可以独立调控。但顶端式喷管必须

设计成四层同心套管（中心走主氧、二层走副氧、三层为进水、四层为出水），副氧喷孔或环缝必须穿过进出水套管，加工制造及损坏更换较为复杂。

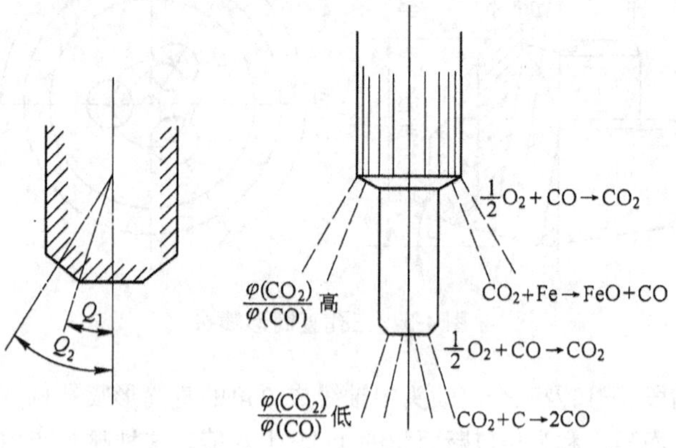

(a) (b)

图 4-6 双流道喷头

(a) 端部式双流道喷头；(b) 顶端式双流道喷头

据研究，炉内二次燃烧热补偿效果，在 30t 以下的转炉中，二次燃烧率可增加 20%，废钢比增加接近 10%，热效率为 80%左右。100t 以上转炉的二次燃烧率可增加 7%，废钢比增加 3%，热效率为 70%左右。二次燃烧对渣中全铁量（$\sum m(Fe)$）和对炉衬寿命没有影响，但采用副氧流道后，使炉气中的 CO 量降低 6%，最高可降低 8%。

（2）三流道喷头。在双流道喷头的基础上，再增加一煤粉喷道，即构成三流道喷头。煤粉（粒状）借高速流动的运载气体（氮气）击穿渣层到达钢液表面或内部（需通过底部搅拌），在钢液表面燃烧产生热量，外层有渣层保温，这样能有效地加热钢液以提高废钢的加入量。一般每吨钢加入 1kg 煤粉，可以多增加废钢量约 3～5kg，由于煤粉中的硫约有一半进入钢中，因此这种工艺仅适用于冶炼非低硫钢种。

4.2.1.5 特殊用途的喷头

（1）长喉氧-石灰喷头。如图 4-7 所示，这种喷头的结构类似拉瓦尔型喷头，但喉口段较长，目的在于把石灰粉加速到较大的速度。这种喷头应用于吹炼高磷铁水。

（2）氧-油-燃喷头。如图 4-8 所示，这种喷头的氧气流从里面（主氧流）和外面（二次氧流）包围了重油的环形喷流，主氧流和二次氧流可以分别调节，这样可以使火焰具有要求的形状和特征而适应生产的需要。根据其中的燃料和氧的比率不同，可以进行氧化熔炼、中性熔炼和还原熔炼。喷枪在停止供送燃料后，就可按一般的氧枪操作。它适用于废钢比例大的氧气转炉。

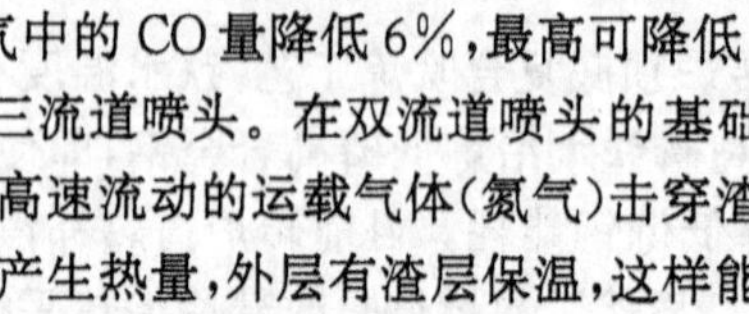

图 4-7 长喉氧-石灰喷头

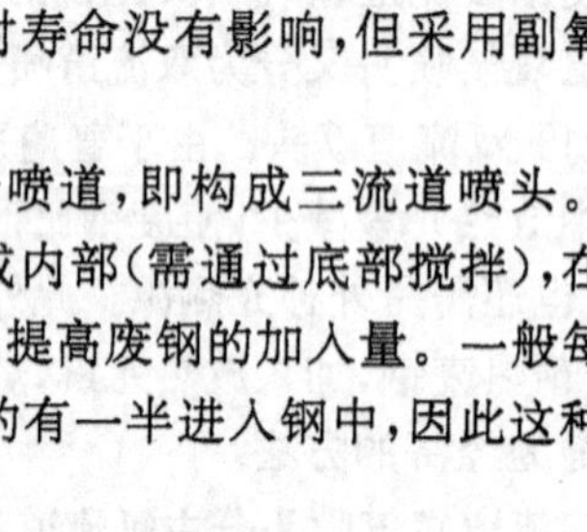

图 4-8 氧-油-燃喷头

1—氧气；2—供煤气；3—供重油

4.2.2 喷头尺寸计算

喷头是氧枪的核心部分，其基本功能可以说是一个能量转换器，它将氧管中氧气的高压能转换为动能，并通过氧气射流完成对熔池的作用。而氧气射流的参数主要由喷头参数所决定。

4.2.2.1 喷头参数选择原则

(1) 氧流量计算。氧流量计算可用下式：

$$氧流量=\frac{每吨钢耗氧量\times 出钢量}{吹氧时间}(m^3/min)(标态) \tag{4-9}$$

对于普通铁水，每吨钢耗氧量为 55～65m^3/t(标态)，对高磷铁水每吨钢耗氧量为 60～69 m^3/t(标态)。

在一个炉役期中出钢量变化很大，作喷头计算时可用转炉公称容量代替出钢量计算。

吹氧时间应根据生产实际情况确定。选择过短的吹氧时间，则必然造成供氧强度增大，炉子喷溅严重，钢中硫磷难以降到规定水平，大块废钢也来不及完全熔化。吹氧时间过长则降低了炉子生产率。一般转炉纯吹氧时间见表 4-1。

表 4-1　推荐的转炉纯吹氧时间

公称容量/t	<50	50～80	≥120
纯吹氧时间/min	12～16	14～18	16～20

(2) 理论计算氧压。理论计算氧压(即设计工况氧压)是指喷头进口处的氧压，近似等于滞止氧压 p_0。它是设计喷头，计算喉口和出口直径的重要参数。它与使用氧压(0.785～1.177MPa)不同。实验和实践证明，当使用氧压低于理论计算氧压(负偏离)约 10%，或不超过理论计算氧压(正偏离)的 50%时，产生的激波或膨胀波不严重，仍能很好工作。

理论计算氧压一般选择范围在 0.637～0.785MPa，但考虑到氧流附面层的存在使喷头有效出口直径减少，即实际的理论计算氧压大约降低 0.049MPa 左右。因而理论计算氧压以选择 0.686～0.834MPa 为宜。

(3) 喷头出口马赫数的选用。马赫数值的大小决定喷头氧气出口速度，也决定了氧气射流对熔池的冲击能力。如选用过大，则喷溅加大，清渣费时，热损失增大，增大渣料及金属损失，而且炉子上部炉衬及炉底易损坏。如选用过低，则对熔池搅拌作用减弱，氧的利用率低，渣中$\sum w$(FeO)含量高，也会引起喷溅；如使用低枪操作，则影响枪龄。目前国内外氧枪喷头出口马赫数多选用 2.0 左右，在总管氧压允许条件下，也有选用 2.2～2.3。

(4) 喷孔倾角和喷孔间隙。喷头孔数和倾角之间的关系建议采用如下数据：

孔数	3	4	5	>5
倾角 β	9°～11°	10°～13°	13°～15°	15°～17°

喷孔之间间距过小，使氧气射流相互吸引，射流向中心偏移，从而使射流中心速度衰减。因此在喷头端面喷孔中心与喷头中轴线之间的距离保持在(0.8～1.0)$d_出$(喷孔出孔直径)时较为合理。

(5) 扩张段的扩张角与扩张长度。扩张段的扩张角一般取 8°～12°(半锥角 α 为 4°～6°)。扩张段长度可由公式求得：

$$L_扩=\frac{d_出-d_喉}{2\tan\alpha} \tag{4-10}$$

式中　$L_扩$——扩张段长度，mm；

　　　$d_出$——喷孔出口直径，mm；

$d_{喉}$——喷孔喉口直径，mm；

α——喷孔扩张段半锥角，(°)。

扩张段长度 $L_{扩}$ 也可由经验数据选定，即 $L_{扩}/d_{出}\approx 1.2\sim 1.5$。

(6) 喷管流量系数。根据等熵流动导出喷管流量公式：

$$Q_m=\sqrt{\frac{\kappa}{R}\left(\frac{2}{K+1}\right)^{\frac{K+1}{K-1}}}\times\frac{A_{喉}\times p_0}{\sqrt{T_0}} \tag{4-11}$$

式中 Q_m——氧流量，kg/s；

κ——比热容，双原子气体 $\kappa=1.4$；

R——气体常数，氧气 $R=259.7\text{J}/(\text{kg}\cdot\text{K})$；

$A_{喉}$——喉口断面积，m^2；

p_0——氧气滞止压力，Pa；

T_0——氧气滞止温度，K。

将 $\kappa=1.4$，$R=259.7\text{J}/(\text{kg}\cdot\text{K})$代入上式整理得：

$$Q_m=0.0425\frac{A_{喉}\times p_0}{\sqrt{T_0}} \tag{4-12}$$

换算成体积流量 Q_v（m^3/min），得：

$$Q_v=1.782\frac{A_{喉}\times p_0}{\sqrt{T_0}} \tag{4-13}$$

必须指出，实际上氧气流经喷管时有摩擦，不完全绝热，因此必定存在一定的偏差。通常以喷管流量系数 C_D来表示实际流量与理论流量的偏差，即：

$$C_D=Q_{实}/Q_{理} \tag{4-14}$$

因此，喷管实际氧气流量计算式应是：

$$Q_v=1.782C_D\frac{A_{喉}\times p_0}{\sqrt{T_0}} \tag{4-15}$$

一般单孔喷头 $C_D=0.95\sim 0.96$；三孔喷头 $C_D=0.90\sim 0.96$。

4.2.2.2　喷头计算实例

按公称容量 120t 转炉设计氧枪喷头尺寸。冶炼钢种以碳素结构钢和低合金钢为主。

(1) 计算氧流量。取每吨钢耗氧量为 60m^3（标态），纯吹氧时间为 18min，则氧枪氧流量（以 120t 出钢量计算）：

$$Q=\frac{60\times 120}{18}=400\text{m}^3/\text{min}（标态）$$

(2) 选用喷孔出口马赫数与喷孔数。马赫数确定原则已如前述。综合考虑，选取马赫数 $Ma=2.0$。参照同类转炉氧枪使用情况，对于 120t 转炉喷孔数取 5 孔，能保证氧气流股有一定的冲击面积与冲击深度，熔池内尽快形成乳化区，减少喷溅，提高成渣速度和改善热效率。

(3) 设计工况氧压。根据等熵流表，当 $Ma=2.0$ 时，$p/p_0=0.1278$；取喷头出口压力 $p=p_{膛}=0.101$MPa（$p_{膛}$为炉膛压力，近似等于大气压力），则喷口滞止氧压

$$p_0=\frac{0.101}{0.1278}=0.790\text{MPa}$$

工况氧压近似等于滞止氧压。

(4) 计算喉口直径。喷头每个喷孔氧气流量

$$q=\frac{Q}{5}=\frac{400}{5}=80\text{m}^3/\text{min}（标态）$$

由式(4-15) $$q=1.782C_D\frac{A_{喉}\times p_0}{\sqrt{T_0}}$$

取 $C_D=0.96$，$T_0=290K$，又 $p_0=0.790MPa$，代入上式，则

$$80=1.782\times0.96\times\frac{\pi d_{喉}^2}{4}\times\frac{0.790\times10^6}{\sqrt{290}}$$

由上式可求出 $d_{喉}=36mm$

(5) 求喷孔出口直径。根据等熵流表，在 $Ma=2.0$ 时，$A_{出}/A_{喉}=1.6875$，即 $\frac{\pi}{4}d_{出}^2=1.6875\times\frac{\pi}{4}d_{喉}^2$，故喷孔出口直径

$$d_{出}=\sqrt{1.6875}d_{喉}=\sqrt{1.6875}\times36=47mm$$

(6) 计算扩张段长度。取扩张段的半锥角 α 为 3.5°，则扩张段长度

$$L_{扩}=\frac{d_{出}-d_{喉}}{2\tan\alpha}=\frac{47-36}{2\tan3.5^\circ}=90mm$$

(7) 确定喷孔倾角 β。多孔喷头的各个流股是否发生交汇以效应角 θ 为界，大于 θ 则各流股很少交汇，小于 θ 则必定交汇。按照经验，喷头倾角 $\beta=12.8°\sim15.4°$为宜。综合考虑取 $\beta=15°$。

(8) 喷头五喷孔中心分布圆直径。在喷孔倾角 β 确定以后，喷孔中心分布圆(即喷孔间距)是影响氧射流是否交汇的另一个因素。从降低氧射流交汇考虑，喷孔中心分布圆大为好，但喷孔中心公布圆要受到喷头尺寸的限制。综合考虑，取五喷孔中心分布圆直径

$$d=105mm$$

以上面的计算和选定的数据为基础，再结合相关数据与实际情况，可以绘制出120t 转炉用氧枪喷头，如图 4-9 所示。

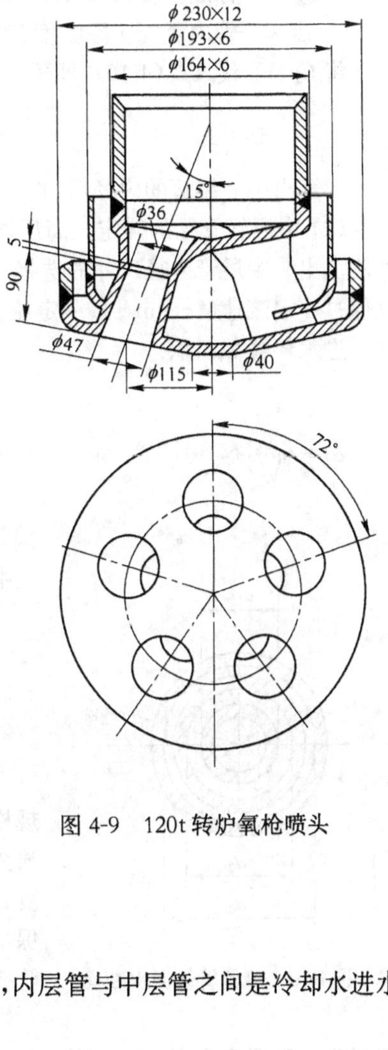

图 4-9 120t 转炉氧枪喷头

4.2.3 氧枪枪身设计

氧枪枪身由三层无缝钢管套装而成，内层管是氧气通道，内层管与中层管之间是冷却水进水通道，中层管与外层管之间是冷却水出水通道。

4.2.3.1 枪身各层尺寸的确定

(1) 中心氧管管径的确定。中心氧管是向喷头输送氧气的通道，其直径主要取决于氧气在管道内的流量与流速。

中心氧管内截面积：

$$F_1=\frac{Q_0}{V_0} \tag{4-16}$$

式中 F_1——中心氧管内截面积，m^2；

Q_0——管内氧气工况流量，m^3/s；

V_0——管内氧气流速，m/s，一般取 40～50m/s。

按气体状态方程，标准状态下的流量 Q 向工况流量 Q_0 的换算：

$$Q_0=\frac{p_{标}}{p_0}\cdot\frac{T_0}{T_{标}}Q \tag{4-17}$$

式中 $p_{标}$——标准大气压，Pa；

p_0——管内氧气工况压力，Pa；

$T_{标}$——标准温度，273K；

T_0——管内氧气实际温度（等于滞止温度），一般取 290K。

将 Q_0、V_0 代入式(4-16)，即可求 F_1。则中心氧管内径为

$$d_1=\sqrt{\frac{4F_1}{\pi}} \tag{4-18}$$

计算出中心氧管的内径后，再按国家钢管产品目录选择相应规格的钢管。

(2) 中层管管径的确定。高压冷却水从中层管内侧进入，经喷头顶部转弯 180°后经中层管外侧流出。中层管内径尺寸的选择，应保证中层管与中心氧管之间的环形通道有足够的断面积，以通过一定流速(5～6m/s)、一定压力($(0.883\sim1.472)\times10^6$Pa)和足够流量的冷却水。

进水环缝截面积：

$$F_2=\frac{Q_{水}}{V_{进}} \tag{4-19}$$

中层管内径：

$$d_2=\sqrt{d_{1外}^2+\frac{4F_2}{\pi}} \tag{4-20}$$

式中 d_2——中层管内径，m；

$d_{1外}$——内层管外径，m；

F_2——进水环形通道截面（图 4-10），m^2；

$Q_{水}$——高压冷却水进口流量，m^3/s；

$V_{进}$——高压冷却水进水流速，一般选用 5～6m/s。

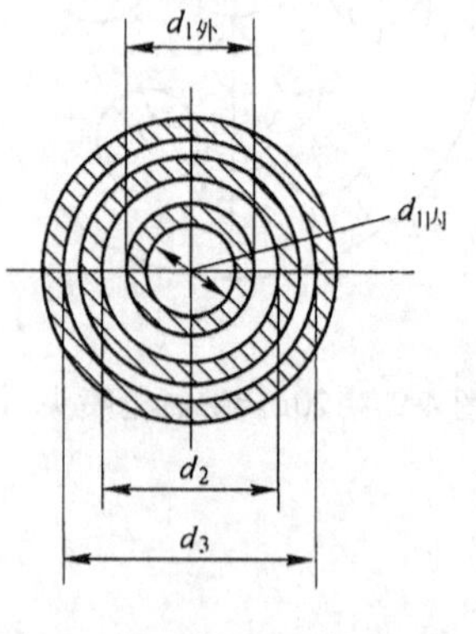

图 4-10 氧枪管体通水断面

中层管内径 d_2 计算出来后，同样按钢管产品目录选择相应规格的钢管。中层管除控制进口水的流速外，安装时还应保证喷头端面处水的流速不小于 8m/s，以使端面具有较强的冷却强度，保护喷头。为此，在中层管端面设立三个支点（定位销）来确保端面有足够的冷却水通道面积。为防止中层管摆动，在中层管壁内外每隔一定距离焊上定位块。

(3) 外层管管径的确定。外层管主要是供出水用，冷却水经过喷头后温度升高 10～15℃，水的体积略有增大，一般选用出水流速为 6～7m/s，管径的计算和钢管的选择方法与中层管相同。

4.2.3.2 枪身各层钢管计算实例

计算公称容量 120t 转炉用氧枪枪身各层钢管尺寸。

(1) 中心氧管管径。按式(4-17)，管内氧气工况流量

$$Q_0=\frac{p_{标}T_0}{p_0T_{标}}Q=\frac{1.01325\times10^5\times290}{7.90\times10^5\times273}\times400=54.50m^3/min=0.91m^3/s$$

取中心管内氧气流速 $V_0=50$m/s，则中心氧管内径

$$d_1=\sqrt{\frac{4}{\pi}F_1}=\sqrt{\frac{4}{\pi}\cdot\frac{Q_0}{V_0}}=\sqrt{\frac{4}{\pi}\cdot\frac{0.84}{50}}=0.115m=115mm$$

根据标准热轧无缝钢管产品规格，选取中心钢管为 $\phi 164mm \times 6mm$。

(2) 中、外层钢管管径。根据生产实践经验，选取氧枪冷却水耗量 $Q_{水} = 100t/h$；冷却水进水速度 $V_{进} = 6m/s$，出水速度 $V_{出} = 7m/s$（因为出水温度升高，体积增大，故 $V_{出} > V_{进}$）。又中心氧管外径 $d_{1外} = 164mm$，则

进水环缝截面积

$$F_2 = \frac{Q_{水}}{V_{进}} = \frac{100}{6 \times 3600} = 0.00463m^2 = 46.3cm^2$$

出水环缝面积

$$F_3 = \frac{Q_{水}}{V_{出}} = \frac{100}{7 \times 3600} = 0.00397m^2 = 39.7cm^2$$

所以，中层钢管的内径

$$d_2 = \sqrt{\frac{4F_2}{\pi} + {d_{1外}}^2} = \sqrt{\frac{4 \times 46.3}{\pi} + 16.4^2} = 18.1cm = 181mm$$

选取中层钢管为 $\phi 193mm \times 6mm$。

同理，外层钢管内径

$$d_3 = \sqrt{\frac{4F_3}{\pi} + {d_{2外}}^2} = \sqrt{\frac{4 \times 39.7}{\pi} + 19.3^2} = 20.6cm = 206mm$$

选取外层钢管为 $\phi 230mm \times 12mm$。

4.2.3.3 氧枪长度的确定

氧枪全长包括下部枪身长度 l_1 和尾部长度 l_2。氧枪尾部装有氧枪把持器，冷却水进出管接头，氧气管接头和吊环等。故 l_2 的长度取决于布置上述装置所需要的尺寸。

氧枪下部枪身长度取决于炉子容量和烟罩尺寸，即 $l_1 = h - h_1 + h_2$。

h_1 为氧枪处于最低极限位置时喷头端至平静熔池面的垂直距离，一般设计时取 h_1 为 250～400mm。h_2 为把持器下缘至烟罩氧枪口顶面距离，主要按操作安全选定。由图 4-11 可见，氧枪口顶面标高与烟罩垂直段高度和烟罩倾斜角度关系很大，而这两个尺寸主要决定于防止喷溅所提出的要求。从防止喷溅挂渣考虑，垂直段愈高，烟罩倾斜角度愈大愈好，但这样会增加氧枪长度，影响氧枪强度，还会增加厂房高度，因此必须综合考虑。

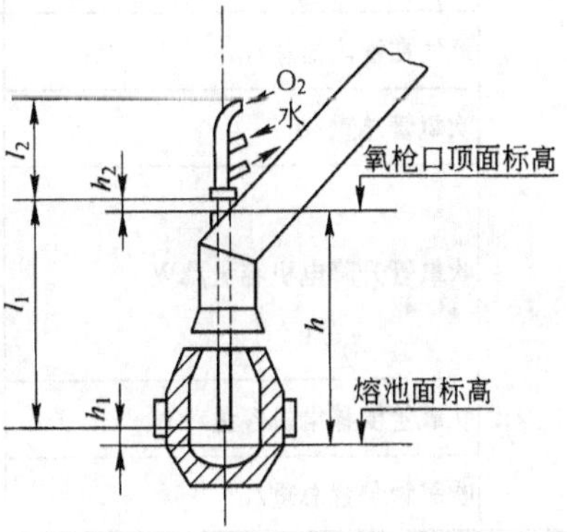

图 4-11　氧枪长度的确定

国内几家转炉厂吹氧管装置工艺特性参数见表 4-2。

表 4-2　国内几座转炉吹氧管装置特性参数表

项目	厂　名	上一 30t	太钢 50t	包钢 50t	鞍钢 150t	宝钢 300t
吹氧管装置主要参数	吹氧管总长/m	14.735	15.960	15.885	18.455	24.6
	吹氧管最大升降行程/m	11.451	11.950	11.850		
	吹氧管升降工作行程/m		5.45	6.10	14.900	18.2
	吹氧管装置升降速度/m·min⁻¹	67.62	20	18.4	35～50	40

续表 4-2

项目	厂名	上一 30t	太钢 50t	包钢 50t	鞍钢 150t	宝钢 300t
吹氧管装置主要参数	吹氧管装置升降慢速/m·min^{-1}	12.62	5.0	4.6	15.20	3.5
	吹氧管装置横移速度/m·min^{-1}		约 1.5	3.6	2.1	4
	吹氧管装置横移行程/m		1.20	1.2	1.2	4.5
	冷却水耗量/t·h^{-1}	55～60	70	70～80	150	300
	冷却水压力/MPa	1.0	0.8	1.0～2.0	1.2	1.5
	冷却水实际温差/℃	18～25	18	13～16	13.7	15
	冷却水质要求(硬度)	pH7～8,一般水	一般水			
	内层管直径/mm	ϕ76×5	ϕ95×3.5	ϕ102×4.5	ϕ133×4	ϕ250
	中层管直径/mm	ϕ102×3	ϕ113～4	ϕ133×5	ϕ180×7	ϕ350～400
	外层管直径/mm	ϕ133×8	ϕ159～6.3	ϕ159×6.5	ϕ219×9	ϕ400～450
	冷却水中层管内侧进入速度/m·s^{-1}	5.3	3.1	4.9～5.6	5.27	
	冷却水中层管外侧进入速度/m·s^{-1}	5.7	5.46	6.4～7	6.7	
	冷却水在喷头端部流速/m·s^{-1}	8.2～8.4		7.7～8.8	8.67	
	氧气在管内流速/m·s^{-1}	45～50	51.3	50	45	
	吹氧管总重/t	0.9	0.9	1.323	1.45	
	吹氧管升降电机容量/kW	快速 MT42－3 16 慢速 JZ21—6 42	鼠笼型 主 22.5 副 6.44	22－52 型	JZZZ62 46	DC 814 110～220
	吹氧管横移电机容量/kW	JO_2－12－4 08		JO_2－32－4 型 3	B11－6 2.2	
	吹氧管装置总重/t	15.135				20

4.2.4 氧枪装置和副枪装置

4.2.4.1 氧枪装置

为了适应转炉冶炼工艺变化的要求,冶炼过程中需要多次升降枪位,因此需设置氧枪升降装置与换枪装置。

对氧枪装置的主要要求是:(1)合适的升降速度,可变速;(2)保证氧枪始终处于铅垂位置,升降平稳,控制灵活,操作安全;(3)能快速更换氧枪;(4)有完善的安全装置和电气连锁装置。

氧枪升降装置一般都垂直布置于转炉的上方,其结构简单,运行可靠,换枪迅速。但由于枪身长,上下行程大,为布置升降和换枪装置,要求转炉跨厂房要高。图 4-12 为一种氧枪升降装置。

当氧枪烧坏时需要及时更换,故设置横移装置及换枪装置,如图 4-13 所示。在横移装置上并排安设有两套氧枪升降小车,其中一套工作,一套备用,整个换枪时间约 1.5min 左右。

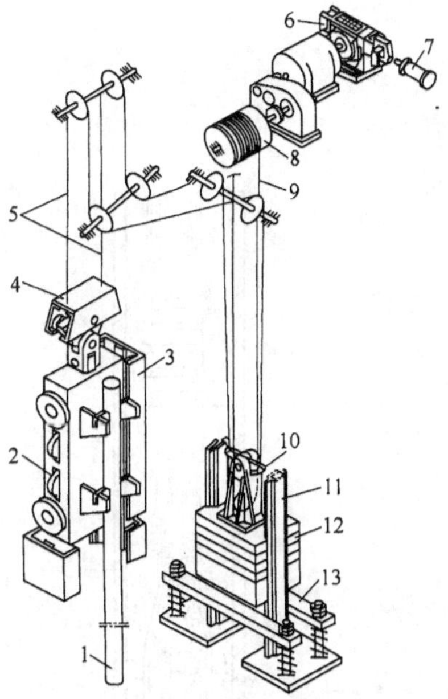

图 4-12　氧枪升降装置

1—氧枪；2—升降小车；3—固定导轨；4—吊具；5—平衡钢绳；6—制动器；7—气缸；8—卷筒；9—升降钢绳；10—平衡杆；11—平衡重导轨；12—平衡重；13—弹簧缓冲器

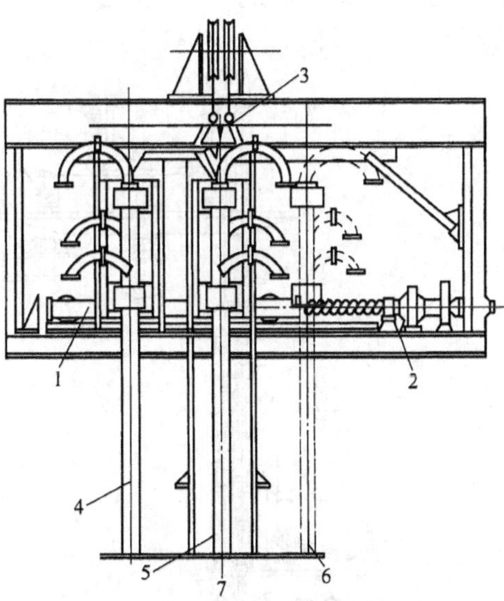

图 4-13　氧枪横移小车式换枪装置

1—横移小车；2—横移小车传动装置；3—氧枪升降装置（T 型块）；4—备用氧枪；5—主氧枪；6—备用氧枪工作时主氧枪位置；7—转炉中心线

4.2.4.2　副枪装置

为使炼钢过程自动化、精确化，用计算机进行控制是完全必要的。但为了提高控制的准确性，在吹炼过程中应取得中间数据，其有效方法就是采用副枪。一般副枪和氧枪是平行插入转炉内的，见图 4-14 所示。但在较小的转炉中，垂直插入时探头将位于火点附近，使测出的数据缺乏代表性，因此，对于较小的转炉副枪可以倾斜插入，如图 4-15 所示。

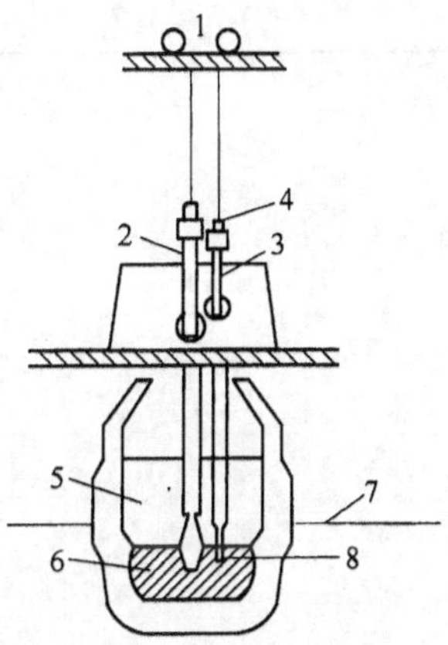

图 4-14　垂直插入副枪

1—氧副枪卷扬；2—氧枪；3—副枪；4—配接计算机；5—炉渣；6—钢水；7—操作平台；8—探头

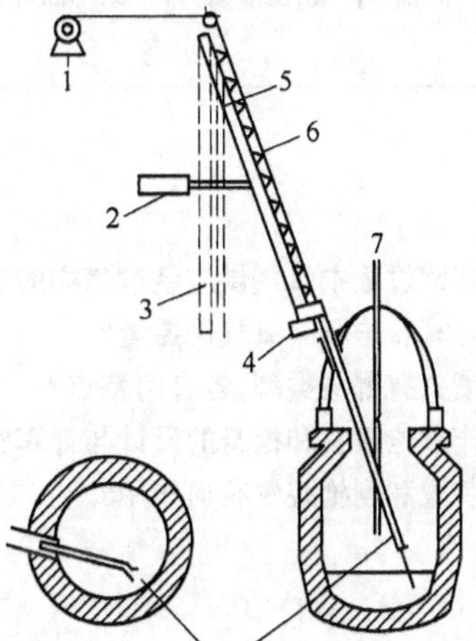

图 4-15　倾斜插入副枪

1—牵引马达；2—导板推进器；3—待候位置；4—导板闸；5—导板；6—滚柱；7—氧枪；8—副枪

在车间设计时，应考虑副枪升降和更换探头的空间，如图 4-16 为转炉副枪装置图。图 4-17 为一种副枪探头结构图。

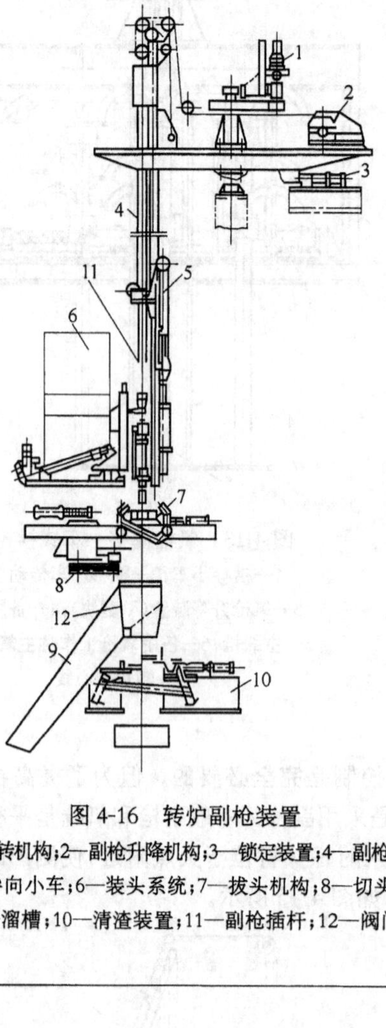

图 4-16 转炉副枪装置

1—副枪旋转机构；2—副枪升降机构；3—锁定装置；4—副枪；5—活动导向小车；6—装头系统；7—拔头机构；8—切头机构；9—溜槽；10—清渣装置；11—副枪插杆；12—阀门

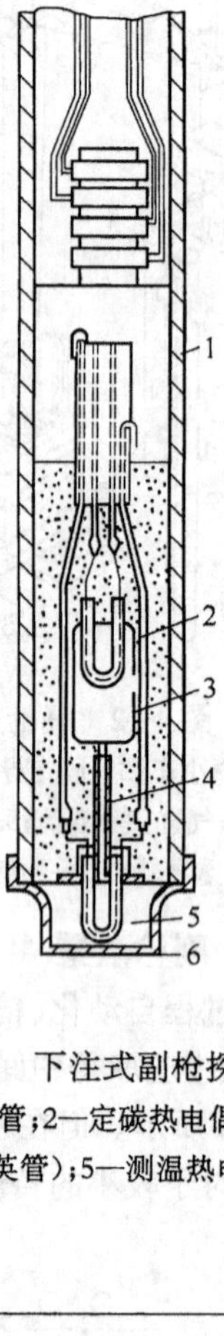

图 4-17 下注式副枪探头结构

1—保护纸管；2—定碳热电偶；3—样杯；4—进样口(石英管)；5—测温热电偶；6—保护帽

思考题

4-1 转炉炼钢过程中氧气供应经过怎样的工艺流程？

4-2 如何计算转炉车间氧气需要量？

4-3 氧枪喷头有哪些类型，各有何特点？

4-4 如何作氧枪喷头和枪身的设计与计算？

4-5 氧枪装置和副枪装置有何作用？

5　氧气转炉车间原材料供应

转炉炼钢使用的主要原材料包括：铁水、废钢、散状料（石灰、白云石、萤石、氧化铁皮、铁矿石、焦炭等）和铁合金。原材料供应系统应保证及时、准确、可靠地满足转炉冶炼对各种原材料的需求，为此必须具备合适的储料能力和相宜的运输方式。

5.1　铁水供应

铁水是转炉炼钢的主要原料。按铁水来源可分为：高炉铁水供应及化铁炉铁水供应两种，后者只是在厂内没有高炉或高炉铁水不够时补充。由于二次化铁耗费能量以及贵重的冶金焦炭，因此在新建炼钢车间时不应采用。

高炉铁水直接热装入转炉时又有混铁炉和混铁车两种方式。采用混铁炉时能保持铁水成分和温度均匀稳定，有利转炉吹炼。但混铁炉需多倒一次铁，增加温度损失，而且混铁炉投资大，占地多。随着高炉的大型化和炼铁操作的精确化，高炉铁水成分波动减小；又因转炉的大型化，混铁炉的混合作用已不明显。因此，混铁车在大中型转炉炼钢车间已被广泛采用，由于其受铁口有盖，在运输过程中热损失较小，特别是高炉距离炼钢车间较远时，用混铁车更为有利。

5.1.1　混铁炉

混铁炉由炉体、炉盖开闭机构和炉体倾动机构三部分组成，见第 11 章图 11-7。炉体为短圆柱体容器，其长度和直径相近，以减小其比表面积，从而降低散热损失。受铁口和出铁口都在中心断面，受铁口在顶部，出铁口和水平面呈 21°～22°夹角。混铁炉内衬用黏土砖和镁砖。

炼钢车间所需要混铁炉容量 Q(t)按下式计算：

$$Q=\frac{1.01ABt}{365\times 24n} \qquad (5\text{-}1)$$

式中　1.01——铁水损失的修正系数；

A——车间年产量，t/a；

B——每 1t 钢所需铁水量，一般(0.8～1.15)t；

t——铁水在混铁炉中的平均存储时间，一般为 7～8h；

n——混铁炉装满系数，取 0.98～1.0，但有时取低一些。

我国混铁炉系列有：150t、300t、600t、1000t、1500t。国外还有 2000～2500t 的。可根据式(5-1)计算结果圆整成该系列中的公称容量选定。

混铁炉的座数的确定：考虑到转炉冶炼周期短，混铁炉受铁水和倒铁水作业繁忙，不能因混铁炉检修而影响正常生产，因此，以一座经常吹炼的转炉配一座混铁炉较为合适。

5.1.2　混铁车

混铁车的结构如图 5-1，其形状可保证有较小的热损失。混铁车装有倾动机构，可使炉身转动向外倒铁，因此，不需建设专门的厂房，只需在主厂房内留出必要的倒铁水位置。混铁车的容量根据转炉容量而定，一般为转炉容量的整数倍，并与高炉出铁量相适应。转炉炼钢车间所需混铁车台数 N(台)计算式如下：

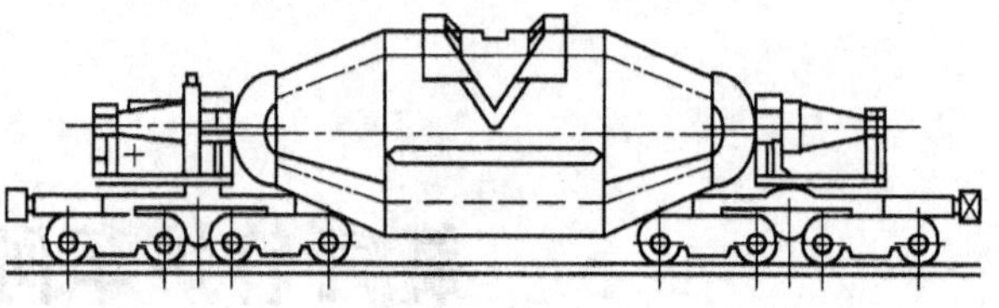

图 5-1　混铁车

$$N=\frac{P_{max}-P_2}{Qnc\eta}+\frac{N_2}{\eta} \tag{5-2}$$

式中 P_{max}——高炉铁水最高日产量，t/d；

Q——混铁车容量，t；

n——混铁车装满系数，可取 0.9；

c——混铁车日周转次数，一般取 2～3 次/d；

η——混铁车作业率，约取 0.75；

P_2——钢锭模车间所需铁水量，t/d；

N_2——钢锭模车间所需混铁车台数。

由式(5-2)计算出的混铁车台数，还应考虑定期检修的因素，并最后对总共需要的混铁车台数进行校正。若工厂没有铸钢锭模车间，则将 P_2、N_2/η 二项略去。

混铁车容量系列参考数据见表 5-1。

表 5-1　混铁车系列参考数据

公称容量			150	250	300	350	400	600
装铁水量	新衬时	t	150	250	300	350	400	600
	旧衬时	t	180	290	345	400	460	690
铁水车全高		mm	3850	4330	4330	4950	5200	6200
铁水车最大宽度		mm	3200	3500	3400	3916	4120	4770
挂钩间距		mm	15400	21000	25400	24700	24600	32000
转向架数		个	4	4	8	8	8	8
轴　数		个	8	12	16	16	16	24
最大轴重		t	36	42	38	42	49	48

5.2　废钢的供应

废钢应尽量分类存放，特别是含合金元素的废钢更应注意分类存储。对废钢中的易爆炸物和封闭容器要十分注意清除及处理，保证生产安全。废钢中的铜、铅、锌、锡等有色金属也需清除干净，以免在晶界析出，影响钢的强度。

大型转炉炼钢车间通常设单独的废钢间，按每炉需用量装入废钢料斗运到炉前。较小的炼钢车间的废钢堆场设在原料跨的一端。

废钢间面积的大小决定于废钢需要的堆存用的面积、铁路条数、料槽(或料坑)位置及称量设备占用的面积，高度取决于工艺操作所需要的吊车轨面标高。

废钢堆场的面积取决于废钢存储定额(天数)，当企业内有自己的废钢加工站时，可考虑存储 1～3 日，否则需存 10～15 日。废钢堆场面积 A(m²)可按下式估算：

$$A=\frac{Qx}{1.2H\rho} \tag{5-3}$$

式中 Q——每日所需废钢量，t/d；

x——废钢储存定额(天数)，d；

H——废钢储存允许高度，有坑时包含坑的深度，可按平均堆高 1.0～1.2m 考虑；

ρ——废钢堆积密度，t/m³，可参考表 5-2 选取。

表 5-2 不同类型废钢的堆积密度/$t \cdot m^{-3}$

废钢类型	料场内	料斗内
切屑及捆扎的轻废钢	1.1～1.7	1.0～1.5
中小型废钢	1.8～2.5	1.5～2.2
重废钢	3.2	2.8
生废钢	3.0	2.7

废钢入炉一般通过废钢料斗，由普通吊车像兑铁水那样装入转炉。废钢料斗容积的大小决定于每炉废钢的装入量。对于废钢比较大的大型转炉，也可考虑分成几个料斗。但一般是废钢一次一斗装入。废钢料斗容积 $V(m^3)$ 计算式如下：

$$V = \frac{q}{n\rho f} \tag{5-4}$$

式中 q——每炉加入废钢量，t；

n——料斗装满系数，取 0.8；

f——每炉加入废钢的斗数；

ρ——废钢堆积密度，t/m^3。

5.3 散状材料的供应

氧气转炉散状材料包括石灰、白云石、萤石、铁矿石、氧化铁皮、焦炭等。品种多，批量小，批数多，要求迅速、准确、可靠地供料。供应系统包括散状料堆场、地下（地面）料仓、由地下料仓送往主厂房的运料设施、转炉上方高位料仓、称量和向转炉加料的设施。

为保证转炉正常生产，应设散状料堆场。大型转炉炼钢车间一般自设散状料堆场，并尽可能靠近转炉。此外，还有与炼铁车间和转炉车间石灰窑料场共用的。其布置方式可根据外部供料条件和总图布置确定。各种散状材料的储存量可根据具体情况按 10～30 天考虑。

转炉车间大多在靠近主厂房附近设置地下料仓，它兼有部分储存和转运作用。地下料仓有地下式、地上式和半地下式三种，以前者较多，可便于火车或汽车或运输带自动卸料。各种散状料储存天数视具体情况而定，其中石灰料如本厂自产，以 8～24h 的储存即可，若外运入石灰一般为 2～3 天，以防变质。

从地下料仓向高位料仓供料的方式，大中型转炉车间多用全胶带运输。采用运输带的优点是：结构轻便，运输能力大，工作可靠，有利于自动化，原料破损少（参见图 5-2）。采用全胶带运输时往各高位料仓布料，可用可逆活动胶带运输机或胶带卸料机。由于全胶带运输占地面积大，大小转炉车间由地下料仓向高位料仓的供料方式还有：皮带（或垂直提升机）- 振动管运输、翻斗提升机 - 胶带运输、斜桥料车 - 胶带运输等。各种运输设备能力，一般按每日工作一个班（约 7h）来考虑。

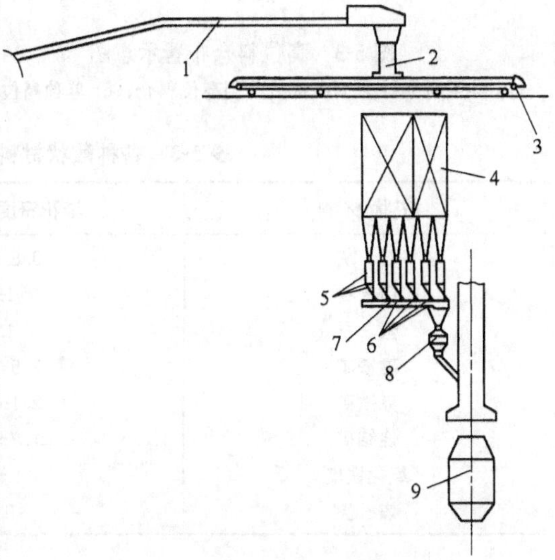

图 5-2 散状料供应流程

1—固定胶带运输机；2—转运料斗；
3—可逆活动胶带运输机；4—高位料仓；
5—分散称量料斗；6—电磁振动给料器；
7—汇集胶带运输机；8—汇集料斗；9—转炉

设置高位料仓在于起到临时储料的作用，并利用重力向转炉及时和可靠地供料，保证转炉正常生产。高位料仓沿炉子跨纵向布置有三种方案，如图 5-3 所示。可以每两个转炉或全部转炉共用一套高位料仓，也可以每个转炉单独使用一套，还可以两座转炉部分料仓共用。采用哪一种方案要根据车间总体布置、转炉容量以及散状料储存定额等因素而定。单独料仓与转炉冶炼配合较方便，共用料仓可以相互支持供料，并避免由于转炉停炉后料仓内剩余石灰的粉化。

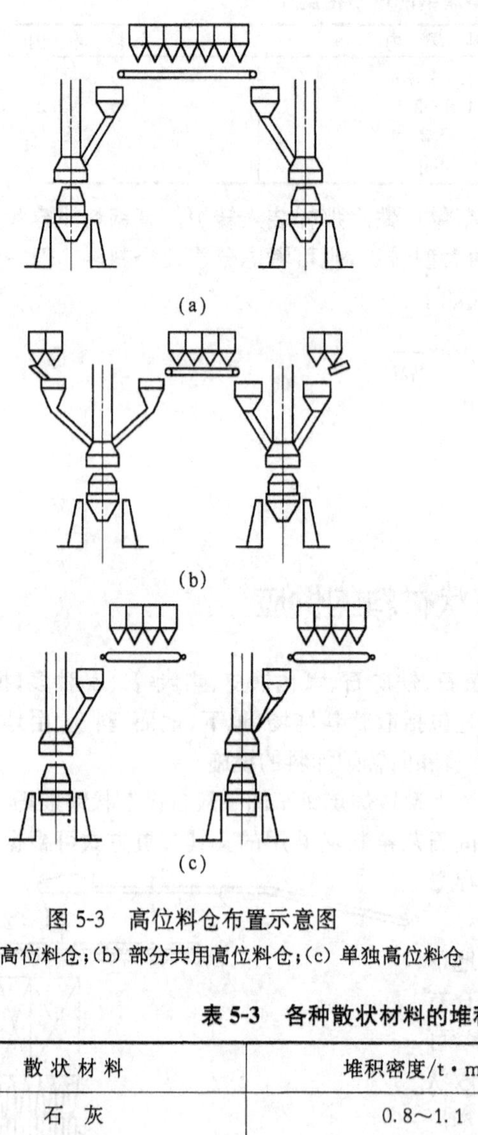

图 5-3　高位料仓布置示意图

(a) 共用高位料仓；(b) 部分共用高位料仓；(c) 单独高位料仓

高位料仓的数目决定于散状料的种类及料仓共用情况。料仓的容量应可供转炉冶炼 8h 以上需要，它取决于转炉单位消耗定额和储存定额。其储存定额例如：石灰 16h，矿石 15h，萤石 40h 等。各种散状材料的堆积密度参见表 5-3。

高位料仓的横断面一般为矩形，上部为长方体，下部为四角锥体。锥体部分的倾角不小于 45°～50°，放料口尺寸为标准散状料尺寸的 3～6 倍以上，一般大致为 150～300mm，以保证料仓内的散状料能自由下落，避免堆积成拱和卡料。

表 5-3　各种散状材料的堆积密度和自然堆角

散状材料	堆积密度/$t \cdot m^{-3}$	自然堆角 θ/(°)
石　灰	0.8～1.1	30～35
白云石	1.7	40
萤　石	1.7	
磁铁矿	2.5～3.5	45
赤铁矿	2.1～2.4	45
烧结矿	1.7～2.0	45
氧化铁皮	1.9～2.1	30～35
焦　炭	0.6	45

5.4　铁合金的供应

铁合金的供应一般由炼钢厂铁合金间、车间铁合金料仓及称量和输送设施、向钢包加料设施等几部分组成。

铁合金在铁合金间(或仓库)内储存、烘烤及加工成合格块度,按铁合金的品种和牌号分类存放,并相应保存好出厂化验单。储存面积主要决定于铁合金的日消耗量、堆积密度及储存天数,堆积密度见表5-4。

表5-4 铁合金堆积密度

铁 合 金	堆积密度/$t \cdot m^{-3}$
FeSi(Si45)	2.5
FeSi(Si75)	1.5
FeMn(Mn76)	3.5
SiMn(Si20,Mn65)	3.0
高碳 FeCr	4.0
低碳 FeCr	3.0
FeW	7.2
FeMo	4.7
FeV(V40)	3.5
FeTi(Ti20)	3.0
FeNb(Nb50)	3.2
FeB(B15)	3.1
镍板	2.2
Al	1.5

铁合金由铁合金间运入转炉车间的方式:对铁合金用量不大的炼钢车间、中小型炼钢车间,一般是把铁合金自卸式料罐用汽车或火车运到主厂房转炉跨,再用吊车卸入车间铁合金料仓,需要时经称量用铁合金加料车经溜槽加入钢包。大型转炉炼钢车间的铁合金供应采用类似于散状系统的全胶带供料系统,如图5-2所示。这种系统工作可靠,运输量大,机械化程度高,对于需要铁合金品种多、用量大的炼钢车间特别适用。

冶炼优质钢或高合金钢时加入的铁合金需经烘烤加热。烘烤设备有箱式烘烤炉、履带式烘烤炉、液压倾翻式烘烤炉等。

思考题

5-1 转炉铁水供应有哪几种方式,各有何特点,各适用于何种炉子?

5-2 废钢、散状料和铁合金怎样供应给转炉,各供应系统在工艺上有什么要求?

6　电弧炉炉型与水冷挂渣炉壁

电弧炉是目前世界上熔炼优质钢、特殊钢的主要设备。近年来，随着熔炼工艺的不断改进，对炉型、炉子结构及耐火材料的砌衬等提出了更高的要求。自 20 世纪 60 年代中期提出电弧炉超高功率概念以来，电弧炉建造趋于大型化、高功率化，出现了多种新型电弧炉。但本章仍将就传统的电弧炉炉型作简要叙述，并提供一些经验数据作参考，使读者了解电弧炉炉型计算的基本原则和方法。水冷挂渣炉壁是伴随炉子高功率化发展的相关技术，故本章也进行了相应的阐述。

6.1　电弧炉炉型及主要参数

电弧炉炉型是指炉衬内部空间围成的几何形状。它可分作两大部分，在炉壁下缘以下容纳钢水和熔渣的部分称作熔池；熔池以上的空间称作熔化室，可容纳全炉或部分冷废钢铁料并在此进行熔化。

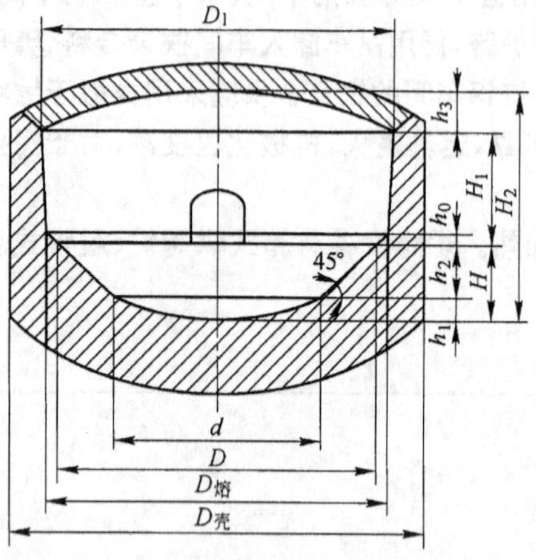

图 6-1　炼钢电弧炉炉型尺寸

炉型主要参数是根据炉子的公称容量来计算炉子内型尺寸并确定炉子整体尺寸。

炉型尺寸的计算既可用于设计新炉子，又可用于核算改造旧炉子。确定炉型尺寸时应考虑下列因素：(1)能满足冶炼工艺的要求；(2)有利于提高炉衬寿命；(3)有利于热能的充分利用，包括电弧热和其他氧-燃助熔热能。

现代炼钢电弧炉炉型如图 6-1 所示。

6.1.1　熔池形状与尺寸

(1) 熔池的形状。熔池形状应有利于冶炼反应的顺利进行，砌筑容易，修补方便。目前使用的多为锥球型熔池，上部分为倒置的截锥，下部分为球冠(见图 6-1)，球冠型炉底使得熔化了的钢液能积蓄在熔池底部，迅速形成金属熔池，有利于加快炉料的熔化及早造渣去磷。截锥型电弧炉炉坡倾角为 45°，使被侵蚀后的炉坡容易得到修补(补炉镁砂的自然堆角为 45°)，且有利于顺利出净钢水。

(2) 熔池尺寸计算。熔池的容积应能容纳全部钢水和约为钢水量 7%～8%的熔渣，并留有适当余量。

带有球冠部分的熔池，球冠高 h_1 约为钢液总深度的 20%，即 $h_1=\dfrac{H}{5}$。

熔池直径 D 和熔池深度 H 的比值 D/H 是确定炉型的基本参数。对于一定容量的炉子，D/H值愈大，则渣-钢界面面积愈大，有利于钢水熔炼。但是 D/H 太大，则炉壳直径也大，散热面积也大，显然对冶炼不利。一般 D/H 值在 5 左右比较合适。

由截锥体和球冠体的体积计算公式可知，熔池体积 $V_{池}$（m^3）的计算公式为：

$$V_{池}=\frac{\pi}{12}h_2(D^2+dD+d^2)+\frac{\pi}{6}h_1\left(3\times\frac{d^2}{4}+h_1^2\right) \tag{6-1}$$

式中 h_1——球冠部分高度，m，一般取 $h_1=H/5$；

h_2——截锥部分高度，m，$h_2=H-h_1=4/5H$；

D——熔池液面直径，m，通常采取 $D/H=5$，即 $D=5H$；

d——球冠直径，m。

因 $d=D-2h_2=5H-\frac{8}{5}H=\frac{17}{5}H$ 代入式(6-1)中，整理后得：

$$V_{池}=12.1H^3=0.0968D^3 \tag{6-2}$$

炉渣体积可取钢液体积的 10%～15%，由此可计算渣层厚度。炉门坎平面应高于钢液面 20～40mm，炉坡与炉壁连接面应高于炉门坎平面 30～70mm，以减轻炉渣对炉壁与炉坡接缝处的侵蚀。所以熔池上缘直径（即熔化室下缘直径）$D_{熔}$（m）为：

$$D_{熔}=D+(0.1\sim0.2) \tag{6-3}$$

由式(6-2)、式(6-3)，在选取 D/H 后，即可求出钢液面直径 D 与钢液深度 H。

6.1.2 熔化室尺寸

熔池以上至炉顶拱角以下的空间称作熔化室，其大小应能一次装入堆积密度中等的全部炉料。

(1) 熔化室高度 H_1。金属炉门坎至炉顶拱基的空间高度为熔化室高度。炉衬门坎较金属门坎高出约 80～100mm。从延长炉盖寿命和多装轻薄料考虑，希望熔化室高度 H_1 大些，但是如果 H_1 太大，则电极长，电阻大，炉壳散热面积大，电耗大。

经验值：<40t 电弧炉，$H_1/D_{熔}=0.45\sim0.50$

>40t 电弧炉，$H_1/D_{熔}=0.40\sim0.44$

(2) 熔化室上缘直径 D_1。采用耐火材料炉壁，特别是散状料和粘结剂打结炉壁时，一般将熔化室设计成上大下小，即 $D_1>D_{熔}$，炉壁作成倾斜状（或向上阶梯状），倾角 $\beta\approx6^\circ$。这样形状的熔化室增加了炉壁的稳定性，并且容易修补和节省材料；另外下部的炉衬接近于炉渣，侵蚀快些，炉衬下厚上薄可以使整个熔化室炉衬寿命趋于均匀。

熔化室上缘直径：

$$D_1=D_{熔}+2H_1\tan\beta \tag{6-4}$$

6.1.3 炉门尺寸、出钢口和流钢槽

现代电弧炉一般只设一个工作门，用于加料、炉前操作和观察炉况。

确定炉门尺寸要考虑下列因素：应便于观察炉况；能良好的修补炉底和整个炉坡；采用加料机加料的炉子，料斗应能自由出入；能顺利取出折断的电极。

炉门尺寸可按下列经验值确定：

炉门宽度：$l=(0.20\sim0.30)D$ (6-5)

炉门高度：$b=(0.75\sim0.85)l$ (6-6)

为了密封，门框应向内倾斜 8°～12°

出钢口为圆形或修砌成方（或长方）形，直径约 150～200mm。通常，出钢口的下沿与工作门坎在同一水平面上，但是对于虹吸式出钢或偏心底出钢的电弧炉则要另作特殊设计以满足工艺过程的需要。

出钢槽外壳用钢板或角钢做成，其断面为槽形，固定在炉壳上，内衬凹形预制砖（称流钢槽砖），长度与出钢倾炉方式和炉子在车间内的布置有关，原则上出钢槽应尽量短，以减少出钢过程的钢液温降和吸收气体。为了防止打开出钢口以后钢水自动流出，出钢槽一般向上倾斜约 7°～10°。

6.1.4 电弧炉炉衬及其厚度

炉壁衬砖厚度通常按耐火材料热阻计算确定，计算依据的条件是炉壳在操作末期被加热的温度不大于 200℃，以免炉壳变形。一般而言，增加炉衬厚度，炉壳受热及热损失可以减少，但是炉衬厚度增加与热损失减少并非线性关系，当炉衬厚度达到一定值以后，再增加炉衬厚度，热损失减少不显著，反而因为炉衬厚度增加过大，而增加炉壳直径，耐火材料消耗增加，散热面积增加，所以比较经济的办法是选择优质材料，使用较薄的炉衬。

炉壁底部厚度，包括隔热层（石棉与轻质黏土砖或普通黏土砖）与工作层，设计时可采用表 6-1 的推荐值。

表 6-1 电弧炉壁底部厚度

炉子容量/t	炉壁厚度/mm
<5	250～450
10～50	450～500
75～100	550～650

高功率或超高功率电炉多采用水冷挂渣炉壁，水冷块的厚度小于表 6-1 所列炉壁厚度值很多。在这种情况下，表 6-1 中推荐值可作为炉坡上沿处耐火材料砌衬的厚度。

炉顶拱脚处直径 D_1 与拱顶高 h_3 按以下比值决定：

$$h_3/D_1 = 0.11 \sim 0.13 \tag{6-7}$$

电弧炉炉顶用砖多为高铝质专用型砖。国家标准已规定了电弧炉炉顶用砖形状尺寸和理化性能指标，见 GB2991—87 与 GB2993—82。按经验值选炉顶砖厚度 δ 如表 6-2 所示。

表 6-2 炉顶砖厚度 δ

吨位/t	<20	20～40	>40
δ/mm	230	300	350

近年来我国炼钢厂也有采取全水冷炉顶或部分为水冷件的炉顶，其 h_3/D_1 则可取较小的数值。

炉底厚度 δ_B（包括隔热层与工作层总厚度）约等于钢液深度的尺寸，即可取 $\delta_B = H$。

6.1.5 电弧炉炉壳

炉壳要承受炉衬和炉料的质量，抵抗部分衬砖在受热膨胀时产生的膨胀力，承受装料时的撞击力。

炉壳厚度 δ_Z 一般为炉壳直径 $D_壳$ 的 1/200，即：

$$\delta_Z = \frac{D_壳}{200} \tag{6-8}$$

炉壳厚度 δ_Z 与炉壳直径 $D_壳$ 的关系见表 6-3。

表 6-3 炉壳厚度 δ_Z 与炉壳直径 $D_壳$ 的关系

$D_壳$/m	<3	3～4	4～6	>6
δ_Z/mm	12～15	15～20	25	28～30

6.2 水冷挂渣炉壁

水冷挂渣炉壁(简称水冷炉壁),按其导热能力(即可通过的热流强度)可分为普通功率,高功率和超高功率三种类型,按其结构则可分为铸管式、板式与管式水冷挂渣炉壁。

6.2.1 铸管式水冷挂渣炉壁

铸管式水冷挂渣炉壁的结构如图 6-2 与图 6-3 所示。炉壁本身为铸铁铸造,内部铸有无缝钢管弯制的冷却水管,水管的形状和根数可有不同的设计。炉壁受热工作面上铸成耐火材料打结槽或镶砌耐火砖槽,这种结构的特点是:

(1) 具有与炉壁所在部位的热负荷相适应的冷却能力,适用于炉壁热流强度为(0.056～0.22)$\times 10^6 W/m^2$ 的条件,即普通功率电弧炉热点区的热负荷;

(2) 结构坚固,具有较大热容量。能抗击炉料撞击和因搭料打弧以及吹氧操作不当造成的局部过热;

(3) 具有良好的挂渣能力,易于形成挂渣层,适应炉内热负荷变动,通过挂渣层厚度变化调节炉壁散热能力与炉内热负荷相平衡;

(4) 内部为管式水冷,冷却水流速度快,不易结垢。

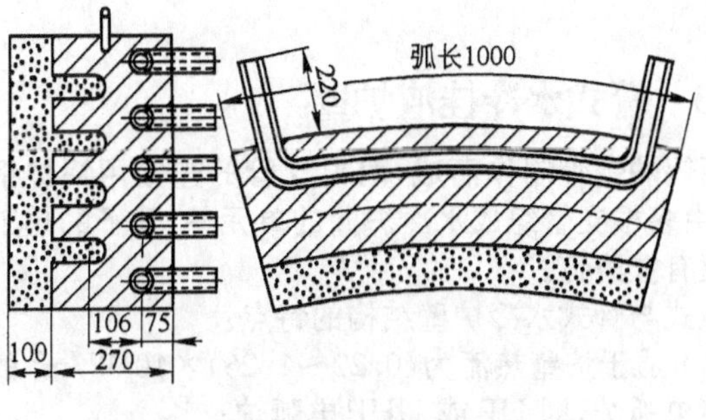

图 6-2 铸管式水冷挂渣炉壁(一)

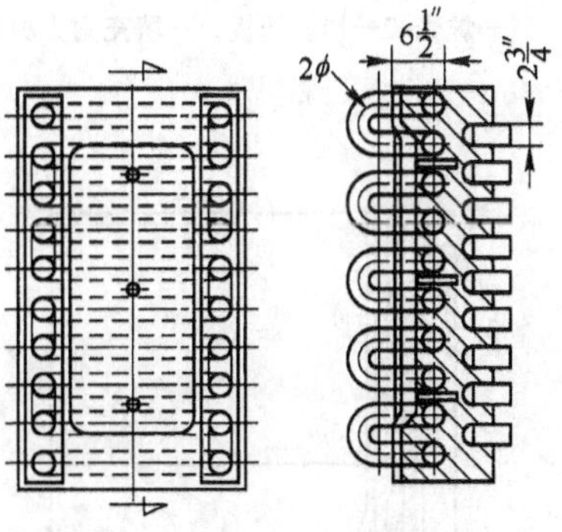

图 6-3 铸管式水冷挂渣炉壁(二)

6.2.2 板式水冷挂渣炉壁

板式水冷炉壁采用锅炉钢板焊接而成,水冷壁内部有由导流板分割成的冷却水道,水道截面积可根据炉壁热负荷来确定,热工作面镶挂渣钉或焊上渣筋板(形成挂渣槽)。其结构如图 6-4、图 6-5 所示。

图 6-4 所示板式水冷炉壁的水冷板可分为外装式与内装式。外装式水冷板又同时采用上、下两部分的分离炉壳,使外部水冷板装卸更为方便。图 6-5 为水冷板内装,并有水平挂渣筋结构,筋板厚度约为 15～20mm,筋的间距可取 50～60mm。

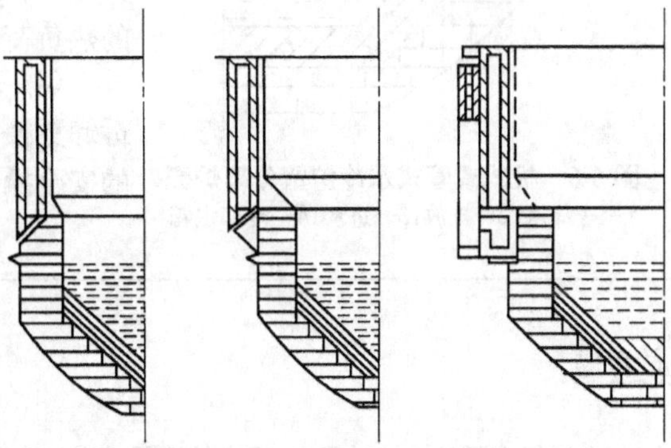

图 6-4 板式水冷炉壁(外装式)

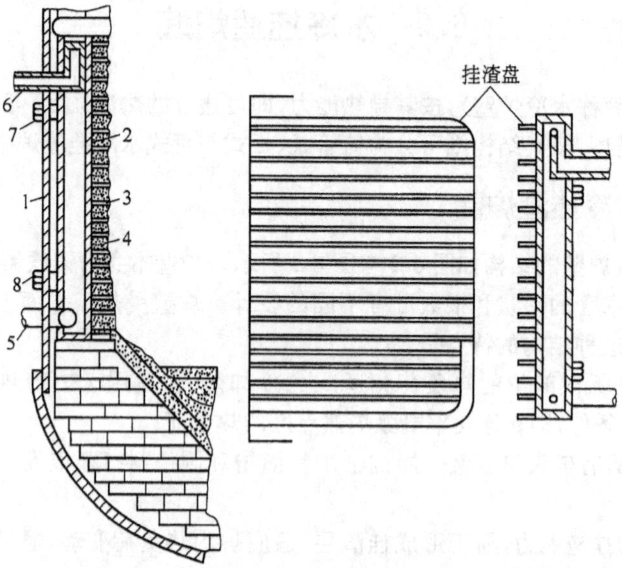

图 6-5 钢板焊接制造的板式水冷炉壁结构（内装式）

1—炉壳；2—挂渣筋板；3—填充耐火材料；4—填充耐火材料与挂渣层；5—进水口；6—出水口；7、8—安装螺栓

6.2.3 管式水冷挂渣炉壁

用锅炉钢管制作而成，两根支管的连接用锅炉钢铸弯头，由多根支管组成水冷炉壁的单元件，管子的热工作表面镶有挂渣钉。

板式与管式水冷炉壁结构的特点：

（1）适于炉壁热流为$(0.22 \sim 1.26) \times 10^6 W/m^2$的高热负荷电弧炉，即 HP 或 UHP 电弧炉；

（2）具有一定厚度的钢结构的板式或管式水冷炉壁，其结构坚固，能抗击炉料的撞击或炉料搭料打弧，以及吹氧操作不当造成的过热；

（3）具有良好的挂渣能力，通过挂渣厚度调节炉壁的热负荷；

（4）采用分离式炉壳（两段式炉壳结构）易于水冷壁拆卸更换，同时可将漏水引出炉外以保证水冷挂渣炉壁的安全操作，其结构如图 6-6 所示。

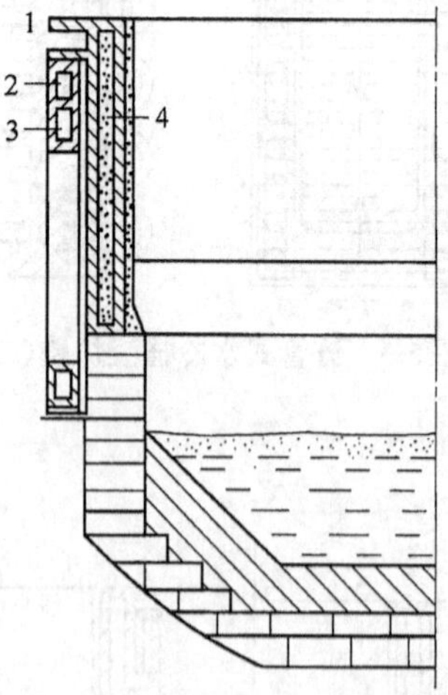

图 6-6 板式或管式水冷炉壁分离炉壳

1—冷却水；2—排放；3—进料；4—冷却水箱

思考题

6-1 在进行电弧炉设计过程中，确定炉型尺寸时应主要考虑哪些因素？

6-2 电弧炉炉衬的组成及厚度的确定。

6-3 电弧炉水冷挂渣炉壁有哪些类型，各有何特点？

7　电弧炉变压器、电极及其他设备

7.1　变压器容量选择

7.1.1　变压器容量确定

7.1.1.1　如何确定电弧炉变压器的容量

确定变压器容量的目的是为了选择与电弧炉容量相匹配的变压器。变压器容量的确定是一个比较复杂的问题，它受电弧炉的容量、冶炼时间、炉衬材质、电效率、热效率等许多因素的影响，目前电弧炉配用变压器的容量和二次电压不断提高，电弧炉向大型化与高功率化发展，20 世纪 60 年代中期出现了高功率、超高功率电弧炉和与之配套的相关技术。一般说来，变压器与电弧炉容量的匹配应考虑到下列因素：

(1) 电弧炉仅仅作为熔化装置还是作为熔炼装置。

(2) 电弧炉熔炼的钢种，采用何种熔炼工艺。

(3) 当配用的变压器为高功率或超高功率时，电弧炉炉体结构和其他相关技术是否配套。

(4) 选用不同功率水平要考虑电弧炉的作业制度，是间断生产还是满负荷连续生产。

(5) 选用何种功率水平还要考虑到车间或建厂的供电条件。

7.1.1.2　变压器容量计算

(1) 由熔化时间(熔化期)计算变压器容量。电弧炉熔化期占熔炼周期的大部分，熔化期长短主要由供电功率决定。下面是对已知装入量的电弧炉根据熔化时间要求来计算所需供电功率，即变压器的容量：

$$P=\frac{qG}{t_{m}\cos\varphi\eta N} \tag{7-1}$$

式中　P——电弧炉用变压器额定容量，kV・A；

q——熔化每吨废钢料及相应的渣料并升温所需要的电量，kW・h/t，$q\approx 410$kW・h/t；

G——电弧炉装入量，t；

t_m——预期的熔化时间，h；

$\cos\varphi$——熔化期平均功率因数，一般功率电弧炉取 0.82～0.85，超高功率电弧炉取 0.70；

η——变压器有功功率利用率，$\eta=0.75\sim0.80$；

N——熔化期变压器功率平均利用系数，$N=1.0\sim1.2$。

举例：计算一台额定容量为 30t 的超高功率电弧炉所应配用变压器的额定容量。超高功率电弧炉熔化期时间可取 50～60s。按实际装料量 37t 计算：

$$P=\frac{410\times37}{1\times0.80\times0.75\times1.1}=22985\text{kV}\cdot\text{A}$$

若按电弧炉的额定容量计算其单位功率为 22985/30 = 766.2kV・A/t。

(2) 根据熔池表面积的功率密度计算变压器容量。钢液面接受电弧热量及炉衬表面反射的热量并向熔池深部传递，因此熔池表面单位面积所接受功率的量（$kV \cdot A/m^2$）可作为炉子功率指标之一。表7-1是由电弧炉系列计算得出的钢液表面积功率密度的实际数值，亦可作为确定电弧炉配用变压器容量的依据。

表7-1　电弧炉熔池表面积功率密度

电炉公称容量/t	炉用变压器额定容量/MV·A			炉壳内径/m	钢液面面积/m²	钢液表面积功率密度/kV·A·m⁻²		
	RP	HP	UHP			RP	HP	UHP
20	6	9	12	4	9.1	659	989	1320
30	9	13.5	18	4.6	11.9	757	1135	1515
40	12	18	24	5	14.5	828	1240	1657
50	15	22.5	30	5.2	15.9	945	1415	1887
60	18	27	36	5.5	18.1	995	1490	1990
70	21	31.5	42	5.8	20.4	1030	1543	2059
80	24	36	48	6.1	22.9	1045	1570	2090
100	30	45	60	6.4	25.5	1175	1765	2350
125	37.5	56	75	6.7	28.3	1325	1980	2650
150		67.5	90	7	31.2		2160	2880
175		79	105	7.3	34.2		2610	3075
200		90	120	7.6	37.3		2375	3170

7.1.2　功率水平的划分

7.1.2.1　不同功率水平的范围

功率水平是电弧炉的主要技术特征，它通常指每吨钢占有的变压器额定容量，即：

$$功率水平=\frac{变压器额定容量(kV \cdot A)}{公称容量或实际出钢量(t)}\quad (kV \cdot A/t) \tag{7-2}$$

1981年国际钢铁协会（IISI）在巴西会议上，提出具体的分类方法见表7-2。

表7-2　电弧炉额定功率水平分类

类　别	RP	HP	UHP
功率水平/kV·A·t⁻¹	<400	400～700	>700

注：1. 表中数据主要指≥50t电弧炉，对于大容量电弧炉可取下限；

2. UHP电弧炉功率水平没有上限，目前已达到$1000kV \cdot A \cdot t^{-1}$，还在增加，并出现SUHP一说。

另外，20世纪80年代以电弧炉单位熔池面积功率密度进行如下的划分范围：

普通功率（RP）　　$1722kV \cdot A/m^2$（$160kV \cdot A/ft^2$）

高功率（HP）　　$1939.5kV \cdot A/m^2$（$180kV \cdot A/ft^2$）

超高功率（UHP）　　$2152.8kV \cdot A/m^2$（$200kV \cdot A/ft^2$）

到目前，功率水平的划分并没有严格的界限与统一的标准，各国厂家都有自己的标准系列。而单位变压器容量也非一成不变，属于同一功率水平时，大炉子与小炉子的单位变压器功率kV·A(kW)/t亦不同，此值随炉子容量增大而减小。表7-3为美国某些新型电弧炉的功率水平。直径3.66m（容量20t）电弧炉配用变压器功率为20000kV·A，单位熔池面积功率密度达到$2895.5kV \cdot A/m^2$。

表 7-3 新型电弧炉功率水平

厂　家	炉子直径/m(ft)	变压器容量/kV·A	功率密度/kV·A·m^{-2}(kV·A·$(ft^2)^{-1}$)
A	6.1(20)	60000	2615.7(243)
B	5.49(18)	60000	3315.4(308)
C	7.31(24)	120000	3487.6(324)
D	3.66(12)	20000	2895.6(269)
E	6.70(22)	100000	3520(327)
F	7.31(24)	85000	2475.8(230)
G	4.27(14)	32000	3197(297)
H	4.88(16)	42000	3057(284)
I	6.10(20)	90000	3918.2(364)
J	5.49(18)	60000	3315.4(308)
K	6.10(20)	60000	2615.7(243)

7.1.2.2 国内外现行电弧炉变压器容量与炉子容量匹配实例

我国电弧炉制造厂家的系列产品(按 JB2529—79)见表 7-4。

表 7-4 HX 系列电弧炉型号与主要技术参数

型　号	HX-0.5	HX-1.5	HX-3	HX-5	HX-10	HX_2-10	HX_2-20	HX_2-30	HX_2-50	HX_2-75	HX_2-100
公称容量/t	0.5	1.5	3	5	10	10	20	30	50	75	100
炉壳内径/mm	1600	2100	2500	3000	3500	3500	4200	4600	5200	5800	6400
变压器额定容量/kV·A	650	1250	2200	3200	5500	5500	9000	12500	18000	25000	3200
变压器型式容量/kV·A	1000	1800	3000	4200	7200	7200	13000	20000	30000	40000	50000
变压器一次电压/kV			6 或 10				35		35	110	
变压器二次电压及调压级数	200 170 110 98	210 180 121 104	220 190 127 110	240 210 139 131	260 240 210 139	260 240 210 139	300 ～140 13 级及以上	340 ～150 13 级及以上	380 ～160 13 级及以上	430 ～170 13 级及以上	480 ～180 13 级及以上

表 7-4 中各项技术参数各厂的产品可能略有差异，对同一额定容量炉子因所设计炉壳直径不同，其过装能力也有差异。同时因高功率电弧炉的需要，可以要求配用较高功率档次的变压器。例如，20t 额定容量电弧炉配用 12500kV·A 变压器。30t 炉配用 15000～18000kV·A 变压器。则单位功率达到 500～625kV·A/t。

日本工业炉协会制定的炼钢电弧炉功率等级见表 7-5。

表 7-5 日本电弧炉功率等级标准

电炉容量/t	变压器容量/MV·A			电极直径/mm
	RP	HP	UHP	
10	5	7.5	10	300～350
20	8	12.5	15	350
30	12	17.5	22	400～450
50	17.5	25	30	450～500
70	22.5	30	40	500
80	25	35	45	500
100	27.5	40	50	500～550

国外一些超高功率小容量电弧炉的资料参见表 7-6。可见不仅在发展的大型电弧炉上施加高功率化，对一些小型炉子(例如炉容量小于 50t)或者当旧炉改造时也可以配用适当的高容量变压器。表 7-4 中有的已高达 1000kV·A/t 功率水平。

表 7-6 UHP 小型电弧炉的功率水平实例

炉容量/t	炉壳直径/m	变压器容量/kV·A	功率水平/kV·A·t^{-1}	国 别
20	3.353	14000	700	美国
15	3.353	10000	667	美国
30	3.658	12000	400	美国
35	3.962	20000	572	美国
25	3.658	13000	520	美国
5	2.650	3000/3600	700	德国
7	2.700	5000	714	瑞士
10	3.350	10000	1000	瑞士
15	3.650	12500	830	日本
20	3.900	15000	750	日本

7.1.2.3 不同国家电弧炉功率水平比较

图 7-1 所示为 6 个主要产钢国家现有电弧炉变压器容量及推荐的匹配值，也可为配置炉用变压器时作参考。图 7-1统计资料表明大部分电弧炉尚属于较低功率范围，部分电弧炉处于高功率或超高功率水平，如德国 DEMAG 所推荐的炉子。图中 a、b、d 推荐值均高于已有炉子的装备水平 c，而曲线 e 的推荐值在容量≤100t 炉子上似乎与现有超高功率电弧炉的配用功率相一致，而且该曲线也反映了不同容量电弧炉其单位变压器功率的变化趋势。

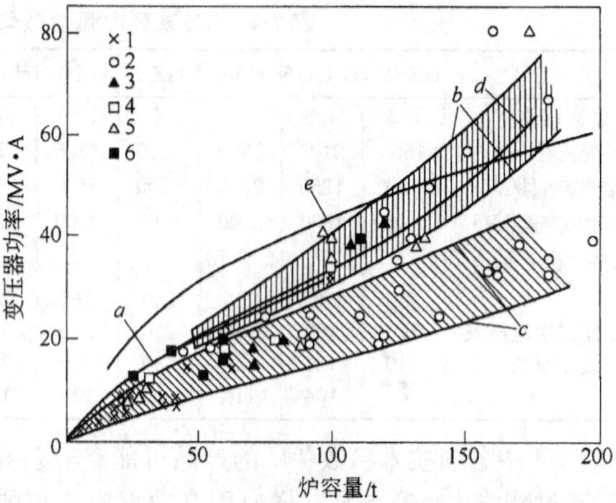

图 7-1 国外电弧炉变压器与炉容量的配合

1—前苏联；2—美国；3—德国；4—法国；5—英国；6—日本
a—前苏联全苏电热设备科学研究院推荐值；b—德国 DEMAG 公司推荐值；c—现有大部分电炉的功率范围；d—美国推荐值；e—V. A. Roments, A. M. leontyey 推荐值

7.2 电极及其主要参数

7.2.1 电极直径

电极是将电流输入熔炼室的导体，当电流通过电极时，电极会发热，此时会有 8%左右的电能损失。

当功率一定时，电极直径减小，电极上的电流密度 I/S 增大，电能损失增大；反之电极直径增大，电极上的电流密度 I/S 减小，电能损失减小，因此希望电极直径大点。但电极直径太大，电极表面热量损失增大，所以电极应有一个合适的值，以保证电极上的电流密度在一定范围内。根据经验，电极直径可按下式确定：

$$d_{电极}=\sqrt[3]{\frac{0.406I^2\rho}{K}} \tag{7-3}$$

式中 ρ——石墨电极500℃时电阻系数，Ω·m；

K——系数，对石墨电极 $K=2.1\text{W/cm}^2$；

I——电极上的电流密度，A：

$$I=\frac{1000P_{视}}{\sqrt{3}U} \tag{7-4}$$

$P_{视}$——变压器视在功率，kV·A；

U——最高二次电压，kV。

不同尺寸电极 I/S 值见表7-7。

表7-7 不同尺寸电极 I/S 值

$d_{电极}$/mm	100	200	300	400	500	600
$I/S/\text{A}\cdot\text{cm}^{-2}$	28	20	17	15	14	12

为了减少电极消耗，要求露出炉顶外的那部分电极（石墨电极）温度≤500℃，为此电极上的电流密度也不应超过该尺寸电极的 I/S 允许值，以免电极温度过高。

7.2.2 电极极心圆直径

电弧炉是以三个电极的极心所在圆的直径 $d_{三极心}$ 来表示电极在炉内的分布。若 $d_{三极心}$ 过小，则三根电极彼此靠得较近，电极距离炉壁较远，对炉壁寿命有利；但是，炉坡上的炉料难熔化，熔池加热不均匀，炉顶中心结构强度差，容易损坏，并且电极把持器上下移动困难。若 $d_{三极心}$ 太大，则电极距炉壁近，加剧炉衬的损坏。

电极极心圆直径的经验值为：

$$d_{三极心}=(0.25\sim0.30)D \tag{7-5}$$

式中 D——熔池直径。

7.3 电弧炉机械设备

7.3.1 直接导电电极横臂与电极夹持器

电极横臂为水冷中空结构，横截面呈矩形，外表用铜钢复合板制造，铜板部分直接传输电流以代替老式电极横臂上的水冷导电铜管，从而使整个电极横臂的结构大为简化，工作可靠性相应提高。横臂端头与电极夹持器连接，尾部设接线板与水冷电缆连接。为减少阻抗损失与三相不均衡系数，三相电极臂在空间的位置为其任意横截面上应为等腰三角形或等边三角形。

电极夹持器是夹紧电极的机构，夹紧力由蝶形弹簧组产生，通过拉杆传递给水冷的箍形夹紧环，需要更换电极时，液压缸将蝶形弹簧压缩，可使夹紧环松开。

7.3.2 电极升降机构

电极升降机构必须满足下列要求：

(1) 升降灵活，系统惯性小，启动、制动快。

(2) 升降速度要能够调节。上升要快，否则在熔化期易造成短路而使高压断路器自动跳闸；下降要慢，以免电极碰撞炉料而折断或浸入钢液中。

7.3.2.1 电极升降机构的传动方式

电极升降机构有电动传动和液压传动两种方式。

电动传动的升降机构如图 7-2 所示。通常电动机通过减速机齿轮带动螺杆旋转(或卷扬筒、钢丝绳),从而驱动立柱、横臂和电极升降。

液压传动升降机构如图 7-3 所示。升降液压缸安装在立柱内,升降液压缸是一柱塞缸,缸的顶端用柱销与立柱铰接。当工作液由油管经柱塞内腔注入液压缸内时,就将立柱、横臂和电极一起升起。油管放液时,依靠立柱、横臂和电极等自重而下降。调节进出油的流速就可调节升降速度。液压传动系统的优点是惯性小,启动、制动和升降速度快,力矩大,在大中型电弧炉上广泛采用。

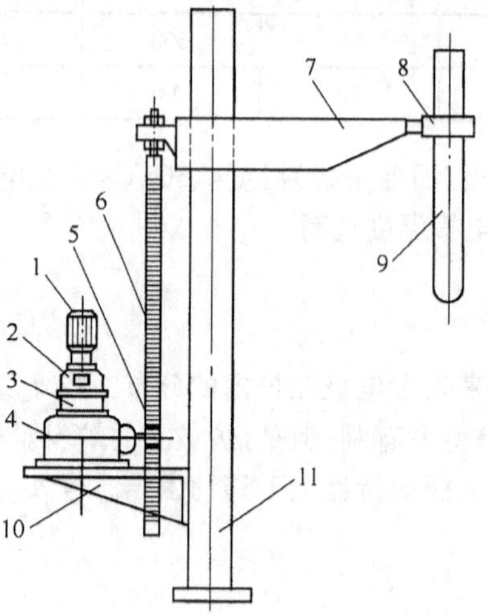

图 7-2 电动传动的电极升降机构

1—电动机;2—转差离合器;3—电磁制动器;4—齿轮减速箱;5—齿轮;6—齿条;7—横臂;8—电极夹持器;9—电极;10—支架;11—立柱

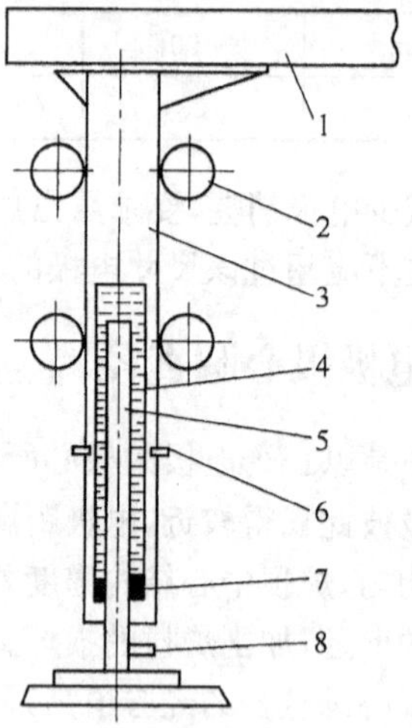

图 7-3 液压传动的电极升降机构

1—横臂;2—导向滚轮;3—立柱;4—液压缸;5—柱塞;6—销轴;7—密封装置;8—油管

电极升降还要有足够的行程,电极最大行程可由下式确定:

$$L = H_1 + H_2 + (100 \sim 150) \tag{7-6}$$

式中 L——电极最大行程,mm;

H_1——电炉底最低点到炉盖最高点的距离,mm;

H_2——熔炼 2~3 炉钢所需电极的储备长度,mm;

100~150——考虑炉盖上涨所留的长度,mm。

7.3.2.2 液压传动电极升降机构的组成

液压传动电极升降机构包括电极立柱、导向辊组、支撑结构。

电极立柱用无缝钢管制作,其外表焊有两条截面为三角形的导轨,装配后,导辊组的辊面夹紧导轨,以保证立柱始终处于垂直状态。立柱头部为水冷板,用不锈钢螺栓将电极横臂固定在水冷板上面,两者之间用绝缘材料绝缘,提升电极立柱的柱塞式液压缸装在立柱下部的钢管内。

导向辊组用来保证电极垂直地穿越炉盖电极孔,同时抵抗电极臂的振动。导辊组安装于立柱支撑结构的平台上,导辊的轴承由集中润滑系统润滑,每个导向辊可以单独调整。

立柱支撑结构也可以看作是旋转塔的组成部分,其上部与旋转塔立柱焊接后构成支撑平台,以安装导向辊组,其下部与旋转塔下部焊接,作为电极立柱工作液压缸的支撑结构与安装底板。

7.3.3　炉体倾动机构

7.3.3.1　对倾动机构的要求

电炉的倾动机构，应能使炉体向出钢方向倾动 40°～45°（出钢槽出钢）或 15°（偏心炉底出钢）；向炉门方向能倾动 10°～15°，以便于扒渣等操作。出钢时，出钢槽末端在水平方向运动要小，以免盛钢桶前后运动距离较大。倾动速度应能调节，倾动时要平稳可靠，不致翻倒炉子。

7.3.3.2　倾动机构的类型

倾动机构有侧倾和底倾两种类型。

A　侧倾机构

侧倾机构如图 7-4 所示。在炉壳两侧固定两个扇形齿轮，水平齿座固定在基础上，传动机构安装在固定底座上。倾动时，电动机经过减速齿轮带动螺杆旋转，使螺母沿螺杆的轴线水平移动，而螺母则安装在扇形齿轴上，从而带动扇形齿轮沿水平齿座滚动，炉体随之倾动。侧倾机构具有结构简单，不会受钢水和炉渣的损害等优点，且检修比较方便，但炉体的全部重量都加在两个扇形齿轮上，炉壳在倾动时受扭而容易变形，一般只适用 5t 以下的小炉子。

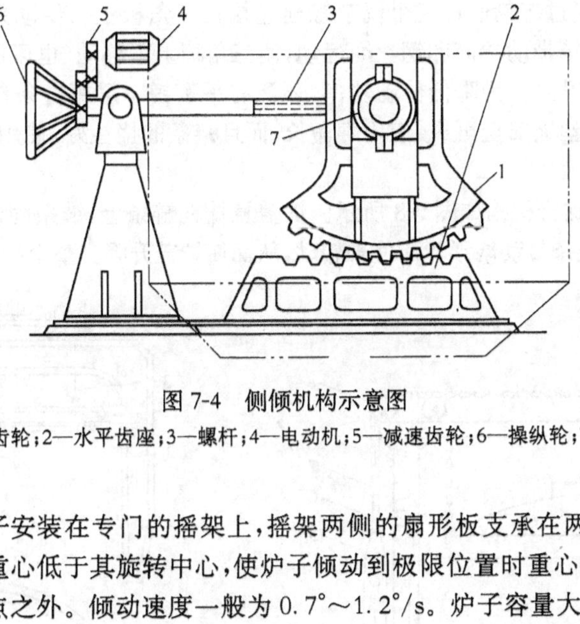

图 7-4　侧倾机构示意图

1—扇形齿轮；2—水平齿座；3—螺杆；4—电动机；5—减速齿轮；6—操纵轮；7—螺母

B　底倾机构

底倾机构要求炉子安装在专门的摇架上，摇架两侧的扇形板支承在两对大托轮或底座上。倾动时必须使炉子的重心低于其旋转中心，使炉子倾动到极限位置时重心也不能跑出扇形板与底座（或托轮）的接触点之外。倾动速度一般为 0.7°～1.2°/s。炉子容量大时速度应小一些。其主要形式有以下两种：

（1）扇形板支承在两对大托轮上，倾动时摇架沿托轮滚动，出钢槽末端的轨迹为圆弧，如图 7-5所示。这种机构的优点是稳定度大；缺点是构造庞大，倾动时出钢槽末端水平位移大，且向炉子下方位移，盛钢桶须做相应的调整。这类机构适用于冶炼和浇铸在同一跨间的情况。当炉子和浇铸在两个跨间时，需加长出钢槽，这对钢的质量不利。另外，其传动设备都在炉底，当炉底漏钢时机构容易被损坏。

（2）扇形板支承在水平底座上，倾动时摇架的扇形板沿底座滚动，出钢槽末端的运动轨迹为摆线。这种形式的传动机构可用液压传动，也可用丝杆或齿条传动。液压传动较平稳可靠，液压倾动机构如图 7-6 所示。这类底倾机构出钢时，出钢槽末端向前移动，且水平位移小，适宜冶炼和浇铸分别在两个跨间的情况。此外，制造和安装都较方便。

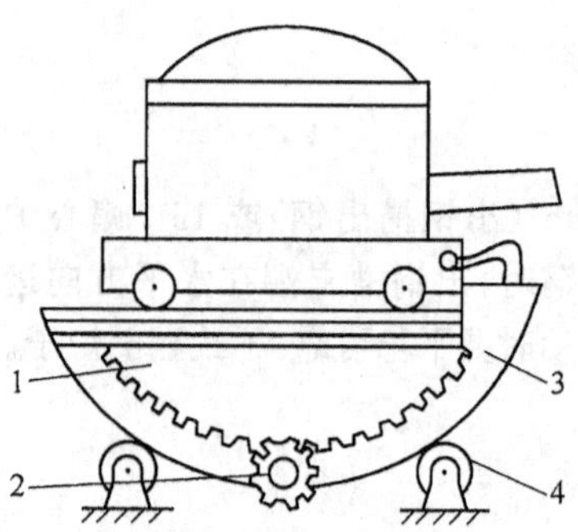

图 7-5　底倾机构简图

1—扇形齿轮；2—传动齿轮；3—扇形板；4—托轮

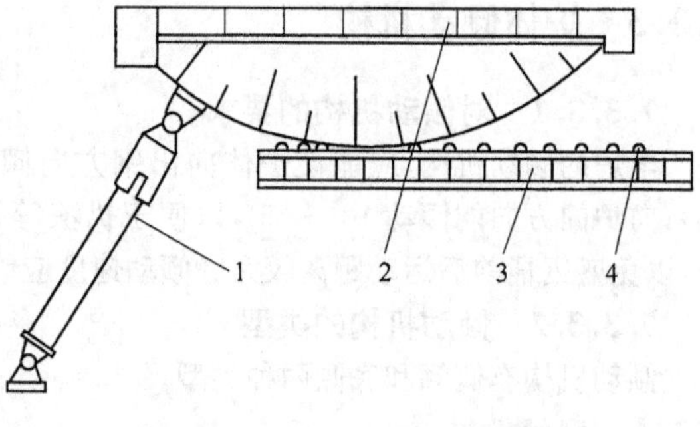

图 7-6　液压底倾机构示意图

1—油缸；2—摇架；3—底座；4—导钉

7.3.4　炉盖提升机构

炉盖提升机构有电动和液压传动两种。电动的炉盖提升机构如图 7-7 所示。炉盖由链条分三点悬挂，三根链条绕过链轮通过三个调节螺栓连接在三角板上。传动系统安装在桥架的柱子上。电动机通过减速箱带动卷筒和钢丝绳运动，使三角板上下移动(也可通过螺杆带动三角板上下移动)，从而使炉盖升降。为降低传动功率，还配有平衡锤。采用链条传动的原因是炉顶上部温度较高。链条比钢丝绳安全可靠，使用寿命长，而且链条的挠性好，使用时需注意链条的质量，防止因断裂而发生事故。

液压传动的炉盖提升机构如图 7-8 所示。炉盖悬挂在链条上，链条固定在轴轮上。当液压缸通入工作液时，牵引链条带动扇形轮而使轴转动，从而使炉盖升降。整个结构安装在龙门架上。

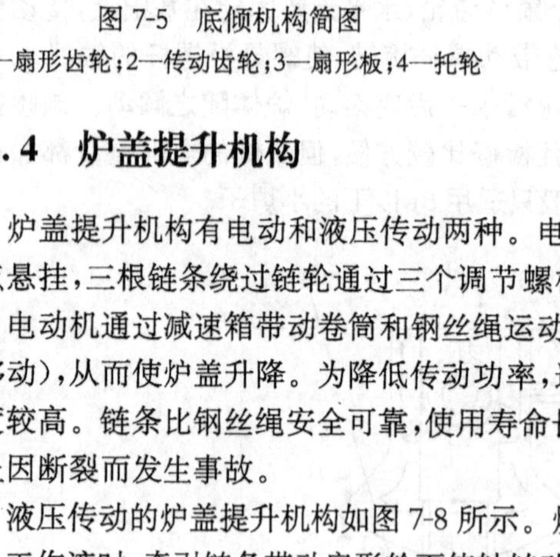

图 7-7　电动炉盖提升机构

1—电动机；2—减速箱；3—卷筒；4—定滑轮；5—动滑轮；
6—三角板；7—调节螺丝；8—链轮；9—平衡锤

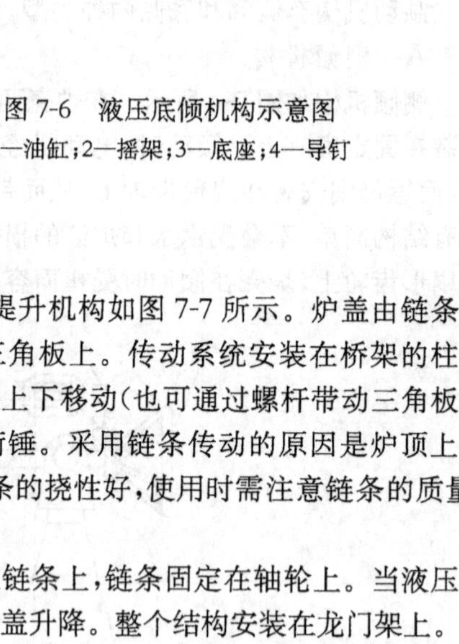

图 7-8　液压传动炉盖提升机构

1—龙门架；2—炉盖；3—链条；4—轴承；5—轴；
6—扇形轮；7—牵引链条；8—液压缸；9—链轮

7.4 新型 UHP(超高功率)电弧炉

电炉的生产成本中,电费约占 20%～30%,电极费用约占 3%～5%,可见,电耗超高电极消耗也超高。由于至今电能主要来自火力发电厂,所以电耗的高低也关系到环境保护问题。因而,降低电耗对降低电炉钢成本和改善环境都具有重大意义。

20 世纪 80 年代以来,众多电炉开发商积极开发电炉节能技术,这些技术主要有:通过缩短每炉钢中的非通电时间,提高生产效率,改善技术经济指标;通过改进电路,改善电弧特性,稳定电弧,增强电弧对钢水的搅动力,提高热效率,缩短冶炼时间,从而降低电耗与电极消耗;用氧气、燃料等一次能源代替电能;用电炉排出的高温废气预热废钢,回收废气中的物理热与化学热;提高配料碳与采用炉内废气中 CO 后燃烧技术,以提高化学能的比例来降低电能消耗;采用铁水热装技术,以提高电炉的物理热与化学热,从而降低电能消耗。

国际上已开发成功并得到较多应用的新型节能 UHP 电弧炉主要有以下几种。

7.4.1 高阻抗交流电弧炉

由意大利 Danieli 公司于 1993 年开发成功。它是在交流电弧炉变压器一次侧串联一个固定电抗器或一个饱和电抗器(见图 7-9),从而使电弧电流减小,电压提高,电弧对熔池搅动力增强,电炉热效率提高,电耗与电极消耗降低。目前,所有交流电弧炉均采用此技术。

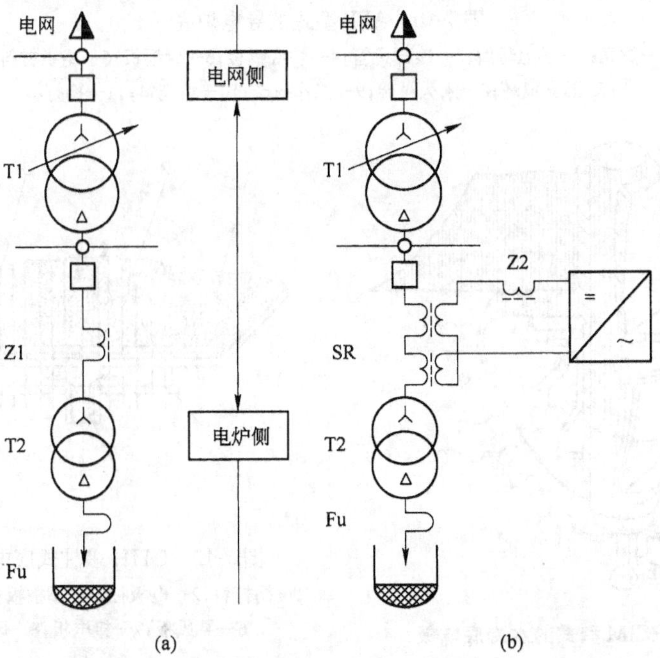

图 7-9 配有固定电抗器或饱和电抗器的电弧炉单线电路图

(a) 采用固定电抗器;(b) 采用饱和电抗器

T1—电网变压器;Z1—固定电抗器;T2—电炉变压器;Fu—电炉;SR—饱和电抗器;Z2—平滑电抗器

7.4.2 直流电弧炉

由德国MAN-GHH、瑞士ABB、法国CLECIM等公司先后于1982～1986年开发成功。它利用连接在变压器二次侧的可控硅整流器，将三相交流电变成单相直流电，并在阳极侧短网上串联一个电抗器，以高电压小电流操作，电弧稳定，石墨电极(阴极)只有一根，电极把持与升降机械比交流电炉大为简化，但炉底上需设置底电极(阳极)。底电极基本上有三种形式：ABB的炉底导电底电极(见图7-10)；CLECIM的钢棒式底电极(见图7-11)；GHH的多柱式底电极(见图7-12)。

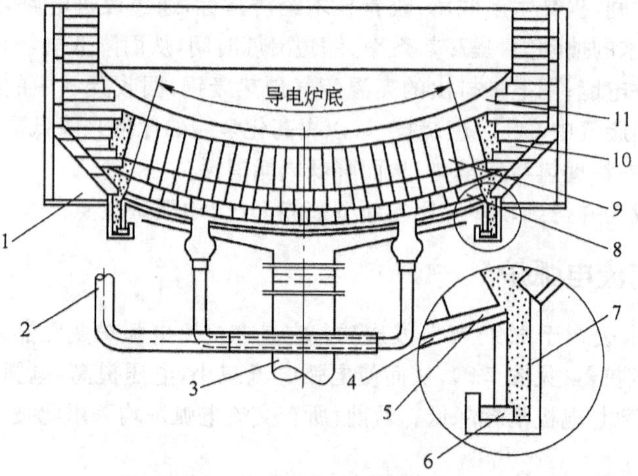

图7-10 ABB型式的导电炉底
1—炉壳；2—导电母线；3—冷却风管；4—炉底铜板；5—紫铜板；6—绝缘材料；
7—U形支承环；8—永久衬砖；9—工作衬砖；10—填充料；11—捣打料

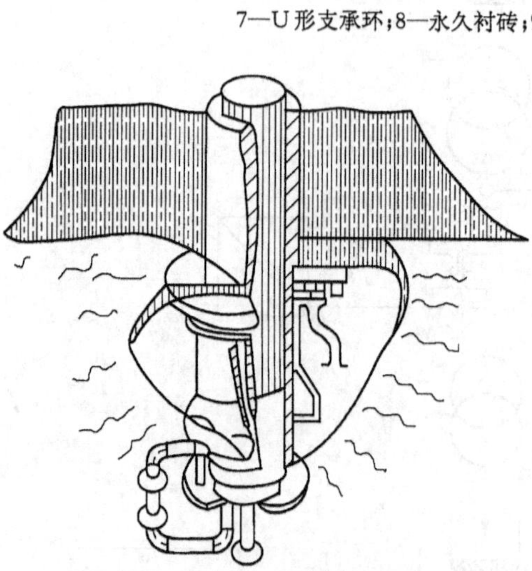

图7-11 CLECIM型式的水冷底电极

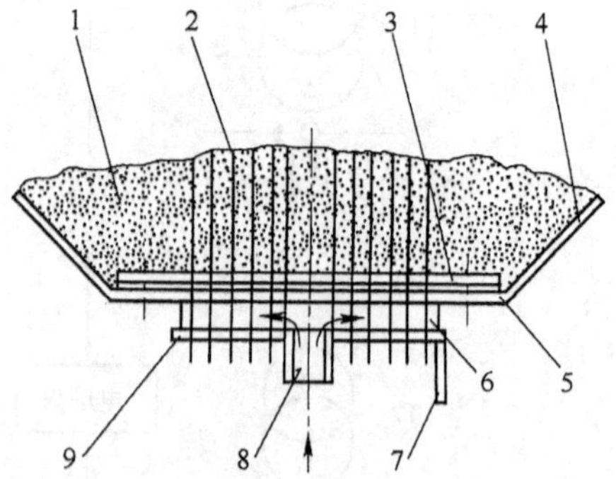

图7-12 GHH多柱式底电极结构示意图
1—捣打料；2—电极柱；3—阳极板；4—炉壳；5—绝缘件；
6—导风板；7—接电板；8—风管；9—集电盘

7.4.3 Danarc电弧炉

由意大利Danieli公司于1993年开发此技术。它除采用高阻抗技术以外，还在电弧炉的炉底设置碳氧风口，在炉壁上设置氧燃烧嘴与氧枪，以炭、燃料(油或燃气)、氧等一次能源来代替部分电能，并使炉气中的CO在炉内后燃烧，提高热效率，降低电耗。

7.4.4　Korfarc 电弧炉

由德国 Demag　Korf　Engineering 公司于 1997 年开发成功。其特点是在炉壁上设置 4 组氧枪、烧嘴和浸入式风口(可伸缩)(见图 7-13),并由动态过程控制系统控制其工作,因而除以一次能源代替部分电能外,还使炉内 CO 实现后燃烧,提高热效率,降低电耗。

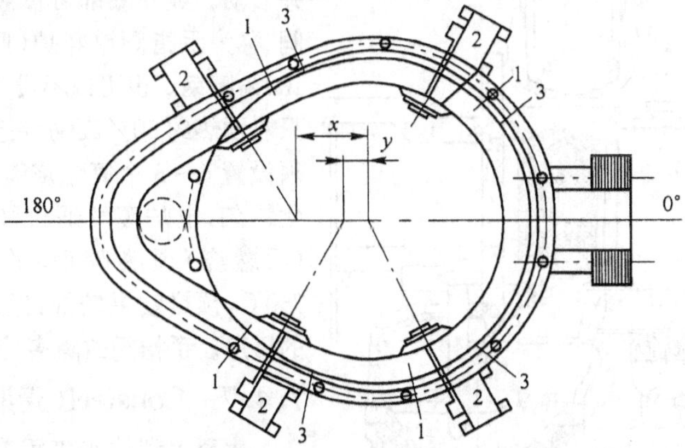

图 7-13　Korfarc 炉氧枪、烧嘴、风口配置图
(包括:4 个 Korfarc 浸入式风嘴包括推进装置;4 个氧燃烧嘴;4 个后燃烧用射流氧枪)
1—氧枪;2—浸入式风嘴;3—烧嘴

7.4.5　双壳电弧炉

它是两座炉壳共用一套供电系统(包括高压供电设备、变压器、短网、电极及其把持升降机械)(见图 7-14),当一个炉壳在进行废钢熔化时,另一个则在出钢、补炉、装料等非通电作业,从而非通电时间不占用每炉钢的冶炼时间,电气设备的利用率提高,冶炼时间缩短,技术经济指标改善。

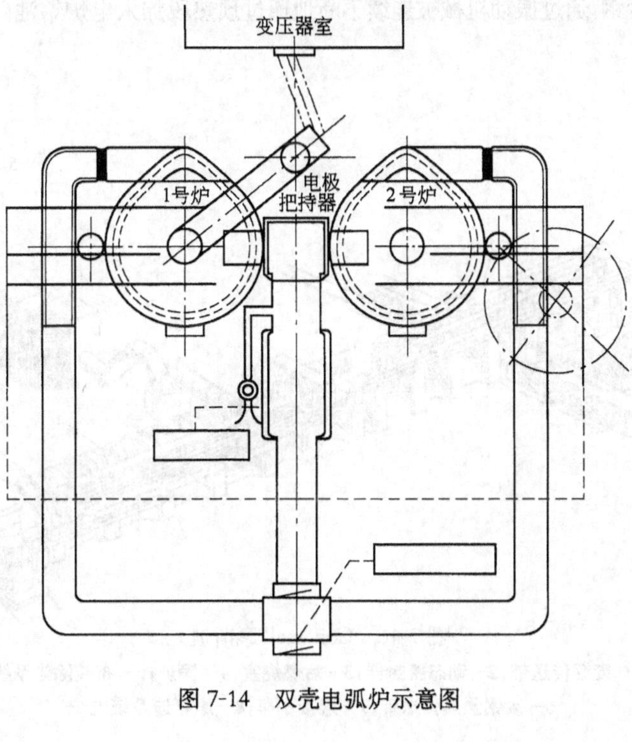

图 7-14　双壳电弧炉示意图

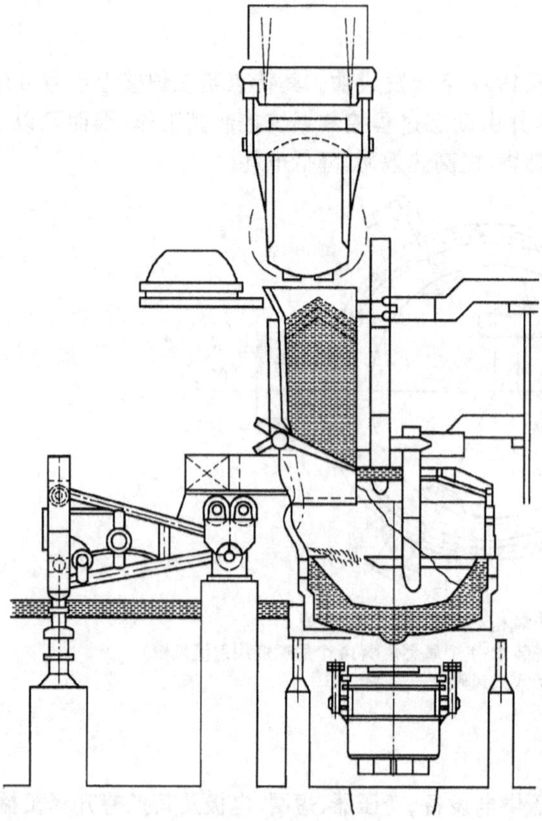

图 7-15 手指阀单竖炉

7.4.6 竖窑式电弧炉(简称竖炉)

由德国FUCHS公司于1988年开发成功。在电炉炉盖上原来废气孔区域设置一个能容纳60%～100%废钢的竖井,此竖井可以升降并移动。竖井底部可设液压启闭的水冷手指阀,称为手指阀单竖炉(见图7-15),可以预热100%废钢。也可以不设手指阀,称为单竖炉,只能预热约50%废钢,在竖井一侧的炉壁上必须设置6～8个氧燃烧嘴,以确保炉内废钢熔化均匀,电炉废气通过竖井时发生二次燃烧(后燃烧)预热废钢,平均预热温度600～750℃,预热效果较好,但设备庞大,要求高大的厂房。手指阀故障多,影响其作业率。

7.4.7 Consteel(康斯迪)电弧炉

由意大利德兴集团英特尔制钢技术公司(美国)于1989年开发成功。其特点是在与变压器侧对称的炉壁上,开有一个连续加入废钢的进料口,此口与一条水平布置的废钢传送带相接,此传送带靠近电炉的一段为封闭的,其内装有若干点火烧嘴与空气风口,使电炉排出的废气在此段内完全燃烧,通过连续分析废气出口处氧含量来控制废气的完全燃烧,废钢平均预热温度可达400～500℃。传送带后段为敞开的加料段,加入加料段槽体的废钢,通过振动机械被连续不断地通过预热段加入电炉熔池(见图7-16)。此外,电

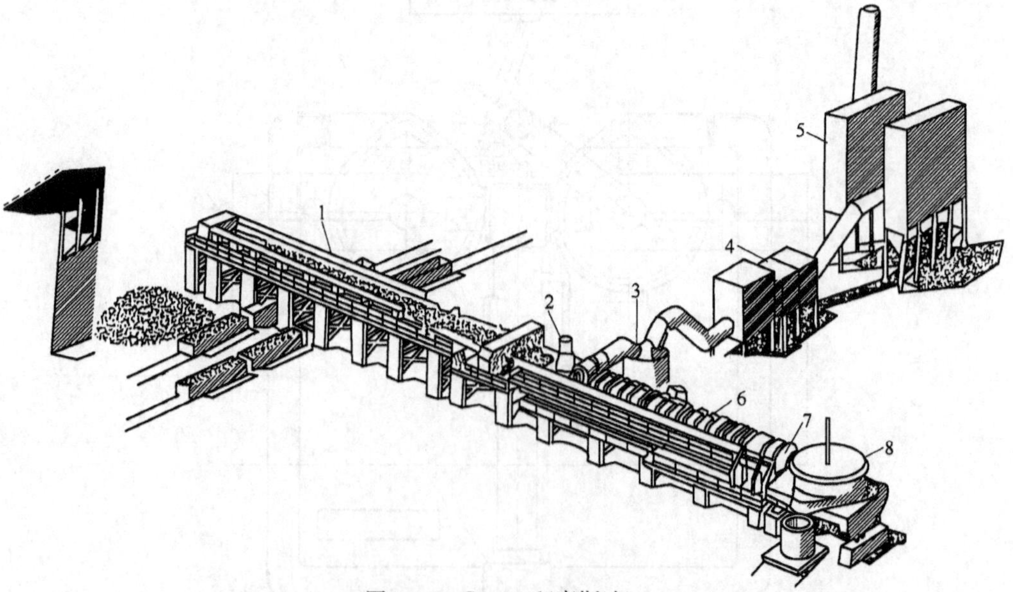

图 7-16 Consteel(康斯迪)

1—废钢传送带;2—动态密封器;3—后燃烧室;4—锅炉;5—布袋除尘系统;
6—废钢预热传送带;7—连接小车;8—康斯迪系统电炉

炉熔池始终确保有40%～50%公称容量的钢水量,废钢完全在钢水内熔化,电弧的热量始终稳定地传给熔池钢水,使整个冶炼始终在相当于常规电弧炉的精炼期状态下进行。冶炼期间,不断往熔池吹氧喷炭粉,电弧十分稳定,电弧与熔池面一直被泡沫渣覆盖,炉门经常关闭,因而热效率高、噪声小、电弧闪烁低、钢水收得率高、技术经济指标优异。

7.4.8 转弧炉

这是将转炉与电炉相结合的一种炉子。德国DEMAG公司命名为Conarc炉,瑞士ABB公司命名为Arcon炉。交流与直流皆可,但以直流为宜。

转炉与电炉相结合的炉型,两座炉壳共用一套电极升降旋转机械和一套氧枪升降旋转机械,当一个炉壳在用电极熔化废钢时,另一个炉壳中已熔化的钢水在进行吹氧脱碳,两个炉壳依次交替工作(见图7-17)。这种炉子生产能力较大,而且对原料适应性好,可以采用各种形式的钢铁料,废钢、生铁、碳化铁、直接还原铁及铁水可以采用任意比例,非常灵活;但缺点是设备庞大、占地面积大、工艺与设备都存在一些缺点,因而,至今采用转弧炉的仍很少。

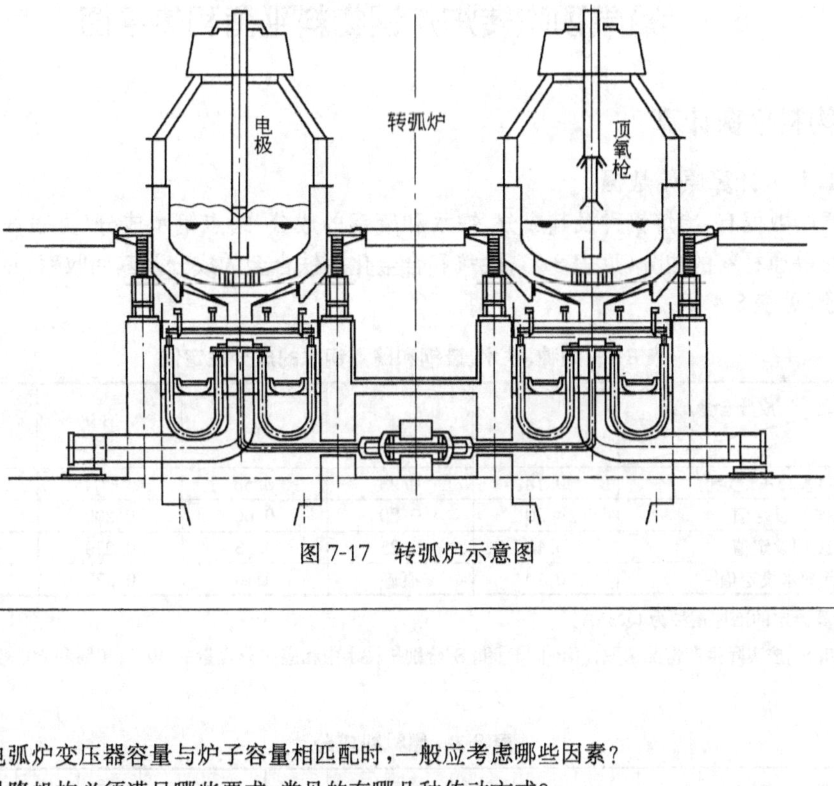

图7-17 转弧炉示意图

思考题

7-1 确定电弧炉变压器容量与炉子容量相匹配时,一般应考虑哪些因素?

7-2 电极升降机构必须满足哪些要求,常见的有哪几种传动方式?

7-3 新型UHP电弧炉中,废钢预热主要有哪几种方式?

7-4 了解新型UHP电弧炉的特点。

7-5 冶炼工艺对电弧炉倾动机构有什么要求,倾动机构有哪些类型?

8 炼钢过程的物料平衡与热平衡计算

炼钢过程的物料平衡与热平衡计算是建立在物质与能量守恒的基础上的。其主要目的是比较整个冶炼过程中物料、能量的收入项和支出项，为改进操作工艺制度，确定合理的设计参数和提高炼钢技术经济指标提供定量依据。由于炼钢是一个复杂的高温物理化学变化过程，加上测试手段有限，目前还难以做到精确取值和计算。尽管如此，它对指导炼钢生产和设计仍有重要的意义。

本章主要结合实例阐述氧气顶吹转炉和电弧炉氧化法炼钢过程物料平衡和热平衡计算的基本步骤和方法，同时列出一些供计算用的原始参考数据。

8.1 氧气顶吹转炉炼钢物料平衡和热平衡

8.1.1 物料平衡计算

8.1.1.1 计算原始数据

基本原始数据有：冶炼钢种及其成分、铁水和废钢的成分、终点钢水成分（见表 8-1）；造渣用熔剂及炉衬等原材料的成分（见表 8-2）；脱氧和合金化用铁合金的成分及其回收率（见表 8-3）；其他工艺参数（见表 8-4）。

表 8-1 钢种、铁水、废钢和终点钢水的成分设定值

类别 \ 成分含量/%	C	Si	Mn	P	S
钢种 Q235A 设定值	0.18	0.25	0.55	≤0.045	≤0.050
铁水设定值	4.20	0.80	0.60	0.200	0.035
废钢设定值	0.18	0.25	0.55	0.030	0.030
终点钢水设定值①	0.10	痕迹	0.18	0.020	0.021

注：本计算设定的冶炼钢种为 Q235A。

① [C]和[Si]按实际生产情况选取；[Mn]、[P]和[S]分别按铁水中相应成分含量的 30%、10%和 60%留在钢水中设定。

表 8-2 原材料成分

类别 \ 成分含量/%	CaO	SiO_2	MgO	Al_2O_3	Fe_2O_3	CaF_2	P_2O_5	S	CO_2	H_2O	C	灰分	挥发分
石灰	88.00	2.50	2.60	1.50	0.50		0.10	0.06	4.64	0.10			
萤石	0.30	5.50	0.60	1.60	1.50	88.00	0.90	0.10		1.50			
生白云石	36.40	0.80	25.60	1.00					36.20				
炉衬	1.20	3.00	78.80	1.40	1.60						14.00		
焦炭										0.58	81.50	12.40	5.52

表 8-3 铁合金成分及其回收率

类别 \ 成分含量/%，回收率/%	C	Si	Mn	Al	P	S	Fe
硅 铁	—	73.00,75	0.50,80	2.50,0	0.05,100	0.03,100	23.92,100
锰 铁	6.60,90①	0.50,75	67.8,80	—	0.23,100	0.13,100	24.74,100

① 10%C 与氧生成 CO_2。

表 8-4 其他工艺参数设定值

名 称	参 数	名 称	参 数
终渣碱度	$w(CaO)/w(SiO_2)=3.5$	渣中铁损(铁珠)	为渣量的 6%
萤石加入量	为铁水量的 0.5%	氧气纯度	99%，余者为 N_2
生白云石加入量	为铁水量的 2.5%	炉气中自由氧含量	0.5%(体积比)
炉衬蚀损量	为铁水量的 0.3%	气化去硫量	占总去硫量的 1/3
终渣 $\sum w(FeO)$ 含量(按 $w(Fe_2O_3)=1.35w(FeO)$ 折算)	15%，而 $w(Fe_2O_3)/\sum w(FeO)=1/3$，即 $w(Fe_2O_3)=5\%$，$w(FeO)=8.25\%$	金属中[C]的氧化产物	90%C 氧化成 CO，10%C 氧化成 CO_2
		废钢量	由热平衡计算确定，本计算结果为铁水量的 13.35%，即废钢比为 11.78%
烟尘量	为铁水量的 1.5%(其中 $w(FeO)$ 为 75%，$w(Fe_2O_3)$ 为 20%)		
喷溅铁损	为铁水量的 1%		

8.1.1.2 物料平衡基本项目

收入项	支出项
铁水	钢水
废钢	炉渣
熔剂(石灰、萤石、轻烧白云石)	烟尘
氧气	渣中铁珠
炉衬蚀损	炉气
铁合金	喷溅

8.1.1.3 计算步骤

以 100kg 铁水为基础进行计算。

第一步：计算脱氧和合金化前的总渣量及其成分。

总渣量包括铁水中元素氧化，炉衬蚀损和加入熔剂的成渣量。其各项成渣量分别列于表 8-5～表 8-7。总渣量及其成分如表 8-8 所示。

第二步：计算氧气消耗量。

氧气实际消耗量为消耗项与供入项之差，见表 8-9。

表 8-5 铁水中元素的氧化产物及其成渣量

元 素	反应产物	元素氧化量/kg	耗氧量/kg	产物量/kg	备 注
C	[C]→{CO}	4.10×90%=3.690	4.920	8.610	
	[C]→{CO_2}	4.10×10%=0.410	1.090	1.500	
Si	[Si]→(SiO_2)	0.800	0.910	1.710	入 渣
Mn	[Mn]→(MnO)	0.420	0.120	0.540	入 渣

续表 8-5

元　素	反应产物	元素氧化量/kg	耗氧量/kg	产物量/kg	备注
P	$[P]\rightarrow(P_2O_5)$	0.180	0.230	0.410	入渣
S	$[S]\rightarrow\{SO_2\}$	0.014×1/3＝0.005	0.005	0.010	
	$[S]+(CaO)\rightarrow(CaS)+(O)$	0.014×2/3＝0.009	−0.005①	0.021(CaS)	入渣
Fe	$[Fe]\rightarrow(FeO)$	1.076×56/72＝0.837	0.239	1.076	入渣(见表 8-8)
	$[Fe]\rightarrow(Fe_2O_3)$	0.606×112/160＝0.424	0.182	0.606	入渣(见表 8-8)
合　计		6.775	7.691		
成渣量				4.363	入渣组分之和

① 由 CaO 还原出的氧量；消耗的 CaO 量＝0.009×56/32＝0.016kg。

表 8-6　炉衬蚀损的成渣量

炉衬蚀损量/kg	成渣组分/kg					气态产物/kg		耗氧量/kg
	CaO	SiO_2	MgO	Al_2O_3	Fe_2O_3	C→CO	$C\rightarrow CO_2$	$C\rightarrow CO,CO_2$
0.3 (据表 8-4)	0.004	0.009	0.236	0.004	0.005	0.3×14%×90% ×28/12＝0.088	0.3×14%×10% ×44/12＝0.015	0.3×14%×(90%× 16/12＋10%×32/12)＝0.062
合　计	0.258					0.103		0.062

表 8-7　加入熔剂的成渣量

类　别	加入量/kg	成渣组分/kg								气态产物/kg		
		CaO	MgO	SiO_2	Al_2O_3	Fe_2O_3	P_2O_5	CaS	CaF_2	H_2O	CO_2	O_2
萤　石	0.5(据表 8-4)	0.002	0.003	0.028	0.008	0.008	0.005	0.001	0.440	0.005		
生白云石	2.5(据表 8-4)	0.910	0.640	0.020	0.025						0.905	
石　灰	6.67①	5.863②	0.173	0.167	0.100	0.033	0.007	0.009		0.007	0.309	0.002③
合　计		6.775	0.816	0.215	0.133	0.041	0.012	0.010	0.440	0.012	1.214	0.002
成渣量		8.442										

① 石灰加入量计算如下：由表 8-5～8-7 可知，渣中已含(CaO)＝－0.016＋0.004＋0.002＋0.910＝0.900kg；渣中已含(SiO_2)＝1.710＋0.009＋0.028＋0.020＝1.767kg。因设定的终渣碱度 R＝3.5；故石灰加入量为 $[R\sum w(SiO_2)-\sum w(CaO)]/[w(CaO_{石灰})-R\times w(SiO_{2石灰})]$＝5.285/(88.0%－3.5×2.50%)＝6.67kg

② (石灰中 CaO 含量)－(石灰中 S→CaS 自耗的 CaO 量)。

③ 由 CaO 还原出来的氧量，计算方法同表 8-5 的注。

表 8-8　总渣量及其成分

炉渣成分	CaO	SiO_2	MgO	Al_2O_3	MnO	FeO	Fe_2O_3	CaF_2	P_2O_5	CaS	合　计
元素氧化成渣量/kg		1.710			0.540	1.078②	0.607③		0.410	0.021	4.366
石灰成渣量/kg	5.863	0.167	0.173	0.100			0.033		0.007	0.009	6.352
炉衬蚀损成渣量/kg	0.004	0.009	0.236	0.004			0.005				0.258
生白云石成渣量/kg	0.910	0.020	0.640	0.025							1.595
萤石成渣量/kg	0.002	0.028	0.003	0.008			0.008	0.440	0.005	0.001	0.495
总渣量/kg	6.779	1.934	1.052	0.137	0.540	1.078	0.653	0.440	0.422	0.031	13.066①
质量分数/%	51.97	14.83	8.07	1.05	3.99	8.25	5.00	3.37	3.23	0.24	100.00

① 总渣量计算如下：因为表 8-8 中除(FeO)和(Fe_2O_3)以外的渣量为：6.779＋1.934＋1.052＋0.137＋0.540＋0.440＋0.422＋0.031＝11.335kg，而终渣 $\sum w(FeO)$＝15%(表 8-4)，故总量为 11.335÷86.75%＝13.066kg。

② $W(FeO)$＝13.066×8.25%＝1.078kg。

③ $W(Fe_2O_3)$＝13.066×5%－0.033－0.005－0.008＝0.607kg。

表 8-9 实际耗氧量

耗氧项/kg		供氧项/kg		实际氧气消耗量/kg
铁水中元素氧化耗氧量(表 8-5)	7.691	铁水中 S 与 CaO 反应还原出的氧化量(表 8-5)	0.005	
炉衬中碳氧化耗氧量(表 8-6)	0.062	石灰中 S 与 CaO 反应还原出的氧化量(表 8-7)	0.002	
烟尘中铁氧化耗氧量(表 8-4)	0.34			
炉气自由氧含量(表 8-10)	0.060			8.153 − 0.007 + 0.069① = 8.215
合 计	8.153	合 计	0.007	

① 炉气 N_2(存在于氧气中,见表 8-4)的质量,详见表 8-10。

第三步:计算炉气量及其成分。

炉气中含有 CO、CO_2、N_2、SO_2和 H_2O。其中 CO、CO_2、SO_2和 H_2O 可由表 8-5～表 8-7 查得,O_2和 N_2则由炉气总体积来确定。现计算如下。

炉气总体积 V_Σ:

$$V_\Sigma = V_g + 0.5\% V_\Sigma + \frac{1}{99}\left(\frac{22.4}{32}G_s + 0.5\% V_\Sigma - V_x\right)$$

$$V_\Sigma = \frac{99V_g + 0.7G_s - V_x}{98.50} = 8.466\text{m}^3$$

式中 V_g——CO、CO_2、SO_2和 H_2O 各组分总体积,m³。本计算中,其值为 $8.698\times22.4/28+2.729\times22.4/44+0.010\times22.4/64+0.012\times22.4/18=8.366\text{m}^3$;

G_s——不计自由氧的氧气消耗量,kg。本计算中,其值为 $7.691+0.062+0.34=8.093$kg(见表8-9);

V_x——铁水与石灰中的 S 与 CaO 反应还原出的氧量其质量为 0.007kg(见表 8-9),m³;

0.5%——炉气中自由氧含量;

99——由氧气纯度为 99%转换得来。

计算结果列于表 8-10。

表 8-10 炉气量及其成分

炉气成分	炉气量/kg	体积/m³	体积分数/%
CO	8.698	8.698×22.4/28 = 6.958	82.18
CO_2	2.729	2.729×22.4/44 = 1.389	16.40
SO_2	0.010	0.010×22.4/64 = 0.004	0.05
H_2O	0.012	0.012×22.4/18 = 0.015	0.18
O_2	0.060①	0.042①	0.50
N_2	0.072②	0.058②	0.69
合 计	11.581	8.466	100.00

① 炉气中 O_2的体积为 $8.466\times0.5\%=0.042\text{m}^3$;质量为 $0.042\times32/22.4=0.060$kg。

② 炉气中 N_2的体积系炉气总体积与其他成分的体积之差;质量为 $0.058\times28/22.4=0.072$kg。

第四步:计算脱氧和合金化前的钢水量。

钢水量 Q_g = 铁水量 − 铁水中元素的氧化量 − 烟尘、喷溅和渣中的铁损

$= 100 - 6.775 - [1.50\times(75\%\times56/72+20\%\times112/160)+1+13.066\times6\%]$

$= 90.377$kg

据此可以编制脱氧和合金化前的物料平衡表8-11。

表 8-11 未加废钢时的物料平衡表

收入			支出		
项目	质量/kg	%	项目	质量/kg	%
铁水	100.00	84.61	钢水	90.38	76.40
石灰	6.67	5.65	炉渣	13.07	11.03
萤石	0.50	0.42	炉气	11.58	9.79
生白云石	2.50	2.12	喷溅	1.00	0.85
炉衬	0.30	0.25	烟尘	1.50	1.27
氧气	8.22	6.95	渣中铁珠	0.78	0.66
合计	118.19	100.00	合计	118.31	100.00

注:计算误差为(118.19—118.31)/118.19×100%=-0.1%。

第五步:计算加入废钢的物料平衡。

如同“第一步”计算铁水中元素氧化量一样,利用表8-1的数据先确定废钢中元素的氧化量及其耗氧量和成渣量(表8-12),再将其与表8-11归类合并,遂得加入废钢后的物料平衡表8-13和表8-14。

表 8-12 废钢中元素的氧化产物及其成渣量

元素	反应产物	元素氧化量/kg	耗氧量/kg	产物量/kg	进入钢中的量/kg
C	[C]→{CO}	13.35×0.08%×90%=0.010	0.013	0.023(入气)	
	[C]→{CO_2}	13.35×0.08%×10%=0.001	0.003	0.004(入气)	
Si	[Si]→{SiO_2}	13.35×0.25%=0.033	0.038	0.071	
Mn	[Mn]→{MnO}	13.35×0.37%=0.049	0.015	0.065	
P	[P]→(P_2O_5)	13.35×0.01%=0.001	0.001	0.002	
S	[S]→{SO_2}	13.35×0.009%×1/3=0.0004	0.0004	0.0008(入气)	
	[S]→(CaO)=(CaS)+[O]	13.35×0.009%×2/3=0.0008	-0.0004	0.002(CaS)	
合计		0.095	0.070		13.35-0.095=13.255
成渣量/kg				0.140	

表 8-13 加入废钢的物料平衡表(以100kg铁水为基础)

收入			支出		
项目	质量/kg	%	项目	质量/kg	%
铁水	100.00	75.98	钢水	90.38+13.255=103.64	78.67
废钢	13.35	10.14	炉渣	13.07+0.14=13.21	10.03
石灰	6.67	5.07	炉气	11.58+0.028=11.61	8.81
萤石	0.50	0.38	喷溅	1.00	0.76
轻烧生白云石	2.50	1.90	烟尘	1.50	1.14
炉衬	0.30	0.23	渣中铁珠	0.78	0.59
氧气	8.215+0.07=8.285	6.30			
合计	131.61	100.00	合计	131.74	100.00

注:计算误差为(131.61-131.74)/131.61×100%=-0.10%。

表 8-14 加入废钢的物料平衡表(以 100kg(铁水 + 废钢)为基础)

收入			支出		
项目	质量/kg	%	项目	质量/kg	%
铁水	88.22	75.98	钢水	91.43	78.67
废钢	11.78	10.14	炉渣	11.65	10.03
石灰	5.88	5.07	炉气	10.24	8.81
萤石	0.44	0.38	喷溅	0.88	0.76
轻烧生白云石	2.20	1.90	烟尘	1.32	1.14
炉衬	0.26	0.23	渣中铁珠	0.69	0.59
氧气	7.31	6.30			
合计	116.09	100.00	合计	116.21	100.00

第六步:计算脱氧和合金化后的物料平衡。

先根据钢种成分设定值(表 8-1)和铁合金成分及其回收率(表 8-3)算出锰铁和硅铁的加入量,再计算其元素的烧损量。将所有结果与表 8-14 归类合并,即得冶炼一炉钢的总物料平衡表。

锰铁加入量 W_{Mn} 为:

$$W_{Mn}=\frac{w[Mn]_{钢种}-w[Mn]_{终点}}{锰铁中 Mn 含量\times Mn 回收率}\times 钢水量$$

$$=\frac{0.55\%-0.18\%}{67.80\%\times 80\%}\times 91.43=0.62kg$$

硅铁加入量 W_{Si} 为:

$$W_{Si}=\frac{(w[Si]_{钢种}-w[Si]_{终点})\times 加锰铁后的钢水量-w[Si]_{FeMn}}{硅铁中 Si 含量\times Si 回收率}$$

$$=\frac{0.25\%\times(91.43+0.53)-0.002}{73.00\%\times 75\%}=0.42kg$$

铁合金中元素的烧损量和产物量列于表 8-15。

表 8-15 铁合金中元素烧损量及产物量

类别	元素	烧损量/kg	脱氧量/kg	成渣量/kg	炉气量/kg	入钢量/kg
锰铁	C	0.62×6.60%×10%=0.004	0.010		0.015(CO_2)	0.62×6.60%×90%=0.037
	Mn	0.62×67.80%×20%=0.084	0.024	0.108		0.62×67.80%×80%=0.334
	Si	0.62×0.50%×25%=0.001	0.001	0.002		0.62×0.50%×75%=0.002
	P					0.62×0.23%=0.001
	S					0.62×0.13%=0.001
	Fe					0.62×24.74%=0.154
	合计	0.089	0.035	0.110	0.015	0.529
硅铁	Al	0.42×2.50%×100%=0.011	0.010	0.006		
	Mn	0.42×0.50%×20%=0.0004	0.0001①	0.0005		0.42×0.50%×80%=0.002
	Si	0.42×73.00%×25%=0.0077	0.088	0.165		0.42×73.00%×75%=0.230
	P					0.42×0.05%=0.0002①
	S					0.42×0.03%=0.0001①
	Fe					0.42×23.92%=0.100
	合计	0.088	0.098	0.172		0.332
总计		0.177	0.133	0.282	0.015	0.861

① 可以忽略。

脱氧和合金化后的钢水成分如下：

$$w(\mathrm{C})=\left(0.10\%+\frac{0.037}{92.29}\times100\%\right)=0.14\%$$

$$w(\mathrm{Si})=\frac{0.002+0.230}{92.29}\times100\%=0.25\%$$

$$w(\mathrm{Mn})=\left(0.180\%+\frac{0.334+0.002}{92.29}\times100\%\right)=0.55\%$$

$$w(\mathrm{P})=\left(0.020\%+\frac{0.001}{92.29}\times100\%\right)=0.021\%$$

$$w(\mathrm{S})=\left(0.21\%+\frac{0.001}{92.29}\times100\%\right)=0.022\%$$

可见，含碳量尚未达到设定值。为此需在钢包内加焦粉增碳。其加入量 W_1 为：

$$W_1=\frac{(0.18-0.14)\%\times\text{钢水量}}{\text{焦炭中C含量}\times\text{C回收率}}=\frac{0.04\%\times92.29\%}{81.50\%\times75\%}=0.06\mathrm{kg}$$

焦粉生成的产物如下：

碳烧损量/kg	耗氧量/kg	气体量/kg①	成渣量/kg	碳入钢量/kg
0.06×81.50%×25% =0.012	0.032	0.044+0.06×(0.58 +5.52)%=0.047	0.06×12.40% =0.007	0.06×81.50%×75% =0.037

① 为 CO_2、H_2O 和挥发分的总和（未计算挥发分燃烧的影响）。

由此可得冶炼过程（即脱氧和合金化后）的总物料平衡表 8-16。

表 8-16 总物料平衡表

收入			支出		
项 目	质量/kg	%	项 目	质量/kg	%
铁 水	88.22	75.18	钢 水	92.33(91.43+0.861+0.037)	78.6
废 钢	11.78	10.04	炉 渣	11.94(11.65+0.282+0.007)	10.16
石 灰	5.88	5.01	炉 气	10.31(10.24+0.015+0.047)	8.78
萤 石	0.44	0.37	喷 溅	0.88	0.75
轻烧生白云石	2.20	1.87	烟 尘	1.32	1.12
炉 衬	0.26	0.22	渣中铁珠	0.69	0.59
氧 气	7.47(7.31+0.133+0.032)①	6.37			
锰 铁	0.62	0.53			
硅 铁	0.42	0.36			
焦 粉	0.06	0.05			
合 计	117.35	100.00	合 计	117.47	100.00

注：计算误差为(117.35－117.47)/117.35×100%＝－0.10%。

① 可以近似认为(0.133+0.032)的氧量系出钢水二次氧化所带入。

8.1.2 热平衡计算

8.1.2.1 计算所需原始数据

计算所需基本原始数据有：各种入炉料及产物的温度（表 8-17）；物料平均热容（表 8-18）；反

应热效应(表 8-19);溶入铁水中的元素对铁熔点的影响(表 8-20)。其他数据参照物料平衡选取。

表 8-17 入炉物料及产物的温度设定值

名 称	入 炉 物 料			产 物		
	铁水①	废钢	其他原料	炉渣	炉气	烟尘
温度/℃	1250	25	25	与钢水相同	1450	1450

① 纯铁熔点为 1536℃

表 8-18 物料平均热容

物 料 名 称	生铁	钢	炉渣	矿石	烟尘	炉气
固态平均热容/$kJ \cdot (kg \cdot K)^{-1}$	0.745	0.699		1.047	0.996	
熔化潜热/$kJ \cdot kg^{-1}$	218	272	209	209	209	
液态或气态平均热容/$kJ \cdot (kg \cdot K)^{-1}$	0.837	0.837	1.248			1.137

表 8-19 炼钢温度下的反应热效应

组元	化 学 反 应		$\Delta H/kJ \cdot kmol^{-1}$	$\Delta H/kJ \cdot kg^{-1}$
C	$[C]+1/2\{O_2\}=\{CO\}$	氧化反应	-139420	-11639
C	$[C]+\{O_2\}=\{CO_2\}$	氧化反应	-418072	-34834
Si	$[Si]+\{O_2\}=(SiO_2)$	氧化反应	-817682	-29202
Mn	$[Mn]+1/2\{O_2\}=(MnO)$	氧化反应	-361740	-6594
P	$2[P]+5/2\{O_2\}=(P_2O_5)$	氧化反应	-1176563	-18980
Fe	$[Fe]+1/2\{O_2\}=(FeO)$	氧化反应	-238229	-4250
Fe	$2[Fe]+3/2\{O_2\}=(Fe_2O_3)$	氧化反应	-722432	-6460
SiO_2	$(SiO_2)+2(CaO)=(2CaO \cdot SiO_2)$	成渣反应	-97133	-1620
P_2O_5	$(P_2O_5)+4(CaO)=(4CaO \cdot P_2O_5)$	成渣反应	-693054	-4880
$CaCO_3$	$CaCO_3=(CaO)+\{CO_2\}$	分解反应	169050	1690
$MgCO_3$	$MgCO_3=(MgO)+\{CO_2\}$	分解反应	118020	1405

表 8-20 熔入铁水中的元素对铁熔点的降低值

元 素	C							Si	Mn	P	S	Al	Cr	N、H、O
在铁中的极限溶解度/%	5.41							18.5	无限	2.8	0.18	35.0	无限	
溶入1%元素使铁熔点降低值/℃	65	70	75	80	85	90	100	8	5	30	25	3	1.5	
氮、氢、氧溶入使铁熔点的降低值/℃														$\Sigma=6$
适用含量范围/%	<1	1.0	2.0	2.5	3.0	3.5	4.0	≤3	≤15	≤0.7	≤0.08	≤1	≤18	

8.1.2.2 计算步骤

以 100kg 铁水为基础。

第一步:计算热收入 Q_s。

热收入项包括:铁水物理热;元素氧化热及成渣热;烟尘氧化热;炉衬中碳的氧化热。

(1) 铁水物理热 Q_w:先根据纯铁熔点、铁水成分以及溶入元素对铁熔点的降低值(见表 8-17、表 8-1 和表 8-20)计算铁水熔点 T_t,然后由铁水温度和生铁热容(见表 8-17 和表 8-18)确定 Q_w。

$$T_t = 1536-(4.2\times100+0.8\times8+0.6\times5+0.2\times30+0.035\times25)-6=1094℃$$

$$Q_w = 100\times[0.745\times(1094-25)+218+0.837\times(1250-1094)] = 114500.00kJ$$

(2) 元素氧化热及成渣热 Q_y:由铁水中元素氧化量和反应热效应(见表 8-19)可以算出,其结果列于表 8-21。

表 8-21 元素氧化热和成渣热

反应产物	氧化热或成渣热/kJ	反应产物	氧化热或成渣热/kJ
$C \to CO$	3.690×11639=42947.91	$Fe \to Fe_2O_3$	0.424×6460=2739.04
$C \to CO_2$	0.410×34834=14281.94	$P \to P_2O_5$	0.180×18980=3416.40
$Si \to SiO_2$	0.800×29202=23361.60	$P_2O_5 \to 4CaO \cdot P_2O_5$	0.422×4880=2059.36
$Mn \to MnO$	0.420×6594=2769.48	$SiO_2 \to 2CaO \cdot SiO_2$	1.934×1620=3133.08
$Fe \to FeO$	0.837×4250=3557.25	合计 Q_y	98266.06

(3) 烟尘氧化热 Q_c：由表 8-4 中给出的烟尘量参数和反应热效应计算可得。

$Q_c = 1.5(75\% \times 56/72 \times 4250 + 20\% \times 112/160 \times 6460) = 5075.35\text{kJ}$

(4) 炉衬中碳的氧化热 Q_l：根据炉衬蚀损量及其含碳量确定。

$Q_l = 0.3 \times 14\% \times 90\% \times 11639 + 0.3 \times 14\% \times 10\% \times 34834 = 586.25\text{kJ}$

故热收入总值为

$Q_s = Q_w + Q_y + Q_c + Q_l = 218427.66\text{kJ}$

第二步：计算热支出 Q_z。

热支出项包括：钢水物理热；炉渣物理热；烟尘物理热；炉气物理热；渣中铁珠物理热；喷溅物(金属)物理热；轻烧白云石分解热；热损失；废钢吸热。

(1) 钢水物理热 Q_g：先按求铁水熔点的方法确定钢水熔点 T_g；再根据出钢和镇静时的实际温降(通常前者为 40～60℃，后者约为 3～5℃/min，具体时间与盛钢桶大小和浇注条件有关)以及要求的过热度(一般为 50～90℃)确定出钢温度 T_z；最后由钢水量和热容算出物理热。

$T_g = 1536 - (0.10 \times 65 + 0.18 \times 5 + 0.02 \times 30 + 0.021 \times 25) - 6 = 1520℃$

式中，0.10、0.18、0.020 和 0.021 分别为终点钢水中 C、Mn、P 和 S 的含量。

$$T_z = 1520 + 50 + 50 + 70 = 1690℃$$

式中，50、50 和 70 分别为出钢过程中的温降、镇静及炉后处理过程中的温降和过热度。

$Q_g = 90.377 \times [0.699 \times (1520 - 25) + 272 + 0.837 \times (1690 - 1520)] = 131886.70\text{kJ}$

(2) 炉渣物理热 Q_r：令终渣温度与钢水温度相同，则得：

$$Q_r = 13.066 \times [1.248 \times (1690 - 25) + 209] = 29880.90\text{kJ}$$

(3) 炉气、烟尘、铁珠和喷溅金属的物理热 Q_x。根据其数量、相应的温度和热容确定。详见表 8-22。

表 8-22 某些物料的物理热

项 目	参数/kJ	备 注
炉气物理热	11.58×[1.137×(1450－25)]=18762.21	1450℃系炉气和烟尘的温度
烟尘物理热	1.5×[0.996×(1450－25)+209]=2442.45	
渣中铁珠物理热	0.78×[0.699×(1520－25)+272+0.837×(1690－1520)]=1144.88	1520℃系钢水熔点
喷溅金属物理热	1×[0.699×(1520－25)+272+0.887×(1690－1520)]=1467.80	
合 计	Q_z=23817.34	

(4) 生白云石分解热 Q_b：根据其用量、成分和表 8-19 所示的热效应计算的。

$Q_b = 2.5 \times (36.40\% \times 1690 + 25.60\% \times 1405) = 2437.10\text{kJ}$

(5) 热损失 Q_q：其他热损失带走的热量一般约占总热收入的3%～8%。本计算取5%，则得

$Q_q = 218427.66 \times 5\% = 10921.38kJ$

(6) 废钢吸热 Q_f：用于加热废钢的热量系剩余热量，即

$Q_f = Q_s - Q_g - Q_r - Q_x - Q_b - Q_q = 19484.24kJ$

故废钢加入量 W_f 为：

$W_f = 19484.24 \div \{1 \times [0.699 \times (1520 - 25) + 272 + 0.837 \times (1690 - 1520)]\} = 13.35kg$

即废钢比为：

$$\frac{13.35}{100 + 13.35} \times 100\% = 11.78\%$$

热平衡计算结果列于表8-23。

$$热效率 \quad \eta = \frac{钢水物理热 + 炉渣物理热 + 废钢吸热}{热收入总量} \times 100\% = 82.98\%$$

若不计算炉渣带走的热量时：

$$热效率 \quad \eta = \frac{钢水物理热 + 废钢吸热}{热收入总量} \times 100\% = 69.30\%$$

表8-23 热平衡表

收入			支出		
项 目	热量/kJ	%	项 目	热量/kJ	%
铁水物理热	114500.00	52.42	钢水物理热	131886.70	60.38
元素氧化热和成渣热	98266.06	44.99	炉渣物理热	29880.90	13.68
其中C氧化	57229.85	26.20	废钢吸热	19484.24	8.92
Si氧化	23361.60	10.70	炉气物理热	18762.21	8.59
Mn氧化	2769.48	1.27	烟尘物理热	2442.45	1.12
P氧化	3416.40	1.57	渣中铁珠物理热	1144.88	0.52
Fe氧化	6296.29	2.88	喷溅金属物理热	1467.80	0.67
SiO_2成渣	3133.08	1.43	轻烧白云石分解热	2437.10	1.12
P_2O_5成渣	2059.36	0.94	热损失	10921.38	5.00
烟尘氧化热	5075.36	2.32			
炉衬中碳的氧化热	586.25	0.27			
合 计	218427.67	100.00	合 计	218427.67	100.00

应当指出，加入铁合金进行脱氧和合金化，会对热平衡数据产生一定的影响。对转炉用一般生铁冶炼低碳钢来说，所用铁合金种类有限，数量也不多。经计算，其热收入部分约占总热收入的0.8%～1.0%，热支出部分约占0.5%～0.8%，二者基本持平。

8.2 电弧炉炼钢物料平衡和热平衡

现代电弧炉冶炼工艺与传统三段式工艺有较大的变化，目前主要方式是：在超高功率电弧炉内借助大功率供电、高强度供氧和氧燃烧嘴等辅助供热手段快速熔化废钢并完成脱碳脱磷任务，然后在精炼炉内完成脱氧、脱硫、微调合金成分、去除夹杂等任务。但仍有部分小型电弧炉采用传统工艺或者在其后配备钢包炉生产一些高合金钢。本节仍按传统电弧炉三段式工艺做物料平

衡与热平衡计算，以供参考。

8.2.1　物料平衡计算

8.2.1.1　计算所需原始数据

基本原始数据有：冶炼钢种及其成分（见表 8-24）；原材料成分（见表 8-25），炉料中元素烧损率（见表 8-26）；合金元素回收率（见表 8-27）；其他数据（见表 8-28）。

表 8-24　冶炼钢种及其成分

钢种	成分/%							备　注
	C	Si	Mn	P	S	Cr	Fe	
GCr15	0.95～1.05/1.00	0.15～0.35/0.25	0.25～0.45/0.35	≤0.025	≤0.025	1.40～1.65/1.53	余量	氧化法冶炼

注：分母系计算时的设定值，取其成分中限。

表 8-25　原材料成分/%

名　称	C	Si	Mn	P	S	Cr	Al	Fe	H_2O	灰分	挥发分
碳素废钢	0.18	0.25	0.55	0.030	0.030			余量			
炼钢生铁	4.20	0.80	0.60	0.200	0.035			余量			
FeMn	6.60	0.50	67.80	0.230	0.130			24.74			
FeSi		73.00	0.50	0.050	0.030		2.50	23.92			
SiMn	1.65	20.50	63.20	0.065	0.045			14.54			
FeCr	4.35	0.40		0.035	0.045	67.30		27.87			
Al							98.50	1.50			
焦　炭	81.50								0.58	12.40	5.52
电　极	99.00									1.00	
名　称	CaO	SiO_2	MgO	Al_2O_3	CaF_2	Fe_2O_3	CO_2	H_2O	P_2O_5	S	
石　灰	88.00	2.50	2.60	1.50		0.50	4.64	0.10	0.10	0.06	
萤　石	0.30	5.50	0.60	1.60	88.00	1.50		1.50	0.90	0.10	
铁矿石	1.30	5.75	0.30	1.45		89.77		1.20	0.15	0.08	
火砖块	0.55	60.80	0.60	36.80		1.25					
高铝砖	1.25	6.40	0.12	91.35		0.88					
镁　砂	4.10	3.65	89.50	0.85		1.90					
焦炭灰分	4.40	49.70	0.95	26.25		18.55			0.15		
电极灰分	8.90	57.80	0.10	33.10							

表 8-26　炉料中元素烧损

成　分		C	Si	Mn	P	S
烧损率/%	熔化期	25～40，取 30	70～95，取 85	60～70，取 65	40～50，取 45	可以忽略
	氧化期	0.06①	全部烧损	20	0.015②	25～30，取 27

① 按末期含量比规格下限低 0.03%～0.10%（取 0.06%）确定（一般不应低于 0.30%的脱碳量）；

② 按末期含量 0.015%来确定。

表 8-27 合金中元素的回收率

合金材料	加入时间	回收率/%				
		C	Si	Mn	Cr	Al
FeMn	还原初期	100	100	96		
	出钢前	100	100	98		
FeSi	还原初期		65	100		0
	还原后期		95	100		60
FeCr	还原初期	100	100		96	
Al	还原初期预脱氧					0
	还原后期终脱氧					40
Fe-Si 粉	还原期扩散脱氧		50	100		0
Al 粉	还原期扩散脱氧					0

表 8-28 其他数据

名 称	参 数
配碳量	比钢种规格中限高 0.70%,即达 1.70%
熔化期脱碳量	30%,即 1.70%×30%=0.51kg
电极消耗量	5kg/t(金属料);其中熔化期占 60%;氧化期和还原期各占 20%
炉顶高铝砖消耗量	1.5kg/t(金属料);其中熔化期占 50%,氧化期占 35%,还原期占 15%
炉衬镁砖消耗量	5kg/t(金属料),其中熔化期占 40%;氧化期和还原期各占 30%
熔化期和氧化期所需要氧量	50%来自氧气,其余 50%来自空气和矿石
氧气纯度和利用率	99%,余者为 N_2,氧利用率 90%
焦炭中碳的回收率	75%(系指配料用焦炭)
碳氧化产物	均按 70%生成 CO,30%生成 CO_2 考虑
烟尘量	按 8.5kg/t(金属料)考虑

8.2.1.2 物料平衡基本项目

收入项有:废钢、生铁、焦炭、石灰、矿石、萤石、电极、炉衬镁砖、炉顶高铝砖、火砖块、铁合金、氧气和空气。

支出项有:钢水、炉渣、炉气、挥发的铁、焦炭中挥发分。

8.2.1.3 计算步骤

以 100kg 金属炉料(废钢+生铁)为基础,按工艺阶段——熔化期、氧化期和还原期分别进行计算,然后汇总成物料平衡表。

第一步:熔化期计算。

(1) 确定物料消耗量:

1) 金属炉料配入量。废钢和生铁按 75kg 和 25kg 搭配,不足碳量用焦炭来配。其结果列于表 8-29。计算用原始数据见表 8-1 和表 8-28。

表 8-29 炉料配入量

名 称	用量/kg	配料成分/kg					
		C	Si	Mn	P	S	Fe
废 钢	75.000	0.135	0.188	0.413	0.023	0.023	74.218
生 铁	25.000	1.050	0.200	0.150	0.050	0.009	23.541
焦 炭	0.843	0.515①					
合 计	100.843	1.700	0.388	0.563	0.073	0.032	97.759

① 碳烧损率 25%。

2）其他原材料消耗量。为了提前造渣脱磷，先加入一部分石灰（20kg/t（金属料））和矿石（10kg/t（金属料））。炉顶、炉衬和电极消耗量见表 8-28。

（2）确定氧气和空气消耗量：耗氧项包括炉料中元素的氧化，焦炭和电极中碳的氧化；而矿石则带来部分氧，石灰中 CaO 被自身 S 还原出部分氧。前后二者之差即为所需净氧量 2. 815kg。详见表 8-30。

根据表 8-28 中的假定，应由氧气供给的氧气为 50%，即 3. 085×50% = 1. 543kg，空气应供氧 1. 543 − 0. 270 = 1. 273kg。由此可求出氧气与空气的实际消耗量。详见表 8-31。

上述（1）+（2）便是熔化期的物料收入量。

表 8-30　净耗氧量的计算

项目	名　称	元素	反应产物	元素氧化量/kg	耗氧量/kg	供氧量/kg
耗氧项	炉料中元素的氧化	C	$(C)\rightarrow\{CO\}$	1. 700×30%×70% = 0. 357	0. 476	
			$(C)\rightarrow\{CO_2\}$	1. 700×30%×30% = 0. 153	0. 408	
		Si	$(Si)\rightarrow(SiO_2)$	0. 388×85% = 0. 330	0. 443	
		Mn	$(Mn)\rightarrow(MnO)$	0. 563×65% = 0. 366	0. 106	
		P	$(P)\rightarrow(P_2O_5)$	0. 073×45% = 0. 033	0. 043	
		Fe	$(Fe)\rightarrow(FeO)$①	97. 759×2%×15% = 0. 293	0. 084	
			$(Fe)\rightarrow(Fe_2O_3)$①	97. 759×2%×85% = 1. 662	0. 712	
	合　计			3. 194	2. 272	
	焦炭中碳的氧化	C	$(C)\rightarrow\{CO\}$	0. 843×81. 5%×25%×70%	0. 160	
			$(C)\rightarrow\{CO_2\}$	= 0. 120	0. 139	
	电极中碳的氧化	C	$(C)\rightarrow\{CO\}$	0. 843×81. 5%×25%×30%	0. 277	
			$(C)\rightarrow\{CO_2\}$	= 0. 052	0. 237	
				0. 300×99%×70% = 0. 208		
				0. 300×99%×30% = 0. 089		
	合　计				3. 085	
供氧项	矿　石	Fe_2O_3	$Fe_2O_3 = 2Fe + 3/2O_2$			1×0. 8977×48/160 = 0. 269
	石　灰	S	$CaO + S = CaS + O$			2×0. 06%×16/32 = 0. 0006
	合　计					0. 270
净耗氧量						3. 085 − 0. 270 = 2. 815

① 令铁烧损率为 2%，其中 80%生成 Fe_2O_3 挥发掉成为烟尘的一部分；20%成渣。在这 20%中，按 3 : 1 的比例分别生成(FeO)和(Fe_2O_3)。

表 8-31　氧气与空气实际消耗量

氧气/kg		空气/kg	
带入 O_2	带入 N_2	带入 O_2	带入 N_2
1. 543/氧利用率 = 1. 543/90% = 1. 714（或 1. 200m^3）	（1. 714/99%）×1% = 0. 017（或 0. 014m^3）	1. 273（或 0. 891m^3）	1. 273×（77/23）= 4. 262①（或 3. 410m^3）
$\sum$ = 1. 714 + 0. 017 = 1. 731（或 1. 214m^3）		$\sum$ = 1. 273 + 4. 262 = 5. 535（或 4. 301m^3）	

① 77/23 为空气中 N_2 与 O_2 的质量比。

（3）确定炉渣量：炉渣源于炉料中 Si、Mn、P、Fe 等元素的氧化产物，炉顶和炉衬的蚀损，焦炭和电极中的灰分，以及加入的各种熔剂。结果见表 8-32。

表 8-32 熔化期炉渣量的确定

名称		消耗量/kg	成渣组分/kg CaO	SiO_2	MgO	Al_2O_3	MnO	FeO	Fe_2O_3	P_2O_5	CaS	合计	备注
炉料中元素的氧化	Si	0.330		0.707								0.707	0.330×60/28SiO_2
	Mn	0.366					0.472					0.472	0.366×71/55MnO
	P	0.033								0.076		0.076	0.033×142/62P_2O_5
	Fe	0.391①						0.377	0.140			0.517	0.391×75%×72/56(FeO) 0.391×25%×160/112(Fe_2O_3)
炉顶		0.075	0.001	0.004	略	0.069			0.001			0.075	
炉衬		0.200	0.008	0.007	0.179	0.002			0.004			0.200	
焦炭		0.843	0.005	0.052	0.001	0.027			0.019			0.104	灰分入渣
电极		0.300	略	0.002	略	0.001						0.003	灰分入渣
矿石		1.000	0.013	0.058	0.003	0.015			(0.898)	0.002	0.002	0.093	设Fe_2O_3全部还原③
石灰		2.000	1.758②	0.050	0.052	0.030			0.010	0.002	0.002	1.904	
合计			1.785	0.880	0.235	0.144	0.472	0.377	0.174	0.080	0.004	4.151	
质量分数/%			43.00	21.20	5.66	3.47	11.37	9.08	4.19	1.93	0.10	100.00	

① 见表 8-30 的注；

② 石灰中 CaO 被自身 S 还原，消耗 0.002kgCaO；

③ Fe_2O_3还原出的 Fe 量为 1×0.8977×112/160＝0.628kg。

(4) 确定金属量：金属量 Q_i＝金属炉料重＋矿石带入的铁量－炉料中 C、Si、Mn、P 和 Fe 的烧损量＋焦炭配入的碳量＝100＋0.628－3.194＋0.515＝97.949kg。

(5) 确定炉气量：炉气来源于炉料以及焦炭和电极中碳的氧化产物 CO 和 CO_2，氧气和空气带入的 N_2，物料中的 H_2O 及其反应产物，游离 O_2 及其反应产物，石灰的烧减（CO_2），焦炭的挥发分。计算结果列于表 8-33。

表 8-33 炉气量计算

项目	气态产物/kg CO	CO_2	N_2	H_2O	H_2	挥发物	合计	备注
炉料中 C 的氧化	0.357×28/12＝0.833	0.153×44/12＝0.561					1.394	表 8-30、表 8-25
焦炭带入	0.120×28/12＝0.280	0.052×44/12＝0.191		0.005		0.047	0.523	表 8-30、表 8-25
电极带入	0.208×28/12＝0.485	0.089×44/12＝0.326					0.811	表 8-30、表 8-25
矿石带入				0.012			0.012	表 8-32、表 8-25
石灰带入		2.000×4.64%＝0.093		0.002			0.095	表 8-32、表 8-25
氧气带入			0.017				0.017	表 8-31
空气带入			4.262	0.057①			4.319	表 8-31
游离 O_2 参与反应 $CO+1/2O_2=CO_2$	1.714×10%×28/16＝－0.300	1.714×10%×44/16＝0.471					0.171	表 8-31、表 8-28
H_2O 参与反应：$H_2O+CO=H_2+CO_2$	0.076×28/18＝－0.118	0.076×44/18＝0.186		－0.076	0.076×2/18＝0.008		0	H_2O 参与反应全部消耗
合计	1.180	1.828	4.279	0	0.008	0.047	7.342	
质量分数/%	16.07	24.90	58.28		0.11	0.64	100.00	

① 计算条件是：常温（20℃）、常压（0.1MPa）下空气相对湿度为 70%；20℃的饱和蒸气压为 0.0023MPa；露点 14℃。先求湿空气体积 4.302×(273＋20)/273×0.1/(0.1－0.0023)＝4.732m^3；再算含水量。

(6) 确定铁的挥发量：由表 8-30 中的设定，铁的挥发量为：97.759×2%×80%＝1.564kg。

上述(3)＋(4)＋(5)＋(6)便是熔化期的物料支出量。

由此可列出熔化期物料平衡表 8-34。

表 8-34　熔化期物料平衡表

收入			支出		
项　目	质量/kg	%	项　目	质量/kg	%
废　钢	75.000	67.15	金　属	97.949	88.24
生　铁	25.000	22.38	炉　渣	4.151	3.74
焦　炭	0.843	0.75	炉　气	7.342	6.61
电　极	0.300	0.27	铁的挥发	1.564	1.41
矿　石	1.000	0.90	(其余烟尘)	(列入总物料平衡表中)	
石　灰	2.000	1.79			
炉　顶	0.075	0.07			
炉　衬	0.200	0.18			
氧　气	1.731	1.55			
空　气	5.535	4.96			
合　计	111.684	100.00	合　计	111.006	100.00

注：计算误差＝(111.684—111.006)/111.684×100%＝0.61%。

第二步：氧化期计算。

引起氧化期物料波动的因素有：扒除熔化渣，造新渣；金属中元素的进一步氧化；炉顶、炉衬的蚀损和电极的烧损。

(1) 确定渣量：

1) 留渣量。为了有利去磷，要进行换渣，即通常除去 70%左右熔化渣，而进入氧化期只留下 30%的渣。其组成见表 8-35。

2) 金属中元素的氧化产物。根据表 8-26 给出的值可以计算产物量，详见表 8-35。

3) 炉顶、炉衬的蚀损和电极的烧损量。根据表 8-28 的假定进行计算，其结果一并列入表 8-35。

表 8-35　氧化期渣量的确定

名　称		消耗量/kg	成渣组分/kg									
			CaO	SiO_2	MgO	Al_2O_3	MnO	FeO	Fe_2O_3	P_2O_5	CaS	合计
留渣 30%×4.151＝1.245kg			0.535	0.264	0.071	0.043	0.142	0.113	0.052	0.024	0.001	1.245
金属中元素的氧化或烧损	Si	0.058		0.124								0.124
	Mn	0.039					0.050					0.050
	P	0.025								0.057		0.057
	Fe	0.220						0.234	0.054			0.288
	S	0.023	－0.040								0.052	0.012
炉顶蚀损量		0.053	0.001	0.003	略	0.048			略			0.052
炉衬蚀损量		0.150	0.006	0.005	0.134	0.001			0.003			0.149
电极烧损量		0.100	略	0.001	略	略						0.001
石灰带入		2.700	2.373①	0.068	0.070	0.041			0.014	0.003	0.004	2.573
矿石带入		1.000	0.013	0.058	0.003	0.015			(0.898)	0.002	0.002	0.093
火砖块带入		0.500	0.003	0.304	0.003	0.184			0.006			0.500
合　计			2.891	0.827	0.281	0.332	0.192	0.347	0.129	0.086	0.059	5.144
%			56.20	16.08	5.46	6.45	3.73	6.75	2.51	1.67	1.15	100.0

① 石灰中 CaO 被自身 S 还原，消耗 0.003kgCaO。

4) 造新渣时加入石灰、矿石和火砖块带入的渣量。见表 8-35。

渣量计算的几点说明：

关于石灰消耗量：由表 8-35 可知，除石灰带入的以外，渣中已含 $W(SiO_2)=0.264+0.124+0.003+0.005+0.001+0.058+0.304=0.759$kg；已知 $CaO=0.535-0.040+0.001+0.006+0.013+0.003+0.003=0.518$kg。取碱度 3.5，故石灰加入量为：

$[R\sum W(SiO_2)-\sum W(CaO)]/[w(CaO_{石灰})-Rw(SiO_{2石灰})]=2.139/(88.00\%-3.5\times 2.50\%)=2.700$kg

关于磷的氧化量：根据表 8-30，可近似求得 $[(0.073-0.033)/97.947-0.015\%]\times 97.947=0.025$kg。

关于铁的烧损量：一般可以设定，当氧化末期金属中含 C 约 0.90%时，渣中 $\sum w(Fe)$ 约达 7%；且其中 75%为 (FeO)，25%为 (Fe_2O_3)。因此，渣中含 (FeO) 为 $(7\%\times 75\%\times 72)/56=6.75\%$，含 (Fe_2O_3) 为 $(7\%\times 25\%\times 160)/112=2.50\%$，由表 8-35 可知，除 FeO 和 Fe_2O_3 以外的渣量为 $2.891+0.827+0.281+0.332+0.192+0.086+0.059=4.668$kg，故总渣量 $=4.668/(100-6.75-2.50)\%=5.144$kg。于是可得 $W(FeO)=0.347$kg，$W(Fe_2O_3)=0.129$kg。其中，由 Fe 氧化生成的 (FeO) 和 (Fe_2O_3) 分别为 0.234kg 和 0.054kg。

(2) 确定金属量：根据熔化期的金属量以及表 8-35 中的元素烧损量和矿石还原出来的铁量，即可得氧化末期的金属量为

$97.949-(0.058+0.039+0.025+0.220+0.023+0.318)+0.628=97.894$kg

（0.318 为碳的烧损量近似值，即 $(1.70-0.51)-0.89\%\times 97.949=0.318$kg）

表 8-36 净耗氧量的计算

名 称	元素	烧损量/kg	反应产物	耗氧量/kg	供氧量/kg	备 注
金属中元素的氧化	C	0.318	$[C]\rightarrow\{CO\}$	0.297		70%[C]生成 CO
			$[C]\rightarrow\{CO_2\}$	0.254		30%[C]生成 CO_2
	Si	0.058	$[Si]\rightarrow(SiO_2)$	0.066		
	Mn	0.039	$[Mn]\rightarrow(MnO)$	0.011		
	P	0.025	$[P]\rightarrow(P_2O_5)$	0.032		
	Fe	0.220	$[Fe]\rightarrow(FeO)$	0.052		见表 8-35
			$[Fe]\rightarrow(Fe_2O_3)$	0.016		见表 8-35
电极中碳的氧化	C	0.100 × 99% = 0.099	$[C]\rightarrow\{CO\}$	0.092		70%[C]生成 CO
			$[C]\rightarrow\{CO_2\}$	0.079		30%[C]生成 CO_2
合 计				0.899		
矿石供氧	Fe_2O_3	0.898	$Fe_2O_3=2Fe+3/2O_2$		0.269	还原出 Fe0.628kg
石灰中 S 还原 CaO	S	0.002	$CaO+S=CaS+O$		0.001	
金属中 S 还原 CaO 供氧	S	0.009	$CaO+S=CaS+O$		0.005	
合 计					0.275	
净耗氧量				0.624		

(3) 确定炉气量：计算方法如同熔化期。先求净耗氧量（见表 8-36），再确定氧气与空气消耗量（见表 8-37），最后将各种物料或化学反应带入的气态产物归类，而得其结果（见表 8-38）。具体

算法可参照表 8-33。

熔化期和氧化期的综合物料平衡列于表 8-39。

表 8-37 氧气和空气实际消耗量

氧气/kg		空气/kg	
带入 O_2	带入 N_2	带入 O_2	带入 N_2
0.45/氧利用率(90%)=0.500(或 0.350m³)	(0.500/99%)×1%=0.005 或(0.004m³)	0.175(或 0.123m³)	0.175×(77/23)=0.586(或 0.469m³)
Σ=0.500+0.005=0.505(或 0.354m³)		Σ=0.175+0.586=0.761(或 0.592m³)	

注:氧气供氧 50%,即 0.899×50%=0.450kg;空气供氧为 0.450−0.275=0.175kg。

表 8-38 炉气量

项 目	气态氧化物/kg						备 注
	CO	CO_2	N_2	H_2O	H_2	合计	
金属中 C 的氧化	0.519	0.350				0.869	C 烧损量 0.318kg
电极带入	0.162	0.109				0.271	C 烧损量 0.099kg
矿石带入				0.012		0.012	
石灰带入		0.125		0.003		0.128	
氧气带入			0.005			0.005	
空气带入			0.586	0.008		0.594	湿空气量为 0.651m³
游离 O_2 反应:$CO+1/2O_2=CO_2$	−0.088	0.138				0.050	游离 O_2 量=0.500×10%=0.050kg
H_2O 反应:$H_2O+CO=H_2+CO_2$	−0.036	0.056		−0.023	0.003	0	H_2O 全部消耗掉
合 计	0.557	0.778	0.591	0	0.003	1.929	
质量分数/%	28.87	40.33	30.64		0.16	100.00	

表 8-39 熔化期和氧化期综合物料平衡表

收入			支出		
项 目	质量/kg	%	项 目	质量/kg	%
废 钢	75.000	63.85	金 属	97.894	83.83
生 铁	25.000	21.28	炉 渣	4.151+3.899=8.050	6.89
焦 炭	0.843	0.72	炉 气	7.342+1.929=9.271	7.94
电 极	0.300+0.100=0.400	0.34	铁的挥发	1.564	1.34
矿 石	1.000+1.000=2.000	1.70	(其他烟尘)	(列入总物料平衡表中)	
石 灰	2.000+2.700=4.700	4.00			
火砖块	0.500	0.43			
炉 顶	0.075+0.053=0.128	0.11			
炉 衬	0.200+0.150=0.350	0.30			
氧 气	1.731+0.505=2.236	1.91			
空 气	5.535+0.761=6.296	5.36			
合 计	117.453	100.00	合 计	116.779	100.00

注:计算误差=(117.453−116.779)/117.453×100%=0.57%。

氧化期末金属成分如下：

$$w(C)=\frac{1.700-0.510-0.318}{97.894}\times100\%=0.891\%$$

$$w(Si)=0$$

$$w(Mn)=\frac{0.563-0.366-0.039}{97.894}\times100\%=0.161\%$$

$$w(P)=\frac{0.073-0.033-0.025}{97.894}\times100\%=0.015\%$$

$$w(S)=\frac{0.032-0.009}{97.894}\times100\%=0.023\%$$

第三步：还原期计算。

还原期采用白渣操作。引起该期物料变化的因素有：扒除氧化渣，再造稀薄渣；扩散脱氧和沉淀脱氧。

（1）确定渣量：

1）残渣量。工艺上要求尽量扒净氧化渣，但实际操作条件下难以完全除去。现定残渣量为5%，即5.144×5%=0.257kg（见表8-35）。其组成列于表8-40。

2）造稀薄渣加入的渣料。渣料组成比为m（石灰）：m（萤石）：m（火砖块）=3∶1∶0.5，其用量应保证顺利完成脱硫任务。根据理论和实践，欲使S在还原期降至0.015%以下，加入量为钢水量的2%～3%，本计算取3%。如暂定钢水量为98kg，则得渣料量为98×3%=2.94kg，即

m（石灰）∶m（萤石）∶m（火砖块）=1.960kg∶0.653kg∶0.327kg

其组成列于表8-40。

3）加入脱氧剂。采用沉淀脱氧和扩散脱氧相结合的方式，即稀薄渣形成后，先按0.6kg/t插铝预脱氧；再分批加入碳粉（2.5kg/t）和硅铁粉（5kg/t）进行扩散脱氧；待渣变白色，按0.5kg/t插铝终脱氧。其入渣组成列于表8-40。

4）加入合金剂。还原期需往炉内加入FeMn、FeCr和FeSi进行合金化。加入量计算如下。计算结果列入表8-40。

FeMn加入量Q_{Mn}。FeMn是在还原初期插Al预脱氧后加入的。根据表8-25和表8-27以及应增加的$w[Mn]=0.350\%-0.161\%=0.189\%$确定：

$$Q_{Mn}=\frac{98\times0.189\%}{0.678\times0.96}=0.285kg$$

FeCr加入量Q_{Cr}。FeCr亦在还原初期随FeMn之后加入。根据表8-25和表8-27以及应增加的$w[Cr]=1.53\%$确定：

$$Q_{Cr}=\frac{98\times1.53\%}{0.673\times0.96}=2.320kg$$

FeSi加入量Q_{Si}。FeSi在还原后期加入。根据表8-25和表8-27以及应增加的$w[Si]=0.25\%$和扩散脱氧FeSi粉带入金属中的Si确定：

$$Q_{Si}=\frac{98\times0.25\%-0.490\times73\%\times50\%}{0.73\times0.96}=0.095kg$$

（2）确定炉气量：先计算净耗氧量（见表8-41）和空气消耗量（见表8-42），再将其他方面带入的气态产物归类合并，即得其结果（见表8-43）。

表 8-40 还原期渣量的确定

名称		成渣组分/kg											
		CaO	SiO_2	MgO	Al_2O_3	MnO	FeO	Fe_2O_3	Cr_2O_3	CaF_2	P_2O_5	CaS	合计
残渣量 0.257kg		0.144	0.041	0.014	0.017	0.010	0.018	0.006			0.004	0.003	0.257
炉顶蚀损 0.15×15%=0.023kg		略	0.001	略	0.021			略					0.022
炉衬蚀损 0.50×30%=0.150kg		0.006	0.005	0.134	0.001			0.003					0.149
造渣剂	石灰 1.960kg	1.723	0.049	0.051	0.029			0.010			0.002	0.002	1.866
	萤石 0.653kg	0.002	0.036	0.004	0.010			0.010		0.575	0.006	0.001	0.644
	火砖块 0.327kg	0.002	0.199	0.002	0.120			0.004					0.327
脱氧剂①	Al 块(预脱氧) 98×0.06%=0.059kg				0.110								0.110
	C 粉 98×0.25%=0.245kg	0.001	0.015	略	0.008			0.006			略		0.030
	FeSi 粉 98×0.50%=0.490kg		0.383		0.023								0.406
	Al 块(终脱氧) 98×0.05%=0.049kg				0.091								0.091
脱硫:[CaO]+[FeS]=(CaS)+(FeO)②		−0.014					0.018					0.018	0.022
小计		1.864	0.729	0.205	0.430	0.010	0.036	0.039		0.575	0.012	0.024	(3.924)
其他反应③	(FeO)+C=[Fe]+{CO}						−0.010						−0.010
	(Fe_2O_3)+3C=2[Fe]+3{CO}							−0.016					−0.016
	2(FeO)+Si=2[Fe]+(SiO_2)		0.006				−0.014						−0.008
	2(Fe_2O_3)+3Si=4[Fe]+3(SiO_2)		0.013					−0.023					−0.010
	2(P_2O_5)+5Si=4[P]+5(SiO_2)		0.013								−0.012		0.001
	2(CaF_2)+(SiO_2)=2(CaO)+{SiF_4}	0.207	−0.111							−0.288			−0.192
合金剂④	FeMn 0.285kg					0.010							0.010
	FeCr 2.320kg								0.091				0.091
	FeSi 0.095kg		0.007		0.002								0.009
合计		2.071	0.657	0.205	0.432	0.020	0.012	0	0.091	0.287	0	0.024	3.799
质量分数/%		54.51	17.29	5.40	11.37	0.53	0.32	0	2.40	7.55	0	0.63	100.00

① 预脱氧 Al 的烧损率 100%,终脱氧 Al 的烧损率 60%;C 粉中含灰分 12.40%;FeSi 粉中 Si 有烧损率 50%,Al 的烧损率 100%。

② 金属脱硫量 98×(0.023−0.015)%=0.008kg;该反应消耗 CaO:0.008×(56/32)=0.014kg。

③ 令:还原末期渣中(FeO)含量为 0.3%,即 3.890×0.30%=0.012kg,因此应被还原的(FeO)为 0.018+0.018−0.012=0.024kg;(Fe_2O_3)为 0.039kg;渣中的(FeO)和(Fe_2O_3)有 40%被 C 还原,60%被 Si 还原;(P_2O_5)全部被 Si 还原;(CaF_2)有 50%参与反应。还原(FeO)和(Fe_2O_3)消耗 C 为 0.002+0.004=0.006kg。

④ 合金成分和收得率见表 8-25 和表 8-27,烧损部分以氧化物形式入渣。

表 8-41 净耗氧量计算

名称	元素	烧损量/kg	反应产物	耗氧量/kg	供氧量/kg
电极中 C 的氧化	C	0.100×99%=0.099	C→{CO}	0.132	
C 粉中 C 的氧化	C	0.245×81.5%−0.020=0.180①	C→{CO}	0.240	
FeSi 粉中 Si、Al 的氧化	Si	0.490×73%×50%=0.179	Si→(SiO_2)	0.205	
	Al	0.490×2.5%×100%=0.012	Al→(Al_2O_3)	0.011	
Al 块的氧化	Al	0.059×98.5%+0.049×98.5%×60%=0.087	Al→(Al_2O_3)	0.077	
FeMn 中 Mn 的烧损	Mn	0.285×67.80%×4%=0.008	Mn→(MnO)	0.002	
FeCr 中 Cr 的烧损	Cr	2.320×67.30%×4%=0.062	Cr→(Cr_2O_3)	0.029	
FeSi 中 Si、Al 的烧损	Si	0.095×73.0%×5%=0.003	Si→(SiO_2)	0.003	
	Al	0.095×2.50%×40%=0.001	Al→(Al_2O_3)	0.001	
合计				0.700	
石灰中 S 还原 CaO	S	1.960×0.06%=0.001	CaO+S=CaS+O		0.001
金属中 S 还原 CaO	S	0.008	CaO+S=CaS+O		0.004
合计					0.005
净耗氧量					0.700−0.005=0.695

① C 粉中约 10%的 C 转入金属中，即 0.245×81.5%×10%=0.020kg；0.180kg 包括还原渣中(FeO)和(Fe_2O_3)所消耗的 C 量 0.006kg(表 8-40)和被空气中 O_2 燃烧的 C 量 0.174kg。

表 8-42 空气消耗量及其带入的水分

空气供 O_2 量/kg	随 O_2 带入的 N_2 量/kg
0.695(或 0.487m^3)	0.695×(77/23)=2.327(或 1.862m^3)
空气消耗量=0.695+2.327=3.024kg(或 2.349m^3)	
空气带入的水分=[2.349×(273+20)/273×0.1/(0.1−0.0023)]×0.012=0.031kg	

表 8-43 炉气量

项目	气态产物/kg								备注
	CO	CO_2	N_2	H_2O	H_2	SiF_4	挥发分	合计	
C 粉带入	0.406			0.001			0.010	0.417	C 烧损量 0.174kg
电极带入	0.021							0.021	C 烧损量 0.099kg
石灰带入		0.091		0.002				0.093	见表 8-40
萤石带入				0.010				0.010	见表 8-40
空气带入			2.327	0.031				2.358	见表 8-42
$H_2O+CO=H_2+CO_2$	−0.068	0.107		−0.044	0.005			0	H_2O 全部消耗掉
$2(CaF_2)+(SiO_2)=2(CaO)+\{SiF_4\}$						0.383		0.383	见表 8-40
合计	0.359	0.198	2.327	0	0.005	0.383	0.010	3.282	
质量分数/%	10.94	6.03	70.90		0.15	11.67	0.31	100.00	

(3) 确定钢水量：还原期结束时的钢水量及其成分如表 8-44 所示。该物料平衡见表 8-45。将表 8-39 和 8-45 归类合并，即得总物料平衡表 8-46。

表 8-44　钢水量及其成分

项　目	钢水成分/kg								
	C	Si	Mn	Cr	P	S	Al	Fe	合计
还原初期金属带入	0.872		0.158		0.015	0.023		96.826	97.894
C 粉带入	0.020								0.020
FeSi 带入		0.179	0.002		略	略		0.117	0.298
FeMn 带入	0.019	0.001	0.186		0.001	略		0.071	0.278
FeCr 带入	0.101	0.009		1.499	0.001	0.001		0.647	2.258
FeSi 带入		0.066	略		略	略	0.001	0.023	0.090
Al 带入							0.019	0.001	0.020
渣中(FeO)和(Fe_2O_3)被 C、Si 还原带入 Fe(表 8-40)								0.046	0.046
渣中(P_2O_5)被 Si 还原带入 P(表 8-40)					0.005				0.005
金属脱硫(CaO) + [FeS] = (CaS) + (FeO)						−0.008		−0.014	−0.022
总　计	1.012	0.255	0.346	1.499	0.022	0.016	0.020	97.717	100.887
质量分数/%	1.002	0.253	0.343	1.486	0.022	0.016	0.020	96.858	100.00

表 8-45　还原期物料平衡表

收　入			支　出		
项　目	质量/kg	%	项　目	质量/kg	%
金属液	97.894	90.70	钢　液	100.887	93.44
炉　渣	0.257	0.24	炉　渣	3.799	3.52
石　灰	1.960	1.82	炉　气	3.282	3.04
萤　石	0.653	0.60	(其他烟尘)	(列入总物料平衡表中)	
火砖块	0.327	0.30			
Al 块	0.108	0.10			
C 粉	0.245	0.23			
FeSi	0.095 + 0.490 = 0.585	0.54			
FeMn	0.285	0.26			
FeCr	2.320	2.15			
电　极	0.100	0.09			
炉　顶	0.023	0.02			
炉　衬	0.150	0.14			
空　气	3.024	2.81			
合　计	107.931	100.00	合　计	107.968	100.00

注：计算误差 = (107.931 − 107.968)/107.931 × 100% = −0.03%。

表 8-46 总物料平衡表

收入			支出		
项目	质量/kg	%	项目	质量/kg	%
废钢	75.000	58.94	钢液	100.887	79.19
生铁	25.000	19.65	炉渣	4.151×70%+5.144×95%+3.799=11.592	9.10
石灰	4.700+1.960=6.660	5.24			
萤石	0.653	0.51	炉气	9.271+3.282=12.553	9.86
火砖块	0.500+0.327=0.827	0.65	铁的挥发	1.564	1.23
矿石	2.000	1.57	(其他烟尘)	0.790	0.62
焦炭	0.843+0.245=1.088	0.86			
炉顶	0.128+0.023=0.151	0.12			
炉衬	0.350+0.150=0.500	0.39			
氧气	2.236	1.76			
空气	6.296+3.024=9.320	7.33			
电极	0.400+0.100=0.500	0.39			
Al	0.108	0.09			
FeMn	0.285	0.22			
FeCr	2.320	1.82			
FeSi	0.585	0.46			
合计	127.233	100.00	合计	127.386	100.00

注:计算误差=(127.233-127.386)/127.233×100%=-0.12%。

8.2.2 热平衡计算

以100kg金属料(废钢+生铁)为基础。

8.2.2.1 计算热收入 Q_s

(1) 物料的物理热。计算结果列于表8-47。

(2) 元素氧化热及成渣热。计算结果列于表8-48。

(3) 消耗的电能。根据消耗的热量确定,为183248.76kJ。详见下面的计算。

表 8-47 物料带入的物理热

名 称	热容/kJ·(kg·K)$^{-1}$	温度/K	消耗量/kg	物理热/kJ
废 钢	0.699	298	75.000	1310.625
生 铁	0.745	298	25.000	465.625
石 灰	0.728	298	6.660	121.212
萤 石	0.898	298	0.653	14.627
火砖块	0.858	298	0.827	17.739
矿 石	1.047	298	2.000	52.350
焦 炭	0.858	298	1.088	23.338
炉顶高Al砖	0.879	873	0.151	79.637
炉衬Mg砖(砂)	0.996	873	0.500	298.800
氧 气	1.318	298	2.230	73.479
空 气	0.963	298	9.296	223.801
电 极	1.507	723	0.500	339.075
Al	0.896	298	0.108	2.419
FeMn	0.678	298	0.285	4.831
FeCr	0.565	573	2.320	393.240
FeSi	0.745	298	0.585	10.896
合 计				3431.694

8.2.2.2 计算热支出 Q_z

(1) 钢水物理热 Q_g。该钢熔点为 1536 − (1.00×70 + 0.25×8 + 0.34×5 + 1.49×15 + 0.022×30 + 0.016×25 + 0.02×3) − 6 = 1433℃；出钢温度控制在中下限，本计算中取 1580℃。按氧气转炉的计算方法，可得：

$$Q_g = 100.887 \times [0.699 \times (1433 - 25) + 272 + 0.837 \times (1580 - 1433)] = 139146.98\text{kJ}$$

(2) 炉渣物理热 Q_r。计算结果如表 8-49 所示。

(3) 吸热反应消耗的物理 Q_s。详见表 8-50。

表 8-48 元素氧化热及成渣热

名 称	氧化量/kg	化学反应	ΔH/kJ·kg^{-1}	放热量/kJ
电极中 C	0.208 + 0.069 + 0.099 = 0.376	$C + 1/2\{O_2\} = \{CO\}$	−11639	4376
	0.089 + 0.030 = 0.119	$C + \{O_2\} = \{CO_2\}$	−34834	4145
焦炭中 C	0.120 + 0.174 = 0.294	$C + 1/2\{O_2\} = \{CO\}$	−11639	3422
	0.052	$C + \{O_2\} = \{CO_2\}$	−34834	1811
金属中 Si	0.330 + 0.058 = 0.388	$[Si] + 2(FeO) = (SiO_2) + 2[Fe]$	−11329	4396
FeSi 中 Si	0.003	$[Si] + 2(FeO) = (SiO_2) + 2[Fe]$	−11329	34
	0.006	$3Si + 2(Fe_2O_3) = 3(SiO_2) + 4[Fe]$	−9750	59
	0.164	$Si + \{O_2\} = (SiO_2)$	−29202	4789
	0.006	$5Si + 2(P_2O_5) = 4[P] + 5(SiO_2)$	−9185	55
金属中 Mn	0.366 + 0.039 = 0.405	$[Mn] + (FeO) = (MnO) + [Fe]$	−2176	881
FeMn 中 Mn	0.008	$Mn + (FeO) = (MnO) + [Fe]$	−2176	17
Al 块	(0.059 + 0.049×60%)×98.5% = 0.029	$2Al + 3(FeO) = (Al_2O_3) + 3[Fe]$	−14572	423
FeSi 中 Al	0.490×2.50% = 0.012	$2Al + 3(FeO) = (Al_2O_3) + 3[Fe]$	−14572	175
FeCr 中 Cr	2.320×67.30%×4% = 0.062	$2Cr + 3(FeO) = (Cr_2O_3) + 3[Fe]$	−2982	185
金属 P	0.033 + 0.025 = 0.058	$2[P] + 5(FeO) = (P_2O_5) + 5[Fe]$	−2419	140
Fe①	4.484	$[Fe] + 1/2\{O_2\} = (FeO)$	−4250	19058
	1.662	$2[Fe] + 3/2\{O_2\} = (Fe_2O_3)$	−6460	10737
SiO_2成渣	0.880×70% + 0.827×95% + 0.657 = 2.059	$2(CaO) + (SiO_2) = (2CaO \cdot SiO_2)$	−1620	3336
P_2O_5成渣	0.080×70% + 0.086×95% = 0.138	$4(CaO) + (P_2O_5) = (4CaO \cdot P_2O_5)$	−4880	673
合 计				58712

① 因熔化期和氧化期所需 O_2量中，有 50%系由氧气供给。由表 8-31 和表 8-37 可知，该气态 O_2总用量为 1.993kg。其中用于将 Fe 氧化成 Fe_2O_3的量为 1.662×(48/112) = 0.712kg(见表 8-30)；其余 O_2均设定为将 Fe 直接氧化成 FeO，即该部分 Fe 的氧化量为(1.993 − 0.712)×56/16 = 4.484kg。这些(FeO)为金属中 C、Si、Mn、P 等氧化提供部分氧源。

表 8-49 炉渣物理热

名 称	熔化期炉渣	氧化期炉渣	还原期炉渣	合计
温度/℃	1500	1650	1620	
热容/kJ·(kg·K)$^{-1}$	1.172	1.216	1.210	
物理热/kJ	2.906×[1.172×(1500 − 25) + 209] = 5630.96	4.887×[1.216×(1650 − 25) + 209] = 10678.10	3.799×[1.210×(1620 − 25) + 209] = 8125.87	24434.93

表 8-50 吸热量

名称		氧化量/kg	化学反应	ΔH/kJ·kg^{-1}	吸热量/kJ
金属脱碳		1.700－97.894×0.891%＝0.828	$[C]+(FeO)=\{CO\}+[Fe]$	6244	5170.03
渣中(FeO)和(Fe_2O_3)		C＝0.002	$(FeO)+C=\{CO\}+[Fe]$	6244	12.49
被C粉中的C还原		C＝0.004	$(Fe_2O_3)+3C=3\{CO\}+2[Fe]$	8520	34.08
金属脱硫		0.032－0.016＝0.016	$[FeS]+(CaO)=(CaS)+(FeO)$	2143	34.29
石灰烧碱		6.660×4.64%＝3.09	$CaCO_3=CaO+CO_2$	4177	1290.69
水分挥发（由25℃升至1200℃）	石灰带入	6.660×0.10%＝0.007	$H_2O\rightarrow\{H_2O\}$1200℃	1227	175.46
	矿石带入	2.000×1.20%＝0.024			
	萤石带入	0.653×1.50%＝0.010			
	焦炭带入	1.088×0.58%＝0.006			
	空气带入	0.057＋0.008＋0.031＝0.096			
	小计	0.143			
金属增C		0.515＋(1.002－0.891)＝0.626	$C\rightarrow[C]$	1779	1113.65
合计					7830.69

(4) 炉气物理热 Q_x。令炉气温度为1200℃，热容为1.137kJ/(kg·K)(表8-18)，由炉气量可得：

$$Q_x=12.562\times[1.137\times(1200-25)]=16782.52\text{kJ}$$

(5) 烟尘物理热 Q_y。将铁的挥发物计入烟尘中，烟尘热容为0.996kJ/(kg·K)(表8-18)；则得：

$$Q_y=(1.564+0.790)\times[0.996\times(1200-25)]=2754.89\text{kJ}$$

(6) 冷却水吸热 Q_l。如炉子公称容量为50t，冷却水消耗量为30m^3/h，冷却水进出口温差为20℃，冶炼时间平均为4h，则得：

$$Q_l=(30\times1000\times4\times4.185\times20)/500=20088.00\text{kJ/100kg(金属料)}$$

(7) 其他热损失 Q_q。包括炉体表面散热热损失、开启炉门热损失、开启炉盖热损失、电极热损失等。其损失量与设备的大小、冶炼时间、开启炉门和炉盖的总时间以及炉内的工作温度有关。实践表明，该项热损失约占总热收入的6%～9%，本计算中取8%。

(8) 变压器及短网系统的热损失 Q_b。一般，该损失量为总热收入的5%～7%。本计算取6%。

令总热收入等于 Q_s，则：

$$Q_s=139146.48+24434.93+7830.69+16782.52+2754.89+20088.00+Q_s\times(8\%+6\%)$$

即

$$0.86Q_s=211037.51$$

$$Q_s=245392.45\text{kJ}$$

故应供电能为：245392.45－3431.69－58712.00＝183216.97kJ；$Q_q=245392.45\times8\%=19631.39$kJ；$Q_b=245392.45\times6\%=14723.55$kJ

总热平衡计算结果列于表8-51。

表 8-51 热平衡表

收入			支出		
项 目	热量/kJ	%	项 目	热量/kJ	%
物料物理热	3431.69	1.40	钢水物理热	139146.48	56.70
氧化热和成渣热	58712.00	23.93	炉渣物理热	24434.93	9.96
其中 C氧化	13754.00	5.61	吸热反应消耗热	7830.69	3.19
Si氧化	9333.00	3.80	炉气物理热	16782.52	6.84
Mn氧化	898.00	0.37	烟尘物理热	2754.89	1.12
P氧化	140.00	0.06	冷却水吸热	20088.00	8.19
Al氧化	598.00	0.24	其他热损失	19631.39	8.00
Cr氧化	185.00	0.08	变压器系统热损失	14723.55	6.00
Fe氧化	29795.00	12.14			
SiO_2成渣	3336.00	1.36			
P_2O_5成渣	673.00	0.27			
电 能①	183248.76	74.67			
合 计	245392.45	100.00	合 计	245392.45	100.00

① 单位电耗计算：因 $1kJ = 2.773 \times 10^{-4} kW \cdot h$，故单位电耗为 $(183248.76 \times 2.773 \times 10^{-4}) \times 1000/100.887 = 503.68 kW \cdot h/t$(钢水)

思考题

8-1 计算炼钢过程物料平衡与热平衡有何意义？

8-2 掌握炼钢过程物料平衡与热平衡的计算方法。

9 炉外精炼设备及工艺布置

钢水炉外精炼又称钢水二次精炼或二次冶金(炼钢)。在发展初期,炉外精炼是将原来在转炉或电弧炉里需要完成的钢水精炼任务,转移到炉外的钢包或专用容器中进行,以便更经济、更有效地获得优质的、多品种的钢水。半个多世纪以来,炉外精炼技术得到长足的发展,已经成为当今生产洁净钢与高纯洁钢必不可少的熔炼手段。迄今已出现了多种炉外精炼方法,它们各具特色,有的还在不断改进,朝着多功能方向发展。

我国早在20世纪50年代就曾自主研制出钢包钢水真空处理设施,60年代引进了第一台RH设备,此后不断发展。现在大型钢铁企业几乎无一例外地采用了相应的炉外精炼技术,以提高钢的质量和扩大钢的品种,并与连铸生产相协调配合。

9.1 炉外精炼方法的选择

9.1.1 炉外精炼的功能

各种精炼设备的冶金功能是多种多样的。例如,在真空下对钢水作脱气处理,为弥补脱气过程钢水降温而又有各种升温、调温的方法,以便能精确地控制浇注温度;为了能获得低碳或超低碳钢种,采用真空脱碳或真空下吹氧脱碳的技术;为了炼得极低硫的钢种,而有炉外脱硫手段;钢水精炼离不开促进渣钢之间的强化作用和促进成分与温度的均匀化,于是有吹入惰性气体搅拌或电磁搅拌钢水,由此也有利于脱除气体和使夹杂物的聚集长大,上浮排除。不同技术分别具有上述一种、两种或更多的功能,而且目前还在继续发展。

也就是说,某些冶金功能本可以在初炼炉(如电炉、转炉)中进行的,而炉外精炼则能够加速这些过程并作深度处理,取得传统熔炼炉内所难以达到的良好结果;某些冶金功能则是在一般熔炼炉内不可能做到的,而在炉外精炼(处理)时却可以顺利地实现。

精炼设备与工艺能够完成的冶金功能可概括为:脱气(脱氢、脱氮),脱氧,脱硫,清洁钢液(减少非金属夹杂物,提高显微清洁度),脱碳(冶炼低碳、超低碳钢种),真空碳脱氧,调整钢液成分(微调与均匀最终化学成分),调整钢液温度。

目前各种常用的炉外精炼技术的工艺效果比较见表9-1。

表9-1 各种炉外精炼技术的冶金功能比较

项 目	SL,TN	VD	RH	VOD	AOD	LF/VD,ASEA-SKF,VHD	LF	CAS-OB
脱氢/10^{-6}	略降	1~3	1~3	1~3	略降	1~3		
脱氧/10^{-6}	≤15	20~40	20~40	30~60	50~150	20~40	20~40	
脱 碳	可用于增[C]	至0.01%	至0.003%	至0.002%	至0.015%	至0.01%	可用于增[C]	可脱
脱 硫	至0.002%	可脱	可脱	至0.006%	至0.006%	至0.002%	至0.002%	
去夹杂	约90%	40%~50%	50%~70%	40%~50%	略减	约50%	约50%	增加
合金收得率	喷合金粉时100%	90%~95%	95%~100%	Cr90%~99%	Cr≥98%	90%~95%	约90%	可提高

续表 9-1

项　目	SL,TN	VD	RH	VOD	AOD	LF/VD,ASEA-SKF,VHD	LF	CAS-OB
微调成分	精确微调	可以	精确微调	可以	不能	可以	可以	可以
均匀成分和温度	有效	有效	有效	有效	有效	有效	有效	有效
钢水温降	降	降	降	升	升	升 2～4℃/min	升 2～4℃/min	升 5～15℃/min

9.1.2 各种产品对精炼功能的一般要求

炉外精炼方法的选择应满足产品质量的要求，不同产品对炉外精炼的功能有不同要求。

厚板：脱氢、脱硫、减少氧化物夹杂

钢轨：脱氢

轮箍：脱氢、去除夹杂物

薄板：脱碳、脱氧

管材：脱硫、减少氧化物夹杂

轴承钢：脱氧、减少氧化物夹杂物、脱硫、改变硫化物形态

不锈钢：脱碳保铬、脱氢、减少夹杂物、降低成本

炉外精炼的另一个积极意义是减轻炼钢炉的负荷，提高其生产力。比如采用连铸的转炉车间，尤其是全连铸车间，往往都选用 LF 或其他加热型精炼装置。

9.1.3 选择炉外精炼技术的依据

选择炉外精炼工艺，应考虑产量（及炉子容量）、钢的质量、钢种的特性以及采用炉外精炼的经济效果，其中尤以适应钢的质量要求为首要目的。有的炼钢车间为了适应多种钢的需要甚至设有两种或两种以上的炉外精炼设备。

9.1.3.1 钢水搅拌

几乎任何一种精炼工艺都需要钢水搅拌，以加速添加料的熔化与均匀化，促进渣钢反应，均匀钢水的化学成分与温度。最常用的搅拌手段是钢水吹氩。这也是钢水连铸之前必不可少的预备处理。不论是普碳钢连铸或特殊钢连铸，也不论钢水量的大小均应进行钢水吹氩。

9.1.3.2 钢水真空处理

真空处理可以使大部分特殊钢脱氢、脱氧、脱除部分氮和降低夹杂含量，并且可以在真空下脱碳生产超低碳钢种。真空处理有 DH、RH、VD 等方法，其中 RH 的发展占有优势，被广泛采用。表 9-2 为 RH 与 VD 两种真空装置的比较。对于一般特殊钢来说，采用 VD 处理即可满足要求，且 VD 法设备及其操作与维修都比较简单，也不需要特种高质量耐火材料。但生产硅钢、工业纯铁、深冲钢、镀层板等超低碳钢种的转炉厂大多采用 RH 法，虽然基本投资和日常操作费用均较 VD 为高。

表 9-2 RH 与 VD 两种真空装置的比较

比较项目		RH	VD
精炼功能	脱　碳	O	Δ
	脱　氧	O	O
	脱　氮	Δ	Δ
	真空碳脱氧	O	Δ
	脱　硫	O	Δ
	去夹杂	Δ	O
	超低碳	O	Δ
	精调成分	O	O

续表 9-2

比较项目	RH	VD
温度损失	有电加热时较少	较大
适应容量级	≥50%	不限
设备	复杂、质量大	简单、质量小
要求厂房条件	高大厂房	一般厂房即可
特种材料	需特种耐材与高质量电极	无特殊要求
操作与维修	复杂、繁重	简单
生产成本	高	低
作业率	低	高
投资	大	小

注：O—效果很好；Δ—效果较好。

9.1.3.3 真空吹氧脱碳

这是 RH 向多功能发展的成功技术。一种是日本开发的在钢水循环真空处理过程中吹氧脱碳，即 RH-OB、RH-KTB，适用于冶炼超低碳钢种；另一种是在钢水循环真空脱气过程中吹入粉剂，即 RH-PB，适用于深脱硫，脱氧，控制夹杂物形态。

9.1.3.4 VOD 与 AOD 炉

这两种精炼技术都是针对熔炼不锈钢而发展起来的。VOD 又可与 VAD 设备联合，组成 VOD-VAD 两用装置，共用一套真空抽气系统和真空室，使总体设备简化，既可以减少厂房面积，又可以适应不同钢种的工艺需要。有了这两种精炼技术之后，不锈钢熔炼工艺为之改观，以 EAF 为初炼炉，经 VOD 或 AOD 二次精炼，使熔炼超低碳型不锈钢更易成功。不仅提高铬回收率，且节约低碳、微碳合金，降低炼钢成本，目前已成为熔炼超低碳型不锈钢工艺的必用设备。

9.1.3.5 钢水加热调温

常用的具有电弧加热功能的精炼设备（精炼炉）有三种：ASEA-SKF 钢包炉、LF 型钢包炉和 VAD 真空加热脱气装置。钢水炉外加热调温有两个重要作用，一则可以减轻初炼炉出钢时钢水提温的负担，提高初炼炉生产效率；二则能使连铸钢水获得适当的浇注温度，使熔炼与浇注之间得到缓冲与调节，提高连浇率与钢水收得率。

三种加热精炼方法的比较见表 9-3。从精炼效果上看，三种方法基本上相近，但 LF 炉的设备与操作则简单得多，且投资几乎为其余两种的一半，故在各种加热精炼法中占绝对优势。我国建设 LF(LFV)炉始于 20 世纪 80 年代初，开始几乎都是与电弧炉配合，后来也广泛为转炉车间采用，使主要冶炼普通等级低碳钢的转炉转化为可以生产优质钢，从而提高了钢质量，扩大了钢品种。

除了上述几种电弧加热外还有直流电弧加热、等离子弧加热和化学法加热。在钢包中对钢水采用化学法加热，设备简便，热效率高，升温较快。CAS-OB 是一种化学法加热的成功技术。表 9-4 分析比较几种钢水再加热方法，从结果看，化学法加热优势明显。

表 9-3 具有电弧加热精炼设备的工艺

项目			VAD	LF(LFV)	ASEA-SKF
机理	加热	气氛	减压下加热(20～40kPa)	惰性气氛下 Ar+CO	大气下 N_2+O_2
		形态	裸弧	埋弧	裸弧
	搅拌		底吹氩，强	底吹氩，强	电磁感应，弱
	精炼作用		真空精炼	高碱度渣精炼(真空精炼)	造白渣精炼，后真空精炼

续表 9-3

项目		VAD	LF(LFV)	ASEA-SKF
效果	脱氧	O(真空作用)	O(真空作用)	O(真空作用)
	脱硫	Δ	O	Δ
	脱氢	O	×(O)	Δ
	成分微调	O	Δ(O)	O
	升温速度/℃·min^{-1}	3～4	3～4	3～4
设备及维修		复杂	简单	复杂
操作		复杂	简单	造渣复杂
投资/%		100	约50	100

注：O—良好；Δ—可以；×—不可。

表 9-4 钢再加热技术比较

方法	能源	升温28℃需用时间/min
电弧加热	电能	10～20
等离子弧加热	电能	65～80
等离子钢包炉加热	电能	8.5～15
氧燃加热	天然气	40～55
化学法加热	Al/O_2	4～7

9.1.3.6 钢包喷粉

为了生产超低硫钢，常采用向钢包喷粉处理，如TN法和SL法。该类方法是将反应剂直接加入反应区，并与反应物有尽可能大的接触界面，同时尽量减少反应剂在参与反应前的损失，使所加入的反应剂的利用率尽可能提高。具有深脱硫、深脱氧及使非金属夹杂物变形的作用，可以生产$w[S]<0.001\%$的钢水。最常用的方法有TN法和SL法。

9.2 常见炉外精炼装置

9.2.1 钢水循环真空脱气处理(RH法和RH-KTB法)

9.2.1.1 RH法的特点

RH法如图9-1所示。真空室下端设置两根吸引和排放钢液的上升管和下降管，钢液脱气处理时，两根管插入钢包内的钢水中，通过抽真空和在上升管下部1/3处向钢水吹入氩气等驱动气体，使钢水上下循环脱气。同时可以加入合金微调成分。如果在真空室安装顶氧枪吹氧，则称为RH-KTB法，如图9-2所示。RH-KTB法向真空室内吹氧脱碳，可以冶炼超低碳钢与不锈钢。

9.2.1.2 RH真空脱气室设计原理

真空脱气室为圆筒形容器，外壳由钢板焊成，内衬耐火材料一般由顶部、中部和底部组成。底部连通循环管(上升与下降)两支。而循环管在结构上又由两段连成，上段与真空室底壳连接，下段与上段用法兰盘连接，下段即是工作时侵入钢水的部分。真空室顶部有加料孔、排烟孔、摄像孔等。真空脱气时应能使钢水进入后有适当的停留时间，和足够的脱气表面积，脱气过程中热损失要小。

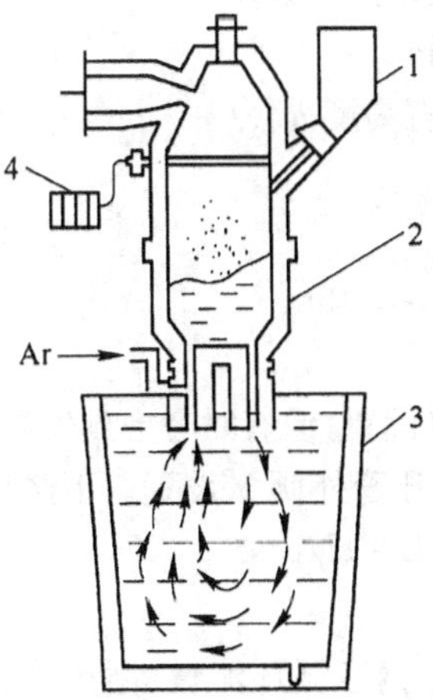

图 9-1 RH 法示意图

1—加料装置;2—真空室;3—钢包;4—石墨电阻电极加热装置

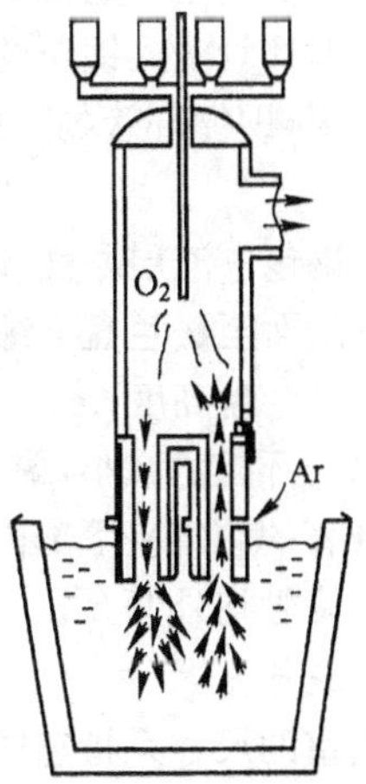

图 9-2 RH-KTB 装置

A 循环管直径(内径)

钢液在上升管和下降管内流速已知时,便可按循环流量计算出管径:

$$d_{下}=\sqrt{\frac{4W}{\pi v\rho}} \tag{9-1}$$

式中 W——循环流量,t/min;

v——循环管内钢水流动速度,m/min,据实际经验,以 1～2m/s 为宜;

ρ——钢液密度,t/m^3;

$d_{下}$——下降管内径,m。

根据处理容量选定一定范围的 W,即用式(9-1)可计算得下降管内径。上升管内气液两相流的流动较为复杂,但对于一定循环流量 W 与驱动气体流量 Q,也应该有一个相适应的上升管内径 $d_{上}$,它们之间的关系式为:

$$W=\alpha\times d_{上}^{1.5}\times Q^{0.38} \tag{9-2}$$

式中 W——循环流量,t/min;

α——系数;

$d_{上}$——上升管内径,cm;

Q——驱动气体流量,L/min。

经实测,对于 $d_{上}=20$cm,W 取 15～20t/min 为宜,经换算得出系数 $\alpha=0.035$,此时,式(9-2)可写成:

$$W=0.035\times d_{上}^{1.5}\times Q^{0.38} \tag{9-3}$$

由式(9-3)可知,只要已知循环流量 W 及对应的驱动气体流量 Q,即可计算得 $d_{上}$。在多数 RH 设备中,上升管与下降管取相同直径。

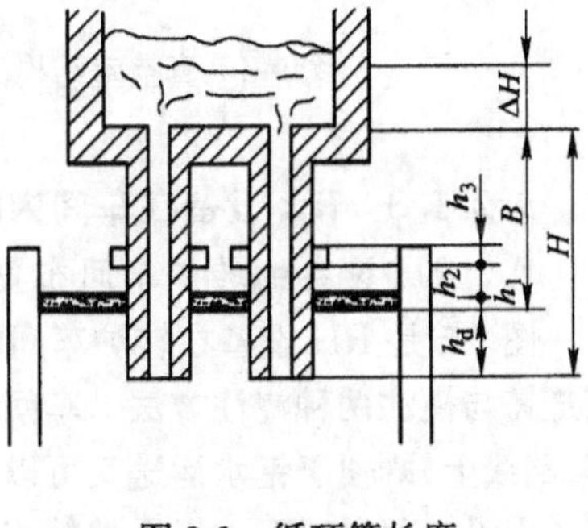

图 9-3 循环管长度

B 循环管的长度

循环管的长度(见图 9-3)按下式计算:

$$H=B+h_d \tag{9-4}$$

式中 H——循环管垂直高度,m;

B——当抽气至一定真空度时大气压差支持的钢液柱高度，m；

h_d——循环管浸入钢包的深度，一般为 0.25～0.40m。

其中插入管（即循环管的下端，法兰盘以下一段）的垂直高度 h_{in} 为：

$$h_{in} = h_1 + h_d + h_2 + h_3 \tag{9-5}$$

式中　h_1——钢包中渣层厚度，m；

h_2——渣面至法兰盘下缘的安全距离，一般取 0.05～0.10m；

h_3——法兰盘高度，m。

为使钢水循环阻力减小，最好上升管、下降管均是垂直设置，但有时考虑到安装、拆修方便及避免靠近上升管的脱气室下部内壁受到严重冲刷，有的上升管外倾 5°设置。下降管仍垂直。有的上升管与下降管均外倾 5°。若倾斜 5°设置，则循环管长 $L = H/\cos5°$。

C　真空脱气室尺寸

真空脱气室的尺寸系指它的内径和高度。内径主要与钢液循环流量、循环管直径及钢液在脱气室停留时间有关。

钢液在脱气室内的停留时间对脱气反应进行的程度以及合金的熔化及其均匀化都有重要作用。根据实测，钢液在脱气室内的平均停留时间为 5～7s。知道钢液在脱气室内的平均停留时间、下降管直径和循环流量，就可按下式求出脱气室半径：

$$R = \sqrt{\frac{t}{0.39\frac{W}{r^4} - 0.00132\frac{a}{W}}} \tag{9-6}$$

式中　R——脱气室半径，cm；

r——下降管半径，cm；

a——气压高度和循环高度之差，cm；

t——平均停留时间，min；

W——循环流量，t/min。

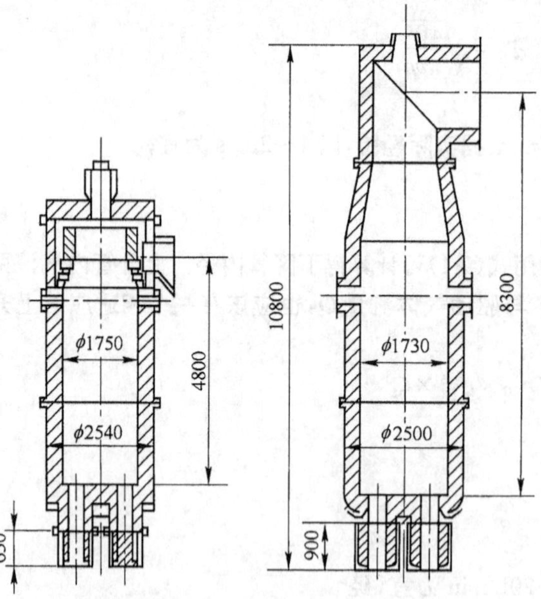

图 9-4　真空室结构的发展

确定脱气室的内部高度时要考虑到钢液进入真空室时的喷溅状况，要留出相当高的自由空间，以免喷溅物阻塞脱气室的各种通道出口。近年来，新建 RH 装置的高度较之早期增加了许多，图 9-4 为 140t 的 RH 的真空室装置结构的发展图（分别为 1967 年与 1987 年建成）。这主要因为 RH-OB 技术发展以及为缩短处理时间，增大真空泵系统抽气能力，需要扩大真空室的内部空间。

9.2.1.3　RH 设备在车间内的布置

A　RH 设备的转炉车间布置

图 9-5 是 RH 设备在转炉车间的布置示例，属多跨平行布置，全车间由七个跨间组成，其中有连铸与模注两种浇注方法。车间内设有 SL 喷粉设备与 RH 设备，二者在同一条车间内部（过跨）路线上，既便于钢水运送又可以在一条线上进行两种或单一精炼过程。而同一车间里同一条路线上设有两种或两种以上的精炼装置，可根据不同钢种的质量要求，选择精炼工艺。

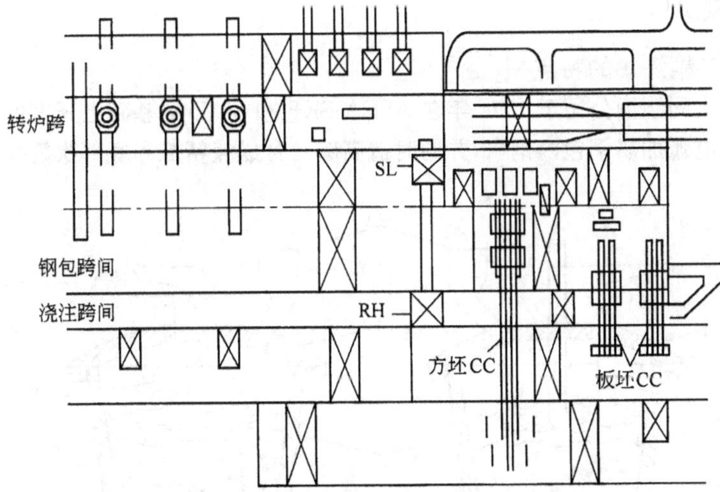

图 9-5 转炉车间及 SL、RH 设备布置

B RH 设备的电炉车间布置

图 9-6 为国外某电弧炉车间经几次技术改造后形成的 EAF-LF-RH-WF-CC 生产线，从图 9-6可以看出，这一流程的各种设备的相对位置。在这一熔炼路线上由 UHP 电弧炉初炼的钢水，在出钢过程时脱氧，之后，转到精炼阶段，先在钢包炉上加热、脱硫与合金化，再到 RH 设备循环脱气和精确调整成分。各项熔炼环节的连接都是由专用钢包车在轨道上运行和接替，减少了吊车的吊运工作量。从布置上考虑，整个精炼阶段的设备可以完全布置在同一跨间之内并与连铸机的钢包旋转台衔接。RH 真空室的修理准备工作则在精炼作业线的分支上与精炼流程方向垂直，这种设计有利于缩减设备更换所占用的时间，对于保证整体流程的畅通，提高作业率十分有利。

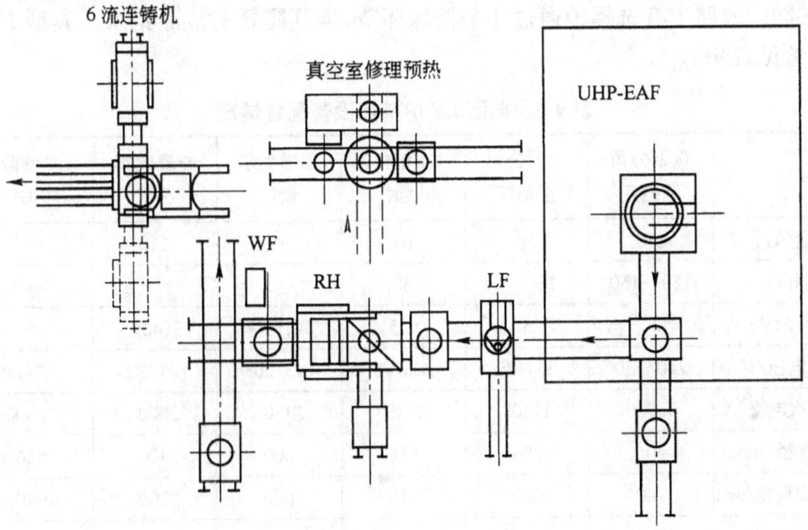

图 9-6 EAF-LF-RH-WF-CC 流程布置

9.2.2 LF 精炼炉

9.2.2.1 LF 精炼炉的特点

LF 法是日本大同制钢公司于 1971 年在 ASEA-SKF 和 VAD 的基础上开发的一种炉外精炼技术，是在常压下电弧加热钢包内钢水，并同时造高碱度合成渣精炼和底部吹氩搅拌（图 9-7）。

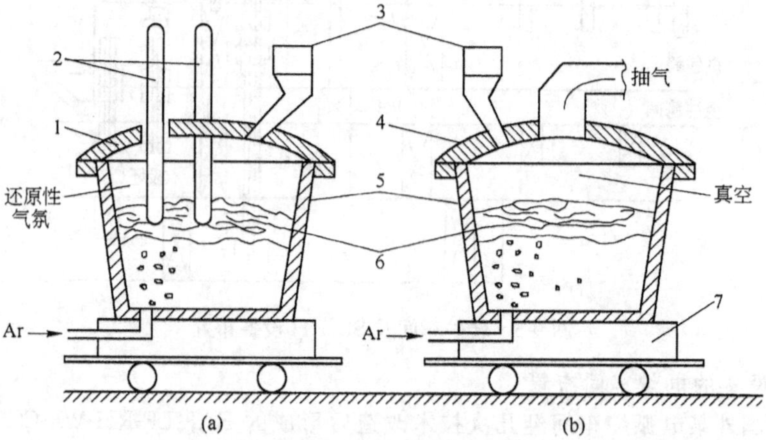

图 9-7 LF 法原理图
(a) 埋弧加热；(b) 真空处理
1—加热盖；2—电极；3—加料槽；4—真空盖；5—钢包；6—碱性还原渣；7—钢包车

9.2.2.2 LF 炉设备及其配置

LF 炉与 ASEA-SKF 炉功能相近，整体结构多为台车（钢包车）式，钢包由座包扒渣工位向固定于一定位置的加热炉盖、精炼炉盖处移动，分别完成各项工艺过程。有的还将 LF 精炼与喷粉处理相连接，即将喷粉设备也装设于钢包车的移动线上，实现钢水的喷粉处理。或者因钢水质量要求不同，在同一线路上有选择地通过几个精炼环节，得到需要的成品钢水。典型 LF 炉精炼设备配置情况参见表 9-5。

表 9-5 典型 LF 炉精炼设备配置情况

项目		珠钢公司炼钢厂	大同公司涩川厂	日本钢公司八幡厂	德国纳尔钢厂	丹麦轧钢公司	日本铸锻件广畑厂	三菱公司东京厂
LF 容量	额定值/t	150	30	60	45	110	150	50
	实际/t	110～150	18～33	60			100～150	45～50
电气设备	变压器/MV·A	20	5	6.5	8(18)①	15(40)①	6	7.5
	二次电压/V	240/380	235/85	225/75	143/208	175/289	275/110	250/102
	额定二次电流/A	38000	14400	28860	23000	30000	17000	17320
	电极直径/mm	406	254	356	300	400	356	305
	电极心圆直径/mm	700	600	810	600	700	940	900
	单位变压器功率/kV·A·t^{-1}		167	108			40	150

续表 9-5

项　目		珠钢公司炼钢厂	大同公司涩川厂	日本钢公司八幡厂	德国纳尔钢厂	丹麦轧钢公司	日本铸锻件广畑厂	三菱公司东京厂
尺寸	炉壳直径/mm	3756	2400	2600	2550	3310	3900	2924
	内径/mm		1948	2070			3164	2430
	总高度/mm	5210	2500	3150	2300	3470	4330	3040
	内高/mm		2195	2740			4000	2770
	熔池深度 H/mm（x 吨时）		1402(30t)	2340(60t)			2754(150t)	1348(45)
升温速率/℃ · min^{-1}		5			6	4		

① 配用变压器容量分别为 18、40MV · A，而实际使用 8、15MV · A。

(1) 炉体。作为精炼炉体的钢包与普通浇注钢包的不同点是内型尺寸较为矮粗，即 H/D 较小；钢包上口外缘装有水冷圈（法兰），防止包口变形和保证炉盖与之密封接触，底部装有滑动水口和吹氩透气砖。钢包壳需按气密性焊接的要求焊制。

(2) 电弧加热装置。LF 电弧加热系统与三相电弧加热装置相似，电极支撑与传动结构也相似，只是尺寸随钢包炉结构而异。钢包炉加热所需电功率远低于电弧炉熔化期，且二次电压也较低。选择加热变压器容量时可近似按式(9-7)计算。

$$P = 0.435 \times t^{0.683} \tag{9-7}$$

式中　P——变压器额定容量，MV · A；

t——钢包炉容量，t。

由于各型钢包炉（包括 ASEA-SKF 炉、VAD 和 LF 炉）加热时钢液平稳，电流较稳定，即与电弧炉熔炼的还原期相似，因此不必担心因电弧电流冲击引起的线路中闪烁现象；同时二次短网导体的电流密度的计算许用值可比相同功率的一般电弧炉为高，留有较小的安全余量。LF 炉用变压器次级电压通常也设计制作有若干级次，但因加热电流稳定，加热所需功率不必很大变化，所以选定某一级电压后，一般不作变动，故变压器设计没必要采用有载调压，设备可以更简单可靠。

(3) 炉盖。LF 炉炉盖与 ASEA-SKF 炉相同，为保证炉内加热时的还原气氛或（当有真空精炼时）真空密封性，炉盖下部与钢包上口接触应采用密封装置。现在，炉盖大都采用水冷结构型。为保护水冷构件和减少冷却水带走热量，在水冷炉盖的内表面衬以捣制耐火材料，下部还挂铸造的保护挡板，以防钢液激烈喷溅，粘结炉盖，使炉盖与钢包边缘焊死，无法开启。

9.2.2.3　LF 炉在车间内的布置

LF 炉设备在车间可有多种排放位置，视车间具体情况而定，综合起来，LF 炉的位置基本上有两种类型：

其一，LF 炉与加热变压器（如含真空精炼时还包括真空精炼工位）位于炉子跨间，与初炼炉（电弧炉）靠近并列，当初炼炉出钢后，载有钢水的钢包被吊运到精炼炉钢包车上，钢包车进入各工位。

其二，LF 炉设备的各工位均位于出钢浇注跨间内，钢包车运行方向与车间（厂房）的纵向平行。

图 9-8 属于上述两种布置类型的第一种。钢包先在扒渣工位上，除渣后，吊运钢包进入精炼工位进行加热、化渣、精炼，精炼工位处于炉子跨间内（平面图中下半部为车间的炉子跨，上半部为出钢浇注跨）。

图 9-9 属于上述两种布置类型的第二种。LF 炉设在浇注跨间，并留有增加真空处理设备的位置及第二套 LF 炉预留发展位置（与第一套 LF 炉在车间里对称布置）。这种布置物流顺畅，可以充分利用轨道运输，减少天车吊运。

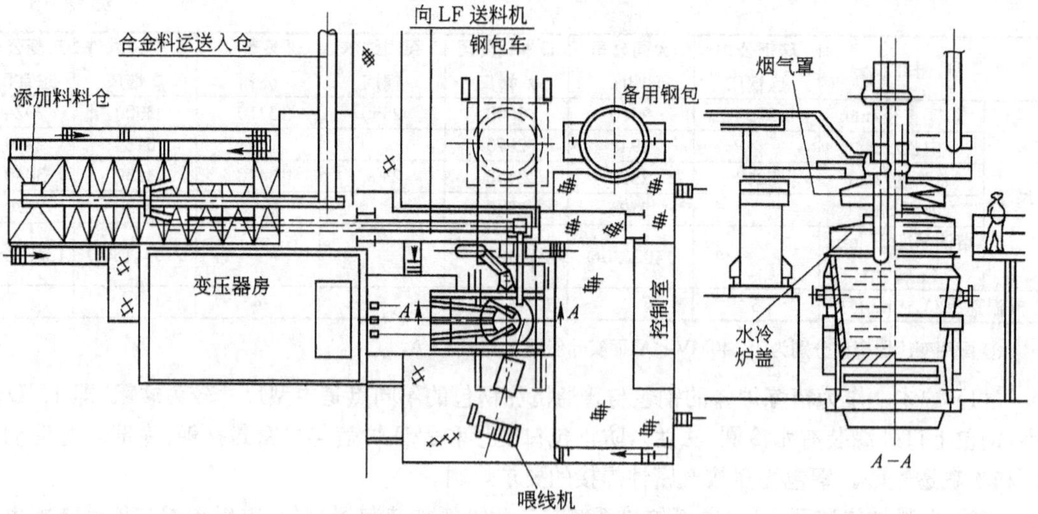

图 9-8 LF 布置图

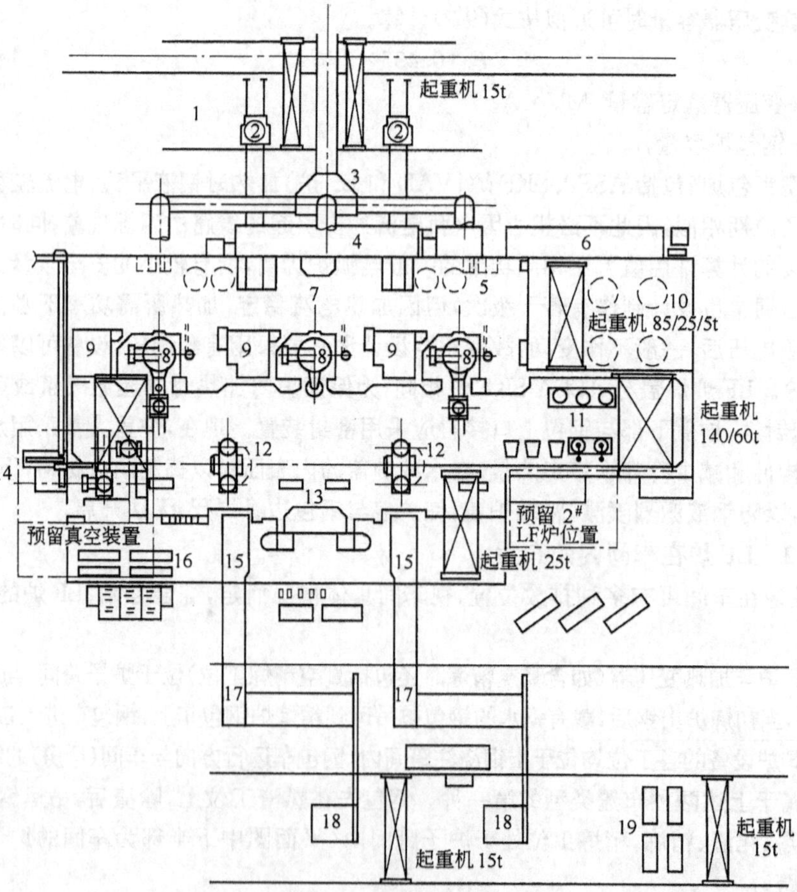

图 9-9 某炼钢车间布置图

1—废钢场；2—废钢料筐车；3—除尘系统；4—化验室；5—料仓；6—修理车间；7—操作平台；8—电弧炉；9—变压器；10—炉体、炉盖处理场所；11—钢包修砌、准备；12—钢包旋转台；13—连铸操作平台；14—LF 炉作业区；15—连铸机；16—中间包修砌准备；17—冷床；18—检验与收集场地；19—发运场地

9.2.3 真空吹氧脱碳精炼炉(VOD法)

9.2.3.1 VOD法的特点

在真空条件下顶吹氧脱碳,并通过钢包底部的透气砖吹氩,促使钢水混合均匀,如图9-10所示。VOD法可以冶炼低碳和超低碳不锈钢,脱碳保铬,脱气效率高,缩短电弧炉冶炼时间,降低成本,提高效益。VOD不吹氧即成为VD真空脱气装置,因而VOD除主要用于精炼不锈钢外,还可用于其他各种钢的精炼。

9.2.3.2 VOD设备在车间内的工艺布置

图9-11是国外某厂EAF-MRP-L-VOD流程的布置,这一流程是"三阶段"生产高合金钢的路线,并已被证明是生产不锈钢、高合金钢最经济的方案。它包括90t电弧炉(EBT型)一台,100t MRP-L转炉(吹氧精炼转炉 Metal Refining Process with lance)一台和100t VOD设备一套。电弧炉负担熔化废钢与合金料的任务;MRP-L转炉完成快速脱碳并可保持较高的铬的回收率,此为第一步精炼过程;第二步精炼是在VOD设备中完成后期的脱碳和精炼工作。这一冶炼工艺方案能最大限度地简化高合金钢脱碳过程,而且较大地降低了不锈钢生产成本。

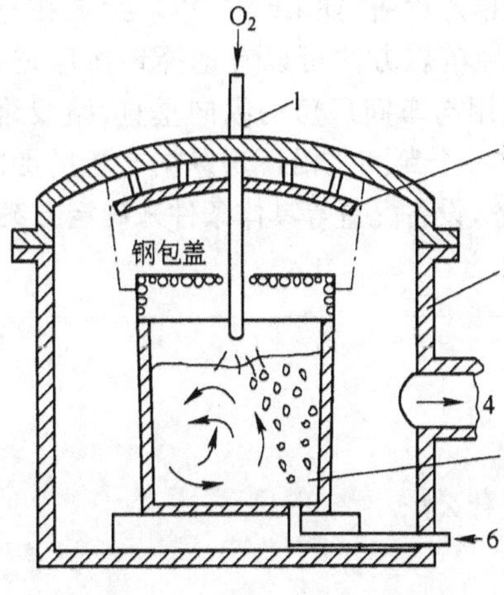

图9-10 VOD精炼法示意图

1—氧枪;2—中间盖;3—真空室;4—真空;5—钢水;6—氩气;

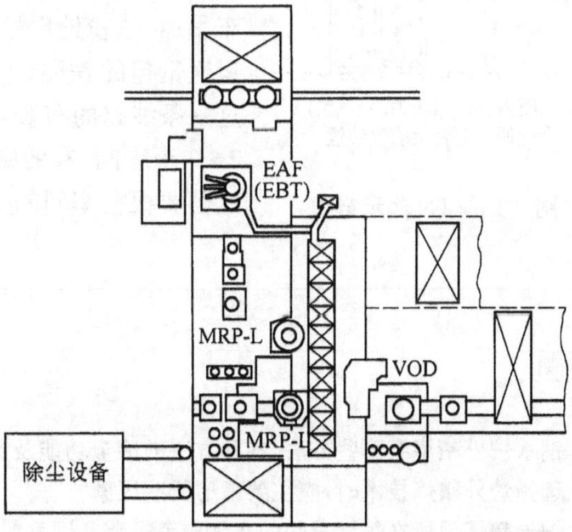

图9-11 EAF-MRP-L-VOD熔炼流程的布置

9.2.4 氩氧脱碳精炼炉(AOD法)

9.2.4.1 AOD法的特点

AOD炉型与转炉相似,如图9-12所示,但V/T略小,在接近炉底的侧壁上安装氩氧枪。枪为双层套管结构,外层管通冷却介质氩气,内层管分阶段通氧气、氩-氧混合气、氩气。AOD法主要与电弧炉或转炉双联使用,通过调整O_2/Ar比,对钢液进行脱碳保铬,精炼还原和调整成分。用于冶炼低碳和超低碳不锈钢,成本低,合金回收率高,脱氧效果与VOD相当,脱氢、脱氮效率不如VOD法,可脱部分硫。

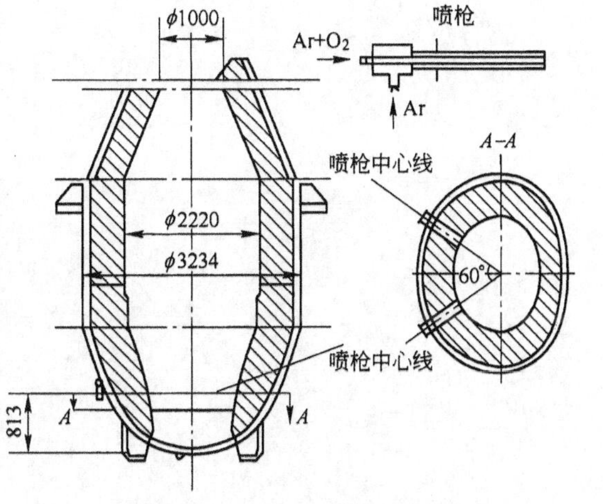

图9-12 AOD精炼法示意图

9.2.4.2 AOD设备在车间内的工艺布置

AOD炉主要在电弧炉车间使用，当生产一般奥氏体不锈钢、铁素体不锈钢时主要用EAF+AOD二步法，而生产超低C、N不锈钢种时，可用EAF+AOD+VOD三步法，这样做的目的是争取能得到最低的生产成本。

9.2.5 喷吹法(TN法)

9.2.5.1 TN法的特点

TN法如图9-13所示，该方法的喷射处理容器是带盖的钢包，喷吹管通过钢包盖顶孔插入钢水中，一直伸到钢包底部，以惰性气体作载体，把含有钙、碳化钙、铝等的特殊精炼粉剂吹入钢水中，有脱氧、脱硫、控制夹杂物形态等作用。TN法的优点是脱硫率高，钢中氧含量和夹杂含量降低明显。

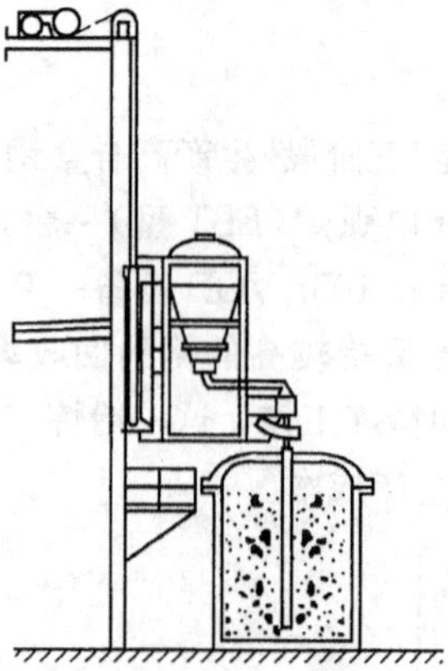

压力：大气压力(Ar气氛)
设备：钙合金喷吹装置

图9-13 TN法示意图

9.2.5.2 TN法在车间内的工艺布置

TN法通常在车间内与多种炉外精炼设备并存，为了减少吊车吊运，喷粉处理站与其他精炼设备(如LF炉、VD等)放在一条运送钢包的铁路线上。各种精炼方法可以有选择地按序进行。这一条线路的布置，有的采用与车间厂房的纵向垂直，路线跨过2～3个跨间；有的则采用在一个跨间里沿厂房纵向布置的形式，这需要根据车间的生产任务，设备配置等具体条件来确定方案。

思考题

9-1 钢水炉外精炼有哪些方法，各种方法的冶金功能及其特点是什么？

9-2 选择炉外精炼技术时，应主要考虑哪些因素？

9-3 炉外精炼设备在炼钢车间的布置应考虑哪些因素？

9-4 LF、RH、AOD等有哪些工艺特点，在车间内如何布置？

10 连续铸钢设备

连续铸钢(简称连铸)是炼钢领域发展最快的技术之一。20 世纪 60 年代中期,全球连铸比尚不到 10%,而本世纪初全球连铸比已高达近 90%。

能够将一包或数包钢水连续浇注成铸坯的一套装置称作一台连铸机。凡是具有独立的传动和工作系统,当他机出故障时仍可以单独运行的一组连铸设备,称作为连铸机的一机。每台连铸机同时可以浇注的铸坯根数(即结晶器数)称作为连铸机的流数;这些流数可由一机或多机承担。如果一台连铸机的各流都能单独运行,这台连铸机便称作几机几流连铸机,如双机双流,四机四流等;如果某些流不能单独运行,就需要用能够单独运行的机数和每机所带的流数分别注明,如一机双流、二机四流等。

10.1 连铸机机型及特点

连铸机机型直接影响铸坯的产量、质量、基本建设投资和生产成本。所以,世界各国都非常重视对连铸机机型的研究。从 20 世纪 50 年代连铸工业化以来,经历了 20 多年的发展,连铸机机型基本上完成了一个由立式、立弯式到弧形的演变过程。

10.1.1 连铸机机型分类

连铸机可以按多种方法来分类:

(1) 按结构的外形可分为立式连铸机、立弯式连铸机、多点弯曲的立弯式连铸机、弧形连铸机(分直形结晶器和弧形结晶器两种)、多半径弧形(即椭圆形)连铸机和水平连铸机等。图 10-1 为这几种用于工业生产的连铸机机型简图。近年来,随着连铸技术的发展,又开发了轮式连铸机的研究。

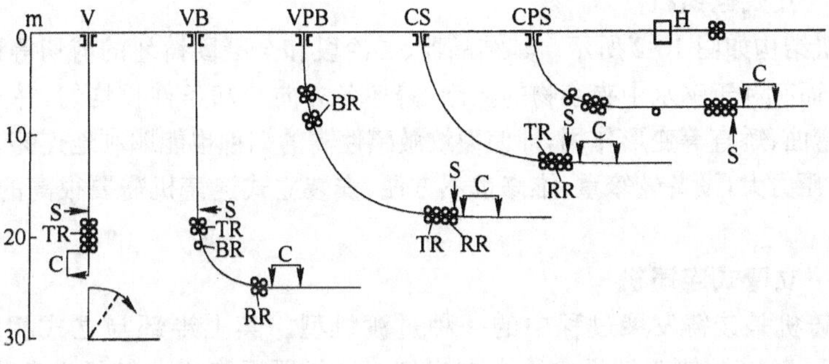

图 10-1 连铸机机型简图

V—立式;VB—立弯式;VPB—多点弯曲型立弯式;CS—弧形;CPS—超低头形

H—水平式;TR—拉坯辊;BR—顶弯辊;RR—矫直辊;S—冶金长度;C—切割区

（2）按铸坯断面的形状可分为板坯连铸机、方坯连铸机、圆坯连铸机和异形坯连铸机等。各种机型所能浇注的铸坯断面尺寸见表 10-1。

表 10-1　各种机型浇注的铸坯断面

机　型	最大断面/mm	最小断面/mm	经常浇注断面/mm
板　坯	400×2360 400×2200	130×250	(180×700)～(300×2000)
大方坯	600×600	200×200	(250×250)～(450×450) (240×280)～(400×560)
小方坯	160×160	55×55	(90×90)～(150×150)
圆　坯	ϕ450	ϕ100	ϕ200～ϕ300
异形坯	工字型 460×460×120 中空坯 ϕ450 / ϕ100	椭圆形 120×140	

（3）按铸坯所承受的钢水静压头，即铸机垂直高度 H 与铸坯厚度 D 的比值的大小，可将连铸机分为高头型、标准头型、低头型和超低头型四种。各种机型的分类特征见表 10-2。随着炼钢和炉外精炼技术的提高，浇注前及浇注过程中对钢水纯净度的有效控制，低头和超低头连铸机的采用逐渐增多。

表 10-2　各种机型按钢水静压头分类特征

机　型	H/D	结晶器形式	连铸机形式
高　头	>50	直　形	立式或立弯式
标准头	40～50	直形或弧形	带直线段的弧形或弧形
低　头	20～40	弧　形	弧形或椭圆形
超低头	<20	弧　形	椭圆形

10.1.2　各种连铸机的特点

10.1.2.1　立式连铸机

立式连铸机结构如图 10-2 所示。其结晶器、二冷段和全凝固铸坯的剪切等设备均设置在一条垂直线上，因而有利于钢水中夹杂物的上浮，铸坯各方向冷却条件较均匀，并且铸坯在整个凝固过程中不受弯曲、矫直等变形作用，即使裂纹敏感性高的钢种也能顺利地连铸。但缺点是铸机设备高，钢水静压力大，设备较笨重，维修也不方便，安装立式连铸机需要很高的厂房或地坑，基建费用亦高。

10.1.2.2　立弯式连铸机

立弯式连铸机是连铸发展过程中的一种过渡机型。其上半部与立式相同，而在铸坯全凝固后把铸坯顶弯 90°，使铸坯沿水平方向出坯。这样既具有立式铸机夹杂物上浮条件好的优点，又比立式连铸机高度低，而且水平出坯，铸坯定尺长度不受限制，铸坯的运送也较方便。

立弯式一般适用于浇注断面较小的铸坯，对于大断面铸坯来说，全凝固后再顶弯，冶金长度

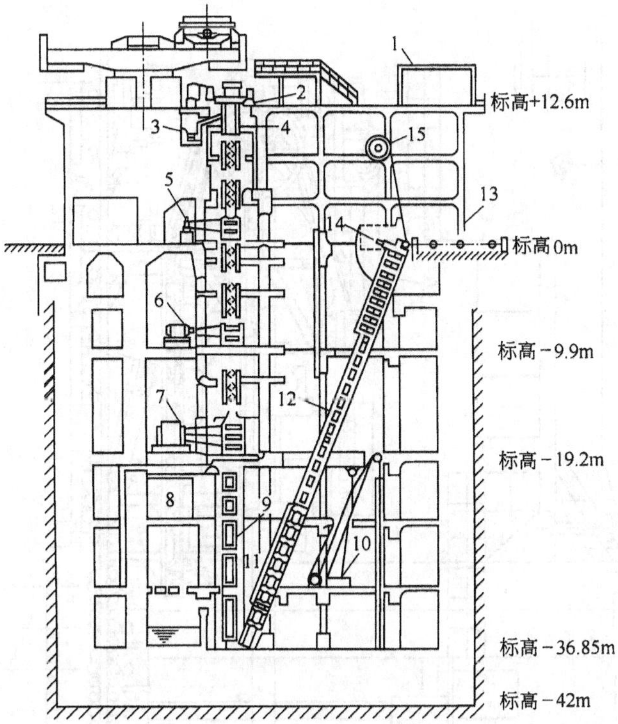

图 10-2　立式连铸机结构

1—浇注操作室；2—结晶器；3—结晶器振动装置；4—前导向段；5—驱动马达（第 4 导向段）；6—驱动马达（第 7 导向段）；7—驱动马达（拉矫机）；8—火焰切割机操作室；9—升降机导向机构；10—升降小车用卷扬机；11—倾翻装置；12—斜桥提升机桥架；13—斜桥提升机用卷扬机；14—倾翻装置；15—出坯辊道

已经很长了，降低设备高度方面的优点已不明显。此外铸坯在顶弯和矫直点内部应力较大，容易产生内部裂纹。

10.1.2.3　弧形连铸机

弧形连铸机是目前国内外最主要的连铸机型式。又分为直结晶器和弧形结晶器两种弧形连铸机（见图 10-3）。其主要特点是：

(1) 由于布置在 1/4 圆弧范围内，因此其高度低于立式与立弯式，这就使得它的设备重量较轻，投资费用较低，设备安装与维护方便，因而得到广泛应用。

(2) 由于设备高度较低，铸坯在凝固过程中承受的钢水静压力相对较小，可减小坯壳因鼓肚变形而产生的内裂与偏析，有利于改善铸坯质量和提高拉速。

(3) 弧形连铸机的主要问题在于钢水凝固过程中非金属夹杂物有向内弧聚集的倾向，易造成铸坯内部夹杂物分布不均匀。此外，内外弧易产生冷却不均，造成铸坯中心偏析而影响铸坯质量。

10.1.2.4　椭圆形连铸机

为了进一步降低铸机高度，发展了椭圆形连铸机。即从结晶器向下圆弧半径逐渐变大，将结晶器和二冷段夹辊布置在四分之一椭圆弧上，又称为超低头连铸机。这种机型除了弧形区采用多半径，高度有所降低外，基本特点与弧形结晶器的铸机相同。但是由于是多半径的，铸机的安装、对弧调整均较复杂，弧度的检查和铸机的维护也比较困难。

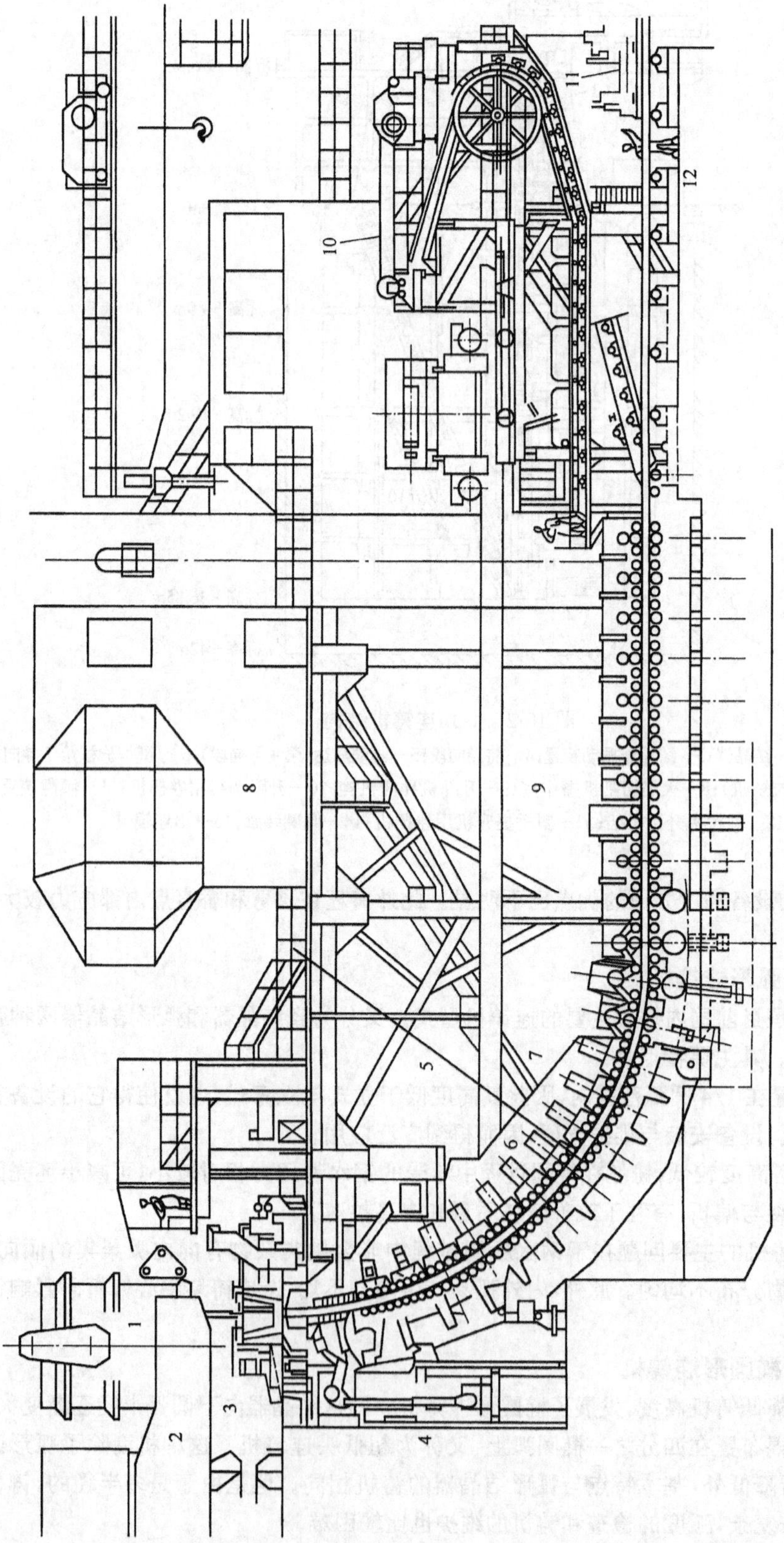

图 10-3 弧形连铸机结构图

1—钢水包；2—回转台；3—中间罐；4—振动装置；5—弧形半径；6—扇形段；7—拉矫机；
8—浇注平台；9—水平夹辊区；10—引锭杆存放装置；11—切割机；12—出坯辊道

10.1.2.5 水平连铸机

为了最大限度地降低铸机高度，把铸机的主要设备（中间包、结晶器、二冷段、拉坯机和切割设备）均布置在水平位置上，这种铸机称为水平连铸机，如图 10-4 所示。

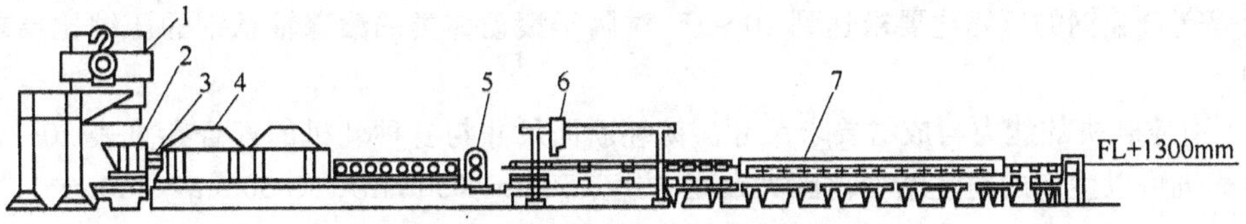

图 10-4 水平连铸机示意图

1—钢水包；2—中间罐；3—结晶器；4—二次冷却区；5—拉坯装置；6—同步切割机；7—冷床

水平连铸机的中间包与结晶器是密封连接的，在水口与结晶器连接处安装有分离环，拉坯时不像普通连铸机那样使结晶器振动，而是拉坯机带着铸坯作拉→停→反推→停的周期运动。

水平连铸机与弧形连铸机相比较，有以下特点：

(1) 设备高度低、投资省、建设快，适合于现有炼钢车间的改造。

(2) 中间包与结晶器全封闭，实现无氧化浇注，铸坯质量好。不需要结晶器钢液液面检测和控制系统。

(3) 铸坯在凝固过程无弯曲和矫直，对于用弧形连铸机浇注有困难的合金钢和特殊钢可用水平连铸机浇注。

(4) 所有设备安装在地面上，操作、事故处理和维护都较方便。

水平连铸机存在的主要问题是，受拉坯时的惯性力限制，所浇注的铸坯断面较小。结晶器的石墨套和分离环价格较高，增加了铸坯成本。

10.2 连铸机的主要工艺参数

连铸机的主要工艺参数是决定连铸机机械设备性能和尺寸的基本前提，也是连铸车间工艺布置的主要依据。弧形连铸机的主要工艺参数包括钢包允许的最大浇注时间、铸坯断面、拉坯速度、流数、冶金长度、弧形半径等。

10.2.1 钢包允许的最大浇注时间

钢包允许的最大浇注时间受多种因素影响，如钢种、钢包容量、包衬材质、钢包烘烤状况、保温剂性能、钢包加盖等。可按下列经验公式计算：

$$t_{max} = \frac{\lg G - 0.2}{0.3} f \tag{10-1}$$

式中 t_{max}——钢包允许的最大浇注时间，min；

G——钢包容量，t；

f——质量系数，主要取决于对浇注温度控制的要求。对要求严格的钢种，取 $f = 10$；对于要求较低的钢种，取 $f = 16$；一般取 $f = 10 \sim 12$。

10.2.2 铸坯断面

铸坯断面的形状和尺寸可依据下列主要因素确定。

(1) 根据轧材品种和规格确定。小方坯或大方坯用来轧成线材、型材或带材，圆坯或方坯轧成管材，板坯轧成薄板、中厚板及带材。

(2) 根据轧材需要的压缩比来确定。譬如要求破坏一次结晶，并使中心组织均匀化时，压缩比必须大于4；要求破坏柱状晶结构时，则压缩比最大可达8；对重要特殊钢钢材如滚珠轴承钢、不锈钢等高合金钢的压缩比要求达到10～15；对属于滚动体类的滚珠轴承钢的压缩比要求高达30～50。

(3) 适应轧机的能力与成材要求尺寸。铸坯断面尺寸与各种轧机的配合参见表10-3。各国现用连铸机可以生产的铸坯断面范围大致是：方坯(50mm×50mm)～(450mm×450mm)；矩形坯和板坯(50mm×108mm)～(400mm×560mm)，最大为310mm×2500mm；圆坯ϕ40～ϕ450mm；异形坯120mm×240mm(椭圆形)，ϕ450mm/ϕ100mm(中空形)，460mm×400mm×120mm，356mm×775mm×100mm(工字形)。

铸坯断面的形状和尺寸对连铸机的生产率有直接影响。一般来说，在拉速相等的条件下，断面越大，连铸机的生产能力越高。

表10-3 铸坯断面与轧机的配合

轧机规格	铸坯断面/mm
高速线材轧机	方坯：(100×100)～(140×140)
400/250轧机	方坯：(90×90)～(120×120) 扁坯：<(100×150)
500/350轧机	方坯：(120×120)～(150×150) 扁坯：<(150×150)
650轧机	方坯：(140×140)～(200×200) 扁坯：<(160×280)
2300中板轧机	板坯：(120～200)×(700～1000)
4200中厚板轧机	板坯：300×(1900～2200)
4800中厚板轧机	板坯：350×2400
1700热连轧机	板坯：(200～250)×(700～1600)
2050热连轧机	板坯：(210～250)×(900～1930)

10.2.3 拉坯速度

从提高生产率出发，希望尽可能提高拉速。但是，拉速受多种因素的限制，其中主要因素是钢液的凝固速度和对铸坯内部质量的影响。选择拉速时主要应保证铸坯出结晶器下口有一定的坯壳厚度，以防变形太大甚至漏钢，还要保证铸坯内、外部质量良好。

通常，拉坯速度有两种含意：一种是理论速度，又称最大拉速，它受连铸机设备能力的限制；另一种是工作拉速，又称常用拉速，它受铸坯质量的制约。通常生产上所指的是工作拉速。

10.2.3.1 理论拉速

它是指连铸机在理论上所能达到的最大拉速。在钢种、铸坯断面和流数确立的条件下，主要受连铸机冶金长度(机身长度)、结晶器出口铸坯凝壳厚度及拉坯力的限制。

(1) 冶金长度的限制。铸坯出拉矫机后即按定尺要求切割，这样，铸坯的液相长度就不能超过冶金长度。所以

$$v_{max}t = L \tag{10-2}$$

根据凝固定律：

$$\frac{D}{2} = K\sqrt{t}$$

或

$$t = \frac{D^2}{4K^2}$$

代入式(10-2)得：

$$v_{max} = (\frac{4K^2}{D^2})L \tag{10-3}$$

式中 v_{max}——理论最大拉速，m/min；

t——铸坯完全凝固所需要时间，min；

L——冶金长度，m；

D——铸坯厚度，mm；

K——综合凝固系数，$mm/min^{1/2}$，指铸坯在结晶器和二次冷却区的凝固系数的平均值；一般可取24～33，方坯取30～33，矩形坯和圆坯取24～28。

(2) 结晶器出口处铸坯凝壳厚度的限制。结晶器出口处坯壳过薄，容易使铸坯变形，产生内裂，甚至拉破，造成漏钢事故。结晶器出口处的最小坯壳厚度按下式计算：

$$\delta_{min} = K_m\sqrt{\frac{L_m}{v_{max}}} \tag{10-4}$$

式中 δ_{min}——结晶器出口处铸坯的最小坯壳厚度，mm；

K_m——结晶器内钢液凝固系数，$mm/min^{1/2}$，可取20；

L_m——结晶器有效长度，m；

v_{max}——理论最大拉速，m/min。

根据结晶器出口处坯壳所承受的钢液静压力计算，δ_{min}可取10～15mm(小方坯连铸机取下限，板坯连铸机取上限)。由所取δ_{min}值按式(10-4)计算可得v_{max}值。

(3) 拉坯力的限制。随着拉速的提高，铸坯液相线深度增大，相应位置上的坯壳厚度变薄，其表面温度升高，使铸坯的鼓肚量增大，导致拉坯阻力增加。但连铸机设计的拉坯力是一定的，因此，当拉坯阻力超过了设计的拉坯力，铸坯就拉不出来了，这就限制了理论拉速。

10.2.3.2 工作拉速

工作拉速是指连铸生产操作中能顺利浇注，保证铸坯质量相对稳定的平均拉速。一般低于理论拉速v_{max}。

在设计中，工作拉速主要依据经验而定，通常的经验公式是：

$$v = f\frac{l}{S} \tag{10-5}$$

式中 v——工作拉速，m/min；

l——铸坯横断面周边长，mm；

S——铸坯横断面面积，mm^2；

f——速度换算系数，一般小方坯为65～75；板坯为55～80，圆坯为45～60，小断面铸坯取上限，大断面铸坯取下限。必须指出，对宽厚比较大的连铸板坯前述数值有偏差。

实际上影响拉坯速度的因素是多方面的，除上述各因素外，在冶炼出合格钢液的前提下，采用连铸新工艺，改进连铸机结构，加强冷却和防变形能力，提高安装对中精度，都有利于提高拉速。

因此，在设计计算时，可按所计算的拉速再参照实际经验类比选取。

10.2.4 连铸机的流数

一定容量的钢包允许的最大浇注时间是一定的，一定断面铸坯的工作拉速也是确定的，为了使一个钢包的钢水能在规定时间内浇完，往往需要一台连铸机同时浇注几根（流）铸坯。

当一台连铸机只浇注一种断面时，其流数 N 的计算式如下：

$$N=\frac{G}{tFv\rho} \tag{10-6}$$

式中 G——钢包容量，t；

t——钢包浇注时间，min，一般 $t\leqslant t_{max}$（钢包允许的最大浇注时间），由炼钢炉与连铸的工艺配合而定；

F——铸坯断面面积，m^2；

v——该流铸坯的工作拉速，m/min；

ρ——铸坯密度，镇静钢取 7.6～7.8t/m^3。

若是一台连铸机浇多种断面时，应分别计算流数，取计算结果中的最大流数为该连铸机的流数。也还有用诺谟图对方、板坯连铸机的流数进行估算，然后用两种方法的结果对比分析确定。

每台连铸机的流数确定后，还要确定每台连铸机的机组数目。一般以一流配一机的多机多流连铸生产方式较好，也可以板坯以 2 流、方坯以 2～4 流为一个机组。一机多流设备轻，有利于发挥设备的生产能力，要求高水平操作，否则其中一流出事故，有可能造成整个该机组停产。多机多流的可靠性较好，但设备较庞大。

目前，小方坯连铸机最多可浇 12 流，大多数为 4～6 流；大方坯连铸机最多浇 8 流，多数为 2～4流；大板坯连铸机最多 2～4 流，多数用 1～2 流。

10.2.5 铸坯的液相深度和冶金长度

10.2.5.1 铸坯的液相深度

铸坯在连铸机内是边运动边凝固的，在铸坯内形成了很长的液相穴。所谓液相深度（即液芯长度）是指从结晶器液面到铸坯全部凝固点的长度。它是确定弧形连铸机弧形半径和二次冷却区长度的一个重要工艺参数。就具体的连铸机而言，液相深度随拉速的变化而变化。

由式（10-2）、式（10-3）可得液相深度计算式：

$$L_1=tv=\left(\frac{D}{2K}\right)^2 v=\frac{D^2 v}{4K} \tag{10-7}$$

式中 L_1——液相深度，m；

t——铸坯完全凝固所需时间，min；

D——铸坯厚度，mm；

v——拉坯速度，m/min；

K——综合凝固系数，mm/$min^{1/2}$。

可见，液相深度与拉速成正比，与冷却强度成反比。

10.2.5.2 连铸机的冶金长度

从本质上讲，根据最大拉速计算出来的液相深度就等于冶金长度，但是在设计时，不仅要考虑连铸机可能达到的最大拉速和最大铸坯厚度，而且还要考虑到在投产后连铸技术的发展，应有进一步提高拉速的可能性，因此，往往使连铸机的冶金长度（机身长度）大于铸坯的液相深度。连铸机冶金长度 L 的计算式为：

$$L\geqslant\frac{D^2 v_{max}}{4K^2} \tag{10-8}$$

一般来说，在不带液芯矫直的条件下，连铸机的冶金长度是指结晶器钢液面至拉矫机第一对拉矫辊中心的长度。在带液芯矫直的条件下，则是指结晶器钢液面至拉矫机最后一对拉矫辊中心的长度。

10.2.6 弧形半径

弧形半径是指连铸机铸坯外弧的曲率半径。它既影响铸坯质量，也影响连铸机的总高度和设备质量，还是标志能浇注的最大铸坯厚度的一个重要参数。弧形半径的确定有以下几种方法。

10.2.6.1 按矫直时铸坯允许的表面伸长率计算

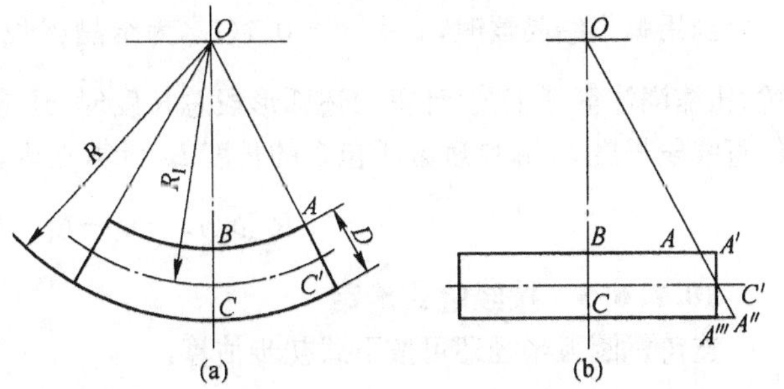

图 10-5 铸坯矫直前后的延伸

(a) 矫直前；(b) 矫直后

弧形铸坯在矫直时，外弧受到压缩变形，内弧受拉伸变形。假定铸坯中心线不变形，断面仍为平面，如图 10-5 所示，取 $C—C'$ 段铸坯，其内弧表面延伸段 AA'，外弧表面压缩段 $A''A'''$，$AA'=A''A'''$。设铸坯外弧半径为 R，铸坯厚度为 D，则可写出内弧表面 AB 的伸长率 ε 为：

$$\varepsilon=\frac{A'B-AB}{AB}\times 100\%=\frac{AA'}{AB}\times 100\%$$

根据 $\triangle OAB$ 与 $\triangle C'AA'$ 相似得：

$$\varepsilon=\frac{AA'}{AB}\times 100\%=\frac{A'C'}{OB}\times 100\%=\frac{0.5D}{R-D}\times 100\% \tag{10-9}$$

由于 $R\gg D$ 值，则式(10-9)可近似写为：

$$\varepsilon=\frac{0.5D}{R}\times 100\% \tag{10-10}$$

在对铸坯矫直时，当内弧表面伸长变形率超过铸坯表面允许的伸长率时，在铸坯内弧表面尤其是角部会出现横裂纹。因此，矫直时铸坯内弧表面的伸长率 ε 必须小于铸坯表面允许的伸长率 $[\varepsilon]$，即

$$\varepsilon\leqslant[\varepsilon]$$

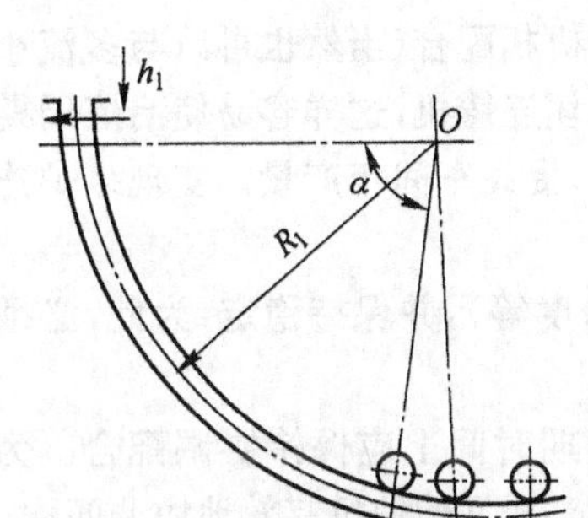

图 10-6 从结晶器液面至第一对拉矫辊间弧线段长度

所以

$$R\geqslant\frac{0.5D}{[\varepsilon]} \tag{10-11}$$

式中，铸坯表面允许的伸长率 $[\varepsilon]$ 主要取决于钢种、铸坯温度及对铸坯表面质量的要求等。根据经验，碳素钢和低合金钢可取 $[\varepsilon]=1.5\%\sim2.0\%$。

10.2.6.2 按矫直前铸坯完全凝固计算

对于采用普通拉矫机的连铸机和浇注某些要求特别严格的钢种（如易产生内裂的钢）的连铸机，由于铸坯必须在进入拉矫机前完全凝固，因此，从结晶器钢液面至第一对拉矫辊中心线间的弧线段长度 L_B，必须等于或稍大于铸坯的液芯长度 L_l（例如 $L_B\geqslant1.8L_l$）。由此，可计算此弧线段长度（参见图 10-6）：

$$L_B=\frac{2\pi R_1}{360}\alpha+h_1\geqslant L_1$$

由此

$$R_1\geqslant(L_1-h_1)\frac{57.3}{\alpha} \tag{10-12}$$

式中 R_1——铸坯中心线曲率半径，m；

α——第一对拉矫辊中心线与连铸机圆弧中心水平线的夹角，(°)；

h_1——结晶器内钢液面至圆弧中心水平线的距离，m。

当用弧形结晶器时，$h_1=\frac{L_m}{2}-0.1$（L_m 为结晶器长度）。当连铸机用直结晶器和采用液芯拉矫、压缩浇注等新工艺，计算前述弧形段总长度时，还应把连铸机圆弧中心到二冷区直线段末端的直线段长度 h_2 和拉矫区所包含的长度 L_0 计算在内，即：

$$R_1\geqslant(L_1-h_1-h_2-L_0)\frac{57.3}{\alpha} \tag{10-13}$$

10.2.6.3 按经验式确定

连铸机圆弧半径还可按下式初步估算：

$$R=KD \tag{10-14}$$

式中，K 为系数，一般取 $K=35\sim45$。中小型铸坯取 $K=35\sim40$，大型板坯取 $K=40\sim45$；碳素钢取下限值，特殊钢取上限值。

连铸机圆弧半径的最后确定，通常根据以上几方面的结果，考虑已投产连铸机的经验，综合考虑后选择确定。

一般板坯连铸机的圆弧半径在 6～12m 之间，小方坯连铸机的圆弧半径在 4～6m 之间，大方坯连铸机的圆弧半径由于铸坯厚度不同而变化较大，大致在 8～16m 之间。

10.3 连铸机生产能力的确定

连铸机的生产能力与炼钢炉（类别、容量和座数）、冶炼钢种、炉外处理工艺、铸坯断面、铸机台数和流数、连浇炉数、连铸机作业率等因素有关，应根据炼钢厂的实际情况，参考设计一般原则，作具体计算后确定。

10.3.1 连铸机与炼钢炉的合理匹配和台数的确定

一般情况下，大容量的炼钢炉与大板坯、大方坯、大圆坯连铸机相配合（当然也可以与多流小方坯连铸机相配合），小容量的炼钢炉配中小板坯、小方坯或小圆坯连铸机，这样容易使冶炼周期（及炉外处理周期）和连铸浇注周期相配合，有利于实现多炉连浇，提高车间年产量。实现多炉连浇的主要条件是：

(1) 严格控制所要求的钢水成分、温度和质量（氧化性、洁净度等），并保持稳定，为此，必须配置相应的炉外钢水处理设备。

(2) 炼钢炉冶炼周期（及炉外处理周期）与连铸机的浇注周期时间上应保持协调配合。为此，要求严密的生产管理和质量保障体系，既充分发挥设备生产能力，又使炉机有效地协调匹配。

(3) 连铸机小时生产能力应与炼钢炉小时出钢量相平衡（一般连铸机应有 10%～20%的富余）。设计时，可从铸坯断面、拉坯速度、连铸机流数等方面调整。

(4) 钢包、中间包和浸入式水口等寿命要长，更换迅速。应采用优质耐火材料，采取快速更换措施。

(5) 连铸的后步工序如出坯、铸坯精整以及运输能力等要能满足多炉连浇要求。

连铸机台数的确定：按车间所规定的铸坯年产量和所选连铸机的实际产量，就可以求出车间应配置的连铸机的台数。

10.3.2 连铸浇注周期计算

连铸浇注周期时间包括浇注时间和准备时间：

$$T = t_1 + nt_2 \tag{10-15}$$

式中 T——浇注周期，min；

t_1——准备时间，min，指从上一连铸炉次中间包浇完至下一连铸炉次开浇的间隔；

n——平均连浇炉数；

t_2——单炉浇注时间，min。

单炉浇注时间按下式计算：

$$t_2 = \frac{G}{BD\rho vN} \tag{10-16}$$

式中 G——平均每炉产钢水量，t；

B——铸坯宽度，m；

D——铸坯厚度，m；

ρ——铸坯密度，t/m^3，取 $\rho = 7.7$；

v——工作拉速，m/min；

N——流数。

10.3.3 连铸机的作业率

连铸机的作业率直接影响到连铸机的产量、每吨铸坯的操作费用和投资费用的利用率。欲获得较高的作业率，必须采用多炉连浇。作业率按下式计算：

$$\eta = \frac{T_1 + T_2}{T_0} \times 100\% = \frac{T_0 - T_3}{T_0} \times 100\% \tag{10-17}$$

式中 η——连铸机年作业率，%；

T_1——连铸机年准备工作时间，h；

T_2——连铸机年浇注时间，h；

T_3——连铸机年非作业时间，h，它包括表 10-4 中各项目；

T_0——年日历时间，8760h。

表 10-4 连铸机非作业时间

项 目	比例/%	时数/h	备 注
年度大、中修	3.5～4.5	307～394	停产大修，更换和清洗部件等
定期小修	5.0～6.0	438～526	辊子对中调整，铲除飞溅废钢，检修等
更换结晶器	2.5～3.0	219～263	3～4h/次
等 待	2.5～3.0	219～263	浇完后，连铸机准备好等待钢水
内部故障	3.5～4.0	307～350	包括漏钢在内的连铸机故障
外部故障	3.5～4.0	307～350	炼钢炉，吊车和钢包等设备的故障
合 计	20.5～24.5	1797～2146	

连铸机作业率一般为：小方坯连铸机60%～80%，大方坯连铸机60%～85%，板坯连铸机70%～85%。特殊钢连铸机作业率值可偏低一些。

10.3.4 连铸坯收得率

在连铸生产过程中，从钢水到合格铸坯有各种金属损失，包括钢包和中间包的残钢、铸坯的切头切尾、氧化铁皮、短尺和缺陷铸坯的报废等。通过多炉连浇可以减少金属损失，提高铸坯收得率。计算式如下：

$$Y_1=\frac{W_1}{G}\times 100\% \qquad (10\text{-}18)$$

$$Y_2=\frac{W_2}{W_1}\times 100\% \qquad (10\text{-}19)$$

$$Y=Y_1Y_2=\frac{W_2}{G}\times 100\% \qquad (10\text{-}20)$$

式中 Y_1——铸坯成坯率，%；
W_1——未经检验精整的铸坯量，t；
G——钢水质量，t；
Y_2——铸坯合格率，%；
W_2——合格铸坯量，t；
Y——连铸坯收得率，%。

连铸坯收得率一般按年统计。铸坯成坯率和合格率均可达98%左右。连铸坯收得率单炉浇注约96%，两炉连浇约97%，三炉以上连浇约98%左右。

10.3.5 连铸机生产能力的计算

连铸机的浇注能力，用理论小时产量表示；而连铸机实际生产能力却受钢水供应条件、设备状况、管理和操作水平等诸因素的影响。因此，同类型连铸机在不同条件的车间内配置时，其年产量往往有较大的差别。

(1) 连铸机的理论小时产量。

$$Q=60NBDv\rho \qquad (10\text{-}21)$$

式中 Q——连铸机理论小时产量，t/h；
B——铸坯宽度，m；
D——铸坯厚度，m；
v——工作拉速，m/min；
ρ——铸坯密度，t/m³，取$\rho=7.7$；
N——流数。

各类连铸机的小时产量估算值见表10-5。

表10-5 各类连铸机的小时产量估算

铸坯断面/mm	每流能力/$t\cdot h^{-1}$	每台铸机能力/$t\cdot h^{-1}$	最多流数
圆坯：ϕ80～160 小方坯：80^2～160^2	8～22	60～170	8
大方坯和工字梁坯：160^2～350^2	10～35	60～200	8
板坯：700×150～2600×300	90～180	120～350	2

(2) 连铸机的平均日产量。

$$A = 1400\frac{GnY}{T} \tag{10-22}$$

式中 A——连铸机的平均日产量,t/d;

1400——一天日历的时间,min;

G——每炉的平均出钢量,t;

n——平均连浇炉数;

Y——连铸坯收得率,%;

T——浇注周期,min。

(3) 连铸机的平均年产量。

$$P = 365A\eta \tag{10-23}$$

式中 P——连铸机平均年产量,t/a;

A——连铸机的平均日产量,t/d;

365——一年的日历时间,d;

η——连铸机年作业率,%。

此外,为计算后步工序、辅助系统及起重机等的配备能力和通过能力,还要计算连铸机最高日产量和最高浇注炉数。

最高浇注炉数 x:
$$x = \frac{1400n}{T + \Delta T} \tag{10-24}$$

最高日产量 A_{max}(t):
$$A_{max} = GY_x \tag{10-25}$$

式中,ΔT 为等待(钢液)时间,min,是炉子冶炼周期与连铸周期的时间差。

10.4 连铸机主要设备

10.4.1 钢包与中间包的钢流控制系统

钢包与中间包钢流控制系统基本上有两种类型:塞棒(杆)水口与滑动水口。

滑动水口控制系统主要由上、下水口及滑板组成,通过安装在包底(外部)上的两块或三块耐火材料制成的滑板的相互错位来实现钢流的调节(参见图 10-7)。其优点是能较精确的控制钢流,安全可靠,更宜于长时间连续浇注。按滑动机构的不同有三种型式:

(1)往复式滑动水口。又有两板式和三板式两种,两板式下滑板可以滑动,而三板式是中间滑板可以滑动。图 10-8 为中间包用三板式滑动水口,下滑板上装浸入式水口,便于对准结晶器中心。

(2)插板式滑动水口。上、下部滑板固定,中间滑板由油压缸一块一块地从一侧推入,从另一侧拉出。插入的滑板有水口滑板和实心滑板两种,前者用于调节钢流大小,后者用于关闭水口(见图 10-9)。

(3)旋转式滑动水口。靠旋转的下滑板对固定的上滑板作圆周转动,以开闭钢流,并利用改变孔径来调节钢流的大小(见图 10-10)。下滑板上一般有 2～3 个相同或不同孔径的下水口,可多次使用,但结构复杂,目前使用尚不多。

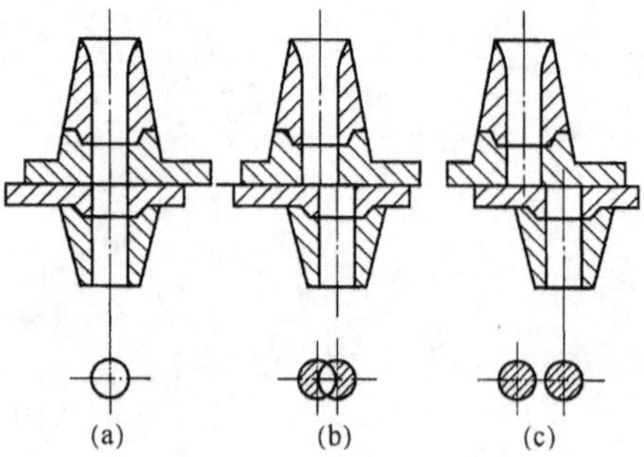

图 10-7 滑动水口工作原理

(a) 全开；(b) 半开；(c) 全闭

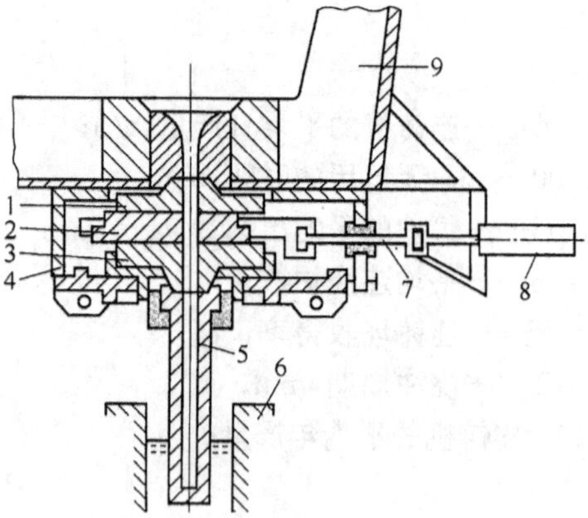

图 10-8 中间包用三板式滑动水口

1—上固定滑板；2—活动滑板；3—下固定滑板；
4—滑动水口箱体；5—浸入式水口；6—结晶器；
7—连杆；8—油缸；9—中间包

保持滑板滑动面之间适当的紧密程度，是关系滑动水口工作质量和防止钢液从滑动面间漏出的关键。滑动水口的滑板既要经受出钢前后温度急剧变化的热冲击，又要承受钢液的静压力及其冲刷、侵蚀和滑动摩擦。因此，要求滑板具有高的常温和高温抗折强度和抗压强度，高的热稳定性和耐磨性。滑动水口的材质采用高铝、高铝-刚玉、高铝-石墨、镁铝和镁铝-石墨等，一般均采用不烧浸油工艺。

此外，小方坯中间包的钢流控制一般采用定径水口。

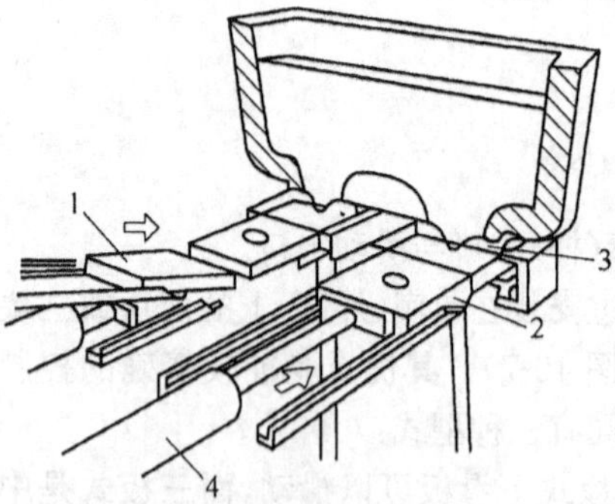

图 10-9 插板式滑动水口

1—实心滑板；2—水口滑板；
3—固定滑板；4—油缸

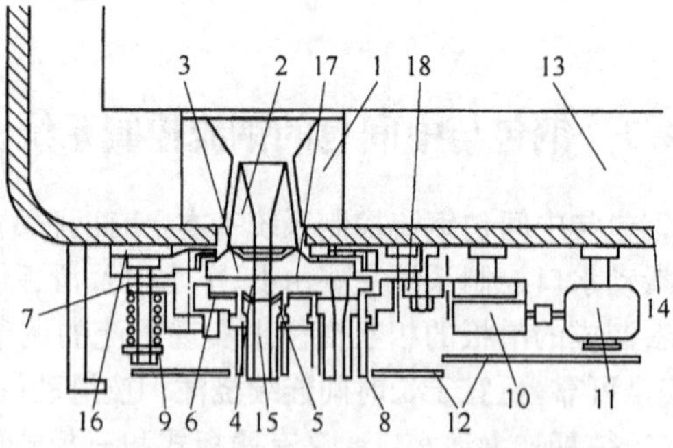

图 10-10 旋转式滑动水口

1—座砖；2—上水口；3—固定滑板；4—旋转滑板；
5—下水口；6—旋转盘；7—固定板支撑；
8—下水口箱；9—弹簧机构；10—减速机；
11—电机；12—隔热板；13—盛钢桶底衬砖；
14—盛钢桶壳；15—水口孔；16—基准板；
17—旋转面；18—滑轮

10.4.2 钢包回转台

在连铸作业中承载并运送钢包进行浇注的设施，曾有过吊车、固定钢包座架和钢包车等方式。目前广泛采用的是钢包回转台。

图 10-11 是直臂式钢包回转台。钢包支承台架位于一个具有同一水平高度的悬臂梁的两端，它由电动机驱动可旋转 180°。当停电时，可用气动或液压马达使其旋转，将浇注位置上的钢包转到事故钢包的上方。

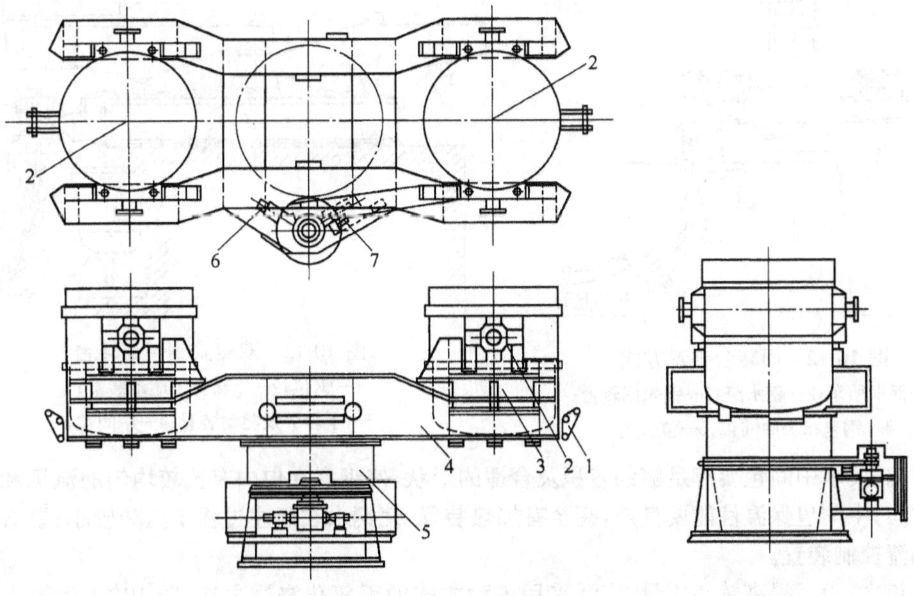

图 10-11 直臂式钢包回转台

1—钢流控制机构；2—钢包；3—称量系统；4—回转支臂；5—带齿的旋转圈；6—电动机；7—气动马达

钢包回转台通常设在钢水接受跨和连铸浇注跨之间（见图 10-12）。一台连铸机配备一台回转台。回转臂的回转半径必须能从钢水接受跨一侧的吊车接受钢包，旋转 180°，停在浇注跨中间包车的上方进行浇注；而另一端则停在钢水接受跨，以更换空钢包。回转台的回转速度以多炉连浇时允许的钢包更换时间和起动或停止时钢水不被晃出为前提条件，一般为0.1～1.0r/min。更换钢包时间为 0.5～2.0min。

采用钢包回转台，占用浇注平台的面积较小，易于定位，钢包更换迅速，发生事故或停电时可用气动或液压马达迅速将钢包旋转到安全位置，有利于实现多炉连浇和浇钢事故的处理。

此外，还有双臂式钢包回转台（图 10-13），它有各自独立驱动的转臂。这样，两个钢包的相对位置是可以变化的，转角可达 260°，操作灵活，结构也不太复杂。

近年来钢包回转台在形式和功能上得到很多方面的发展。多功能的回转台在每一个回转臂上设有钢包升降装置（以便安装钢流保护装置）、连续自动称重装置（可随时将钢包内的钢水量以数字显示出来，并输入计算机自控台）、钢包倾翻装置（以便倒出残钢和残渣）、钢包保温盖加盖装置及吹气装置等。

10.4.3 中间包及其载运设备

中间包是钢包与结晶器之间的一个过渡容器。它的作用是降低钢水注入结晶器中的冲击力（静压力），稳定钢流，促使钢水温度均匀，有利于钢水中夹杂物上浮与分离，储存钢水以及对钢水分流，多炉连浇时起承上启下的作用。

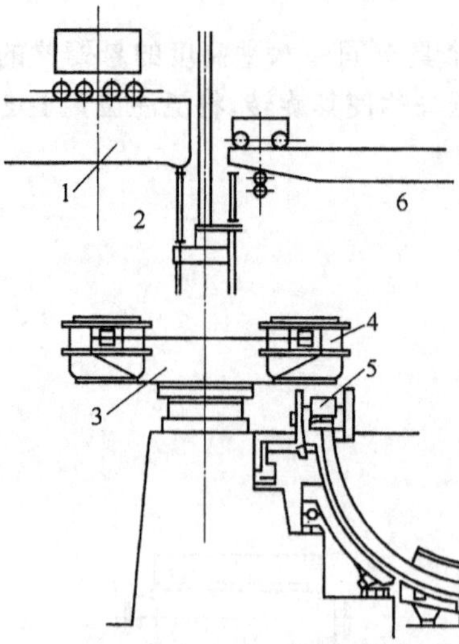

图 10-12 回转台布置方式

1—钢水吊车；2—钢水跨；3—钢包回转台；
4—钢包；5—中间包；6—浇注跨

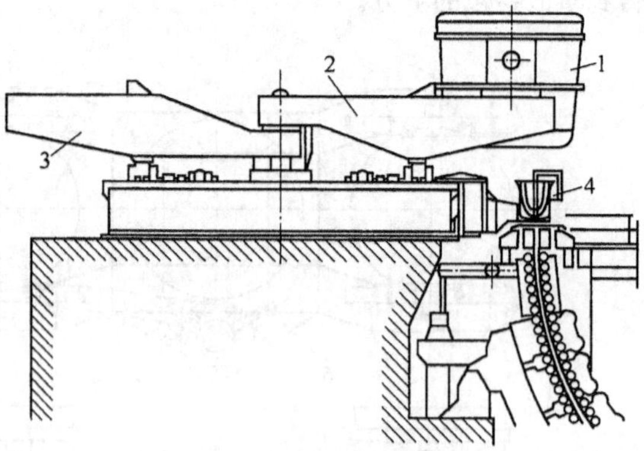

图 10-13 双臂式钢包回转台

1—钢包；2—上转臂及驱动装置；
3—下转臂及驱动装置；4—中间包；

因此，要求中间包要有足够的容积及合适的形状，使钢水在包内有比较均匀的流场和适当的停留时间；中间包保温性能要良好，甚至有加热装置，使钢水在浇注过程中温降较小；要有控制自如的钢流控制装置。

近年来，为了提高铸坯质量，广泛采用各种方式的无氧化浇注方法，图 10-14 为侵入式水口加保护渣浇注。此外，还有中间包加热、喷吹、过滤、合金微调等新工艺，构成了中间包冶金。

10.4.3.1 中间包的形状和构造

中间包的形状要满足铸坯断面和流数的布置，有长方形、椭圆形、三角形、T 形及 V 形等，如图 10-15 所示。

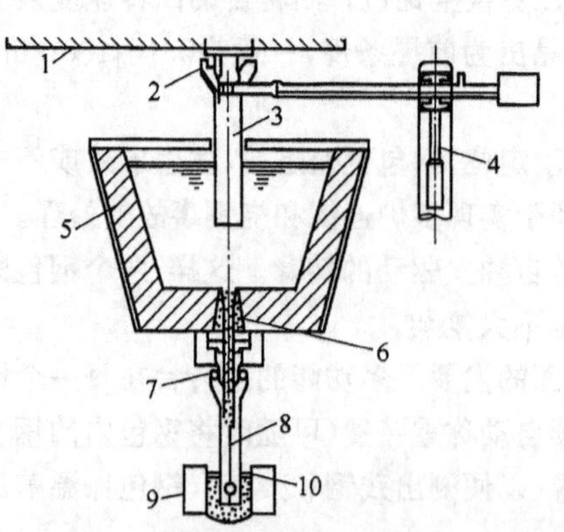

图 10-14 无氧化浇注

1—钢包；2—在钢包下水口与长水口间吹入惰性气体；
3—长水口；4—长水口自动把持装置；5—中间包；
6—中间包水口；7—中间包下水口与浸入式水口间吹入惰性气体，8—浸入式水口；9—结晶器；10—保护渣

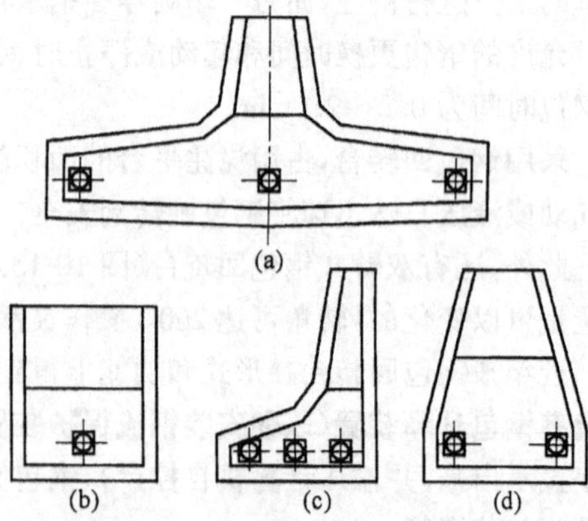

图 10-15 中间包横截面图例

中间包由包体、包盖、塞棒和水口(或滑动水口)等组成。中间包外壳一般用12~20mm厚钢板焊成,也可用铸钢件,要保证在高温环境中浇注、清渣、搬运和翻包时不变形。中间包内衬由永久层和工作层组成。工作层材质有两类:一类用镁质或镁钙质涂料,喷涂在永久层上;另一类用绝热板。中间包的塞棒中心还常通入压缩空气或氩气冷却,以提高使用寿命。对于铸坯断面小于120mm×120mm小方坯连铸机则用定径水口。此外,中间包内常加砌挡墙和堤坝,以改善钢水的流场,有利于温度均匀和促使夹杂物上浮分离。

10.4.3.2 中间包主要工艺参数

(1) 中间包的容量。中间包的容量主要根据钢包容量、铸坯断面和流数以及浇注速度确定。当多炉连浇时,在不降低拉速又要保证中间包内必须的钢液面高度(一般不小于250mm,以免钢液面上的浮渣进入到结晶器内)的前提下,应使中间包内的钢水量大于更换钢包期间连铸机所必需的钢水量,保证足够的更换钢包的时间,同时又有利于夹杂物上浮。中间包容量$G_{中}$(t)的计算公式如下:

$$G_{中}=1.3Fv\rho tN \tag{10-26}$$

式中 F——铸坯断面面积,m^2;

v——工作拉速,m/min;

t——更换钢包的时间,min;

N——流数;

ρ——钢水密度,t/m^3。

中间包的容量也可按钢包容量的20%~40%确定,近年趋大,有的已达50%左右。

(2) 中间包的主要尺寸。中间包的高度取决于包内钢水的深度。钢水深度一般应不小于500~600mm,钢液面离上口距离约200mm左右。为了使钢水在中间包停留时间延长,有利于夹杂物的上浮,目前中间包向大容量、深熔池(1m以上)的方向发展。中间包长度主要取决于连铸机流数和流间距;水口中心离中间包壁约200mm。中间包宽度应保证钢水由钢包注入时,注入点到中间包水口的距离不小于500mm,并尽可能使注入点到每个水口的距离相等。中间包包壁一般有10%~20%的倒锥度。

(3) 水口直径。水口直径应满足连铸机在最大工作拉速时所需的钢水流量。水口直径d(cm)根据经验式求出。

$$d=\sqrt{\frac{G_{max}}{m\psi\sqrt{h}}} \tag{10-27}$$

式中 m——每流铸坯的水口个数;

h——中间包内钢液深度,cm;

G_{max}——最大工作拉速时的钢水流量,kg/min;

ψ——水口流量系数,$kg/(min\cdot cm^{5/2})$,低碳钢取16~18,合金钢取10~14。

浇注铝镇静钢时由于水口易结瘤变小,水口直径一般按计算值增大20%~30%选取。

当铸坯宽度不大于700mm时,一般一流只用一个水口,当铸坯宽度大于700mm时,可适当增加水口个数,以保证注流流股在结晶器内均匀平稳对称分布。

10.4.3.3 中间包车

中间包车是中间包的运载设备。通常每台连铸机配备两台中间包车,以满足多炉连浇中更换中间包的需要。中间包车运行要迅速,能快速更换中间包,停位准确。为使水口能与结晶器精确对中,中间包车具有纵向和横向微调中间包位置的机构;为便于装卸侵入式水口,应设中间包升降机构(升降行程400～600mm);有的还设置称重装置等。图10-16为板坯连铸机的中间包小车。

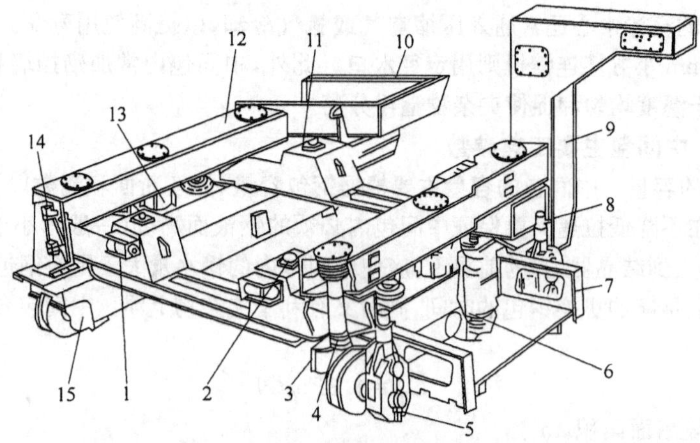

图10-16 板坯连铸机的中间包小车

1—中间包定位杆;2—中间包定位缓冲器;3—传动架;4—垂直轴;5—减速箱;6—液压推杆;7—操作台;8—液压马达;9—软缆支撑柱;10—事故流槽;11—十字框架;12—提升框架;13—垂直定位柱;14—限位开关;15—非传动架

目前,中间包车运行速度为10～20m/min,最高达30m/min;操作顺利时,更换中间包的时间最快也需2～3min。为缩短更换中间包时间,又发展了中间包回转台,如图10-17所示。它与钢包回转台相似,更换中间包的时间约1min。

10.4.4 结晶器及其振动装置

结晶器是连铸设备中最关键的部件,主要起着铸坯成形的作用。结晶器应具有良好的导热性和刚性,内表面耐磨,结构简单,质量轻,易于制造、安装、调整和维修,造价低。

结晶器内壁的材质,要求在工作温度20～500℃范围内具有良好的导热性能,足够的高温强度和耐磨性,高温下膨胀系数低,切削和表面处理性能好。近年来研制使用硬化铜合金,如铜银、铜铬、铜铍、铜锆等,还有采用镀铬铜板。

10.4.4.1 结晶器的结构形式

结晶器的结构一般由铜内壁、外壳和冷却水水缝等三部分组成,此外还有进出水管和固定框架等。

结晶器可分为直形和弧形两类。按铸坯断面形状可分为方坯、板坯、圆坯和异形坯结晶器。按本身结构可分为整体式、管式、组合式和在线调宽结晶器等。

(1) 整体式结晶器。它是由整块锻压紫铜或锻造黄铜加工而成,靠近内腔的周边钻有冷却水孔,如图10-18所示。连铸技术发展早期被广泛采用。由于内壁磨损后不易修复,成本高,近年已很少使用这种结晶器。

(2) 管式结晶器。广泛用于浇铸中小断面的铸坯,尤其是小方坯。管式结晶器结构如图10-19所示。它由铜管、圆管式钢质外套和足辊等组成。在铜管与钢套间形成一个狭小的冷却水通路(水缝),冷却水压为0.39～0.59MPa,流速为6～10m/s。为了保证铸坯的外形尺寸,减少铸坯脱方,提高拉速,在结晶器下部安装有两组到三组足辊。足辊可以调整,要求足辊的对弧精度不大于0.1mm。在结晶器上部有液面自动控制系统。

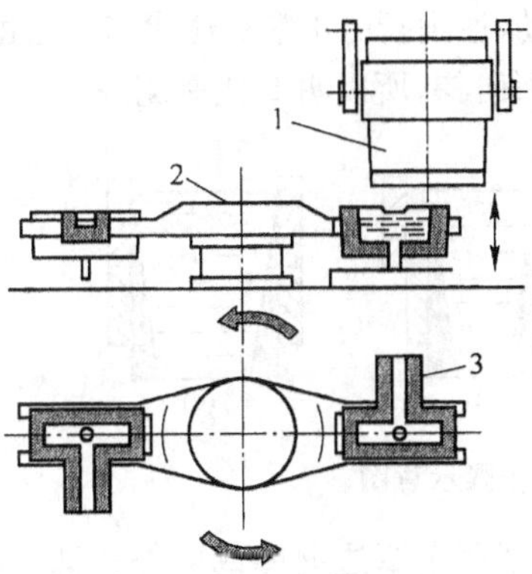

图 10-17 中间包回转台

1—钢包；2—回转台；3—中间包

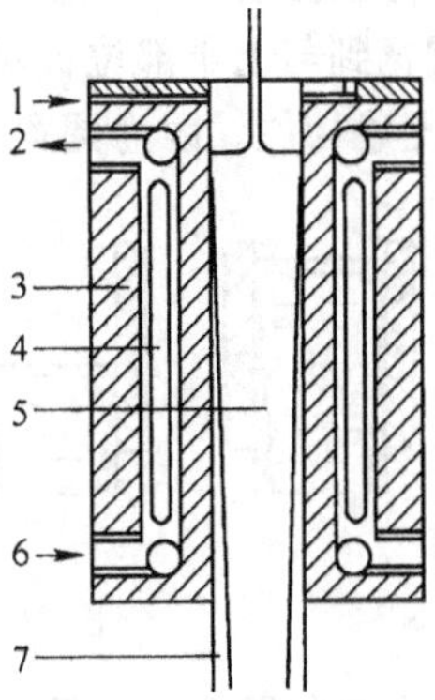

图 10-18 整体结晶器示意图

1—润滑油；2—出水；3—铜体；4—心杆；5—钢水；6—进水；7—凝固壳

(3) 组合式结晶器。它是由四块铜板作内壁和四块钢板作外壳组装而成，如图 10-20 所示。在 20～40mm 厚的铜板外侧面铣出若干通道作为水缝。在宽边的外侧用双头螺栓夹紧组装在一个刚性很好的框架上，形成一个整体。

组合式结晶器常用于浇注大方坯和板坯。它又可分为调宽和不调宽两种。板坯结晶器的锥度，由窄边壁板的位置来决定，由于其下部磨损快，当使用一定次数后(例如：板坯浇注约 16000m 铸坯之后)需要对铜壁刨修，当铜壁厚度小于 6mm 时则报废。

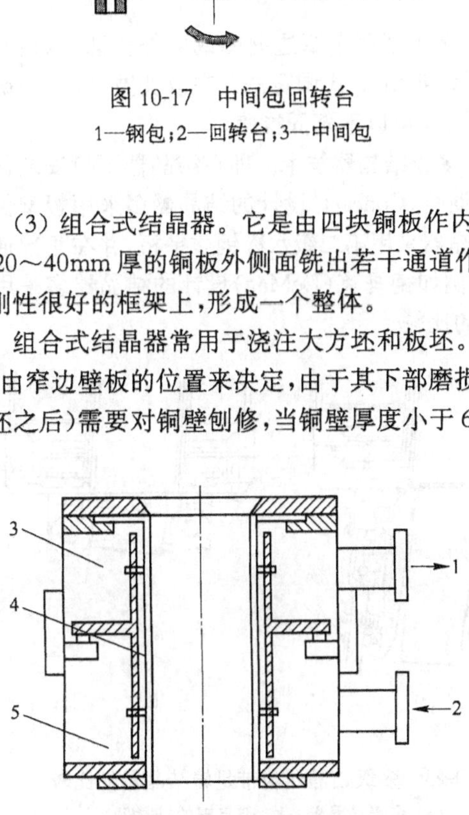

图 10-19 小方坯管式结晶器

1—出水；2—进水；3—出水室；4—循环水缝；5—进水室

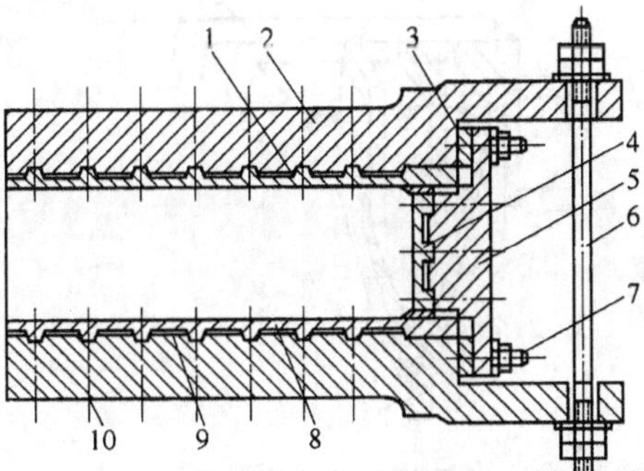

图 10-20 组合式结晶器示意图

1—外弧内壁；2—外弧外壁；3—调节垫块；4—侧内壁；5—侧外壁；6—双头螺栓；7、10—螺栓；8—内弧内壁；9—一字形水缝

(4) 在线调宽板坯结晶器。它是指在浇注过程中实现结晶器宽度的调整，这是连铸板坯实现热送、热装和连铸连轧的前提之一，是近年来开发的一项新技术。

板坯结晶器调宽时，先把宽边夹持装置松开，移动窄边壁板至规定位置，然后再使宽边夹紧窄边。调宽时可以手动或电动或液压传动，可以离线也可在线调整。在线调宽时有 L 式和 Y 式两种方式。

采用 L 式调宽的结晶器，窄边壁板分为上、下两段，每段都有各自的移动机构。图 10-21 表示由窄调宽的调整步骤：a 表示浇注状态；b 开始由窄向宽调整，先使钢水面下降到窄边下半部后，停止拉坯，停止振动；c 窄边上半部外移调宽；d 逐渐使钢水面升高至上半部的正常位置；e 把窄边下半部调宽到与上半部位置对齐，并恢复拉坯和振动，达到新的正常浇注状态。当由宽调窄时，其步骤与上述相似。因为调宽时铸坯宽度方向呈 L 形阶梯，所以叫 L 式调宽法。

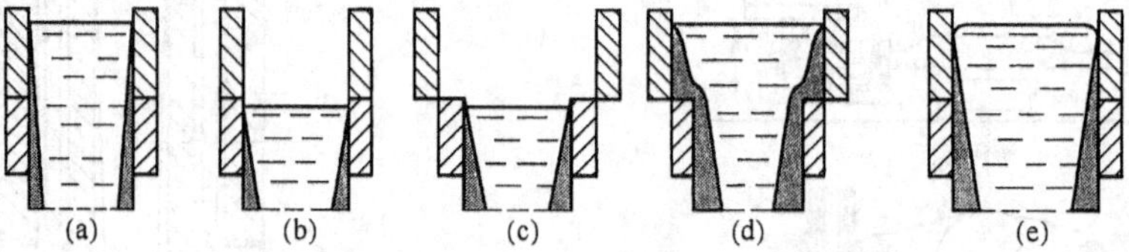

图 10-21 结晶器 L 式调宽的步骤示意图

Y 式调宽方式如图 10-22 所示，在浇注过程中，逐步把两个窄边向内或向外移动，以达到预定宽度。在调整过程中铸坯呈 Y 字形的梯形坯，所以叫做 Y 式调宽法。在改变宽度时，为确保安全，可适当降低拉速，但最近发展的 Y 式调宽技术，也可以不降低拉速。

(5)多级结晶器。为了达到较高的拉速，开发了多级结晶器技术。即在结晶器下口安装保护板或保护辊，减少铸坯的菱形变形和拉漏。如康卡斯特(Concast)设计的结晶器多采用板型保护装置。板坯结晶器采用第二级梳状保护板；方坯结晶器采用第二级水冷铜质平板，并在角部通水冷却，从而对铸坯提供有效的支承和角部冷却。又例如德马克(DeMag)设计的结晶器多采用辊式保护装置，称为足辊或脚辊。图 10-23 示出两者的比较。

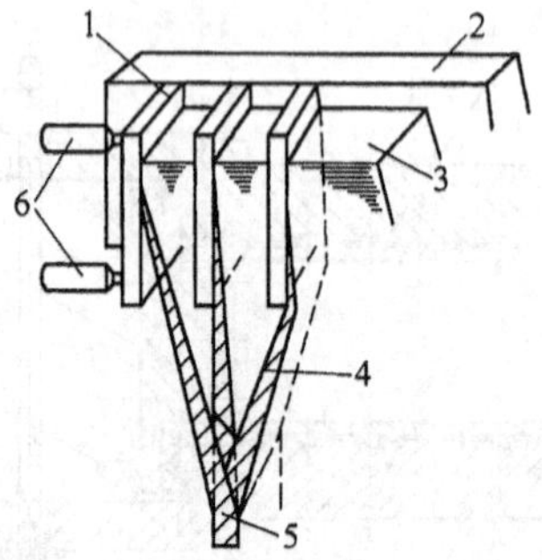

图 10-22 结晶器 Y 式调宽步骤图示
1—窄面；2—宽面；3—钢水；4—凝固壳；
5—宽度在此处开始变化；6—传动组件

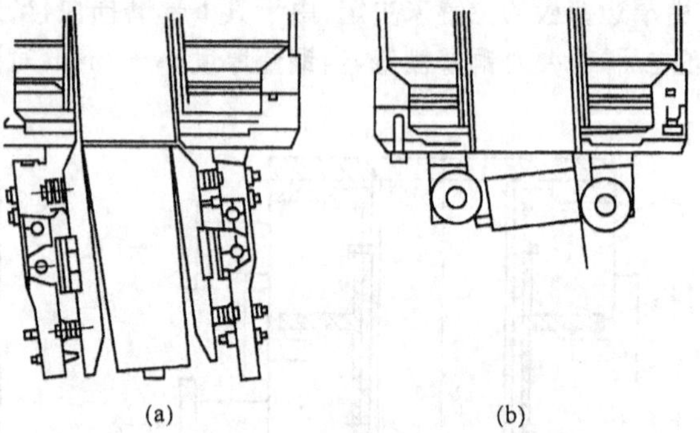

图 10-23 多级结晶器与带足辊结晶器的比较
(a) 多级结晶器；(b) 带足辊的结晶器

10.4.4.2 结晶器主要参数的选择

(1) 结晶器的断面尺寸。由于铸坯在冷凝过程时收缩和矫直时变形等因素，要求结晶器断面尺寸应比冷铸坯断面(连铸坯公称断面)尺寸大 2%～3%左右(厚度方向约取 3%，宽度方向约取 2%)。

(2) 结晶器的长度。选择结晶器的长度，原则上在保证出结晶器的坯壳有足够的厚度和减小拉坯阻力的情况下，尽可能选用短结晶器，这样，有利于提高铸坯质量，减少铜耗和造价。

试验表明，沿结晶器高度热流很快达到最大值，然后逐渐减少(见图 10-24)。说明坯壳凝固收缩后产生了气隙，使热阻增加。大约有 50%的热量是在结晶器 300mm 左右的高度内导出的。因此，结晶器的长度一般多选用 700～900mm。为实行高拉速，结晶器长度有高达 1200mm 以上，有利于保护铸坯。

也可以从出结晶器所要求一定的坯壳厚度δ(约10～25mm)来计算结晶器有效长度L_m(m)，由式(10-4)得：$L_m=(\frac{\delta}{K_m})^2 v$。在钢水面至结晶器上口，留出80～120mm的空位，以防钢水溢出，故结晶器长度L(m)为：

$$L=L_m+(0.08\sim0.12) \tag{10-28}$$

(3) 结晶器锥度。结晶器内腔尺寸有一个倒锥度，是为了减小气隙，提高导热性能，加速铸坯壳的生成。结晶器每米长度的断面倒锥度▽(%/m)为：

$$\nabla=\frac{S_1-S_2}{S_1 L}\times100\% \tag{10-29}$$

式中 S_1、S_2——结晶器上、下口断面面积，mm^2；

L——结晶器长度，m。

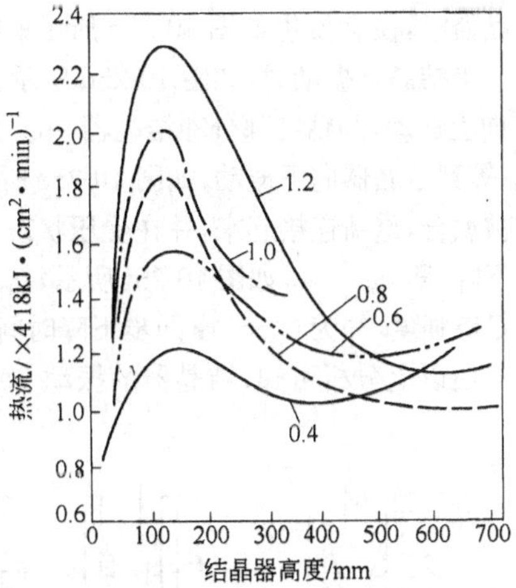

图10-24 结晶器高度上的热流变化

(曲线0.4、0.6、0.8、1.0、1.2—拉速m/min)

板坯连铸机结晶器一般宽面做成平行的，倒锥度可按结晶器上、下口的宽边长度来计算：

$$\nabla=\frac{l_1-l_2}{l_1 L}\times100\% \tag{10-30}$$

式中 l_1、l_2——结晶器上、下口的宽边长度，mm。

锥度是连铸结晶器重要参数之一。组合式结晶器的倒锥度根据钢种不同，一般取(0.4～0.9)%/m。小断面的结晶器或管式结晶器一般没有倒锥度。

(4) 结晶器的水缝面积。钢水在结晶器内形成坯壳时放出的热量主要由冷却水带走，因此合理的结晶器水缝面积非常重要。水缝面积S_w(mm^2)可按下式计算：

$$S_w=\frac{10000L_0\cdot W}{36v_w} \tag{10-31}$$

式中 L_0——结晶器的周边长，m；

W——结晶器单位周边长度耗水量，$m^3/(h\cdot m)$，一般取$W=100\sim160m^3/(h\cdot m)$；

v_w——水缝内冷却水流速，m/s，一般取$v_w=6\sim10m/s$。

(5) 结晶器拉坯阻力。可由经验公式计算：

$$F=(10000\sim15000)L_0 \tag{10-32}$$

式中 L_0——结晶器的周边长，m；

F——拉坯阻力，N。

例如实测的拉坯阻力值：方坯120mm×120mm，$F=2450\sim4260N$；板坯180mm×1500mm，$F=30000\sim35000N$。

10.4.4.3 结晶器振动装置

A 结晶器振动的作用

结晶器振动的目的是防止初生坯壳与结晶器壁之间粘连而被拉裂。图10-25a表示在结晶器中坯壳的正常形成过程。如果由于某种原因(如润滑不良)，坯壳A段被粘结在结晶器壁上，而且在C处断面上坯壳的抗拉强度又小于A段的粘结力和摩擦力，则在拉坯力的作用下，C断面处的坯壳将被拉断。A段粘结在结晶器壁上不动，B段则继续往下运动，此时钢液将充填在A、B段之间而结成一段新的坯壳，把A、B两段连接起来，如图10-25b所示。如果结晶器没有振动，新坯壳是在B段向下运动过程生成的，而新坯壳较薄，故强度低，无法使A、B两段牢固地连接起来，很容易被拉断。拉断之后，在新的断口处又充填了新的钢液，如此继续下去，直至 B 段被拉出结晶器时，便会发生如图 10-25c 所示的漏钢事故。

当结晶器振动时，如图 10-25d 所示，如果坯壳已和结晶器发生粘结，如若此时结晶器以速度 $v_{振}$ 向上运动，则粘结部分和结晶器一起上升，坯壳被拉裂，断裂处即被新的钢液填充，形成新的坯壳；等到结晶器向下振动，如图 10-25e 所示，且振动速度 $v_{振}$ 大于拉坯速度 $v_{拉}$ 时，坯壳处于受压状态下被愈合，重新连接起来，并在受压状态下，铸坯被强制消除粘结，得到“脱模”；若结晶器与铸坯同时下降，即 $v_{振}=v_{拉}$，如图 10-25f 所示，新坯壳将得到加强，当结晶器再次向上振动时，如果新的坯壳有足够强度（约为 0.5～1s 同步下降时间既可保证坯壳连接牢固）即可实现“脱模”。

由以上分析可知，结晶器的振动作用就相当于脱模作用。

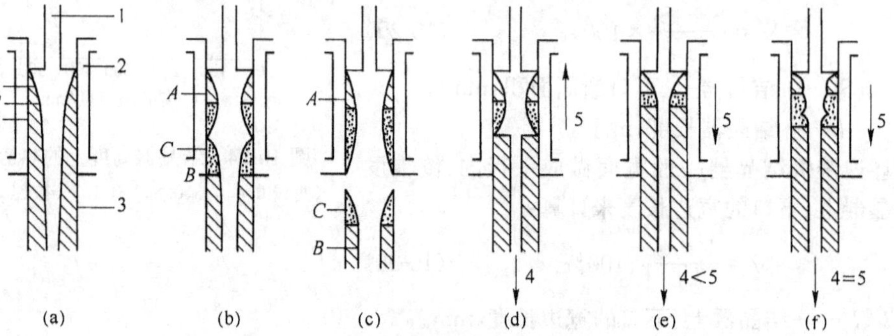

图 10-25　坯壳拉断和粘结消除过程示意图

1—钢水；2—结晶器；3—坯壳；4—$v_{拉}$；5—$v_{振}$

B　结晶器的振动方式

（1）梯速振动（又称负滑脱振动）。结晶器在振动中的速度是按梯形变化的，如图 10-26 实线 1 所示。t_1 为下振时间，t_2 为上振时间，T 为振动周期。下振时结晶器先以加速度 a_1 下降（OA 段），然后以稍大于拉坯速度 v（约 5%～10%）的匀速 v_1 下降（AB 段），再以减速度（BC 段）使结晶器下降到最低位置，从而使坯壳受到一定压力，起到焊合和“脱模”作用，这样结晶器下降距离为 S。上振时结晶器先以加速度 a_2 上升（CD 段），再以较大的匀速度 v_2 上升（DE 段），继而以减速度（EF 段）上升到最高位置，上升距离同样为 S。由于开始上升时坯壳受拉力，开始下降时坯壳受压力，所以 $a_1/a_2=2\sim3$，而 $v_2/v_1=2.8\sim3.2$。这种下慢上快的振动方式曾被广泛采用，其振动频率要随拉速变化，所需的凸轮机构加工复杂。这种运动速度（m/min）的关系如下：

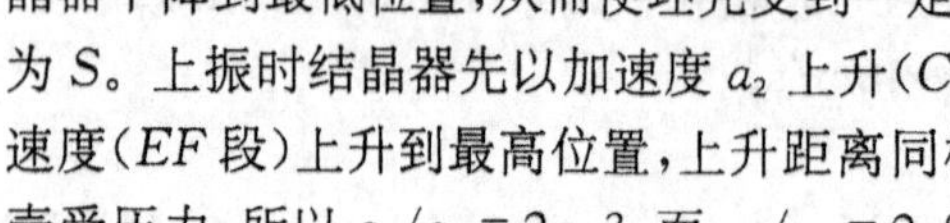

图 10-26　结晶器振动曲线

$$\varepsilon=\frac{v_1-v}{v}\times100\% \tag{10-33}$$

式中，ε 为负滑脱率，通常以正值计算，其值约为 5%～10%。负滑脱段约占整个周期的 60%。

（2）正弦振动。结晶器的运动速度和时间成正弦规律变化，如图 10-26 虚线 2 所示。其上下振动时间相等，上下振动最大速度也相同，在振动周期中，铸坯与结晶器之间存在着相对运动。而且由于结晶器运动速度是按正弦规律变化的，其加速度必然按余弦规律变化，因而过度比较平稳，冲击力较小。在结晶器下降过程中有一小段的负滑脱阶段，与梯速振动相比，负滑脱阶段较短，增加了坯壳被拉断的可能性，为弥补这一弱点应充分利用正弦振动加速度较小的优点，采用高频率振动以提高"脱模"效果，还可以减小铸坯表面振痕深度，改善表面质量。正弦振动的一个突出优点是，只需一个简单的偏心机构就可实现，同时，在振动和拉坯之间也不需要严格的速度关系。近年来被国内外在各种断面的连铸机上普遍采用。

(3) 非正弦振动。正弦振动特性取决于振幅和振动频率，只有两个独立变量，波形调节能力小，而负滑动时间随振动频率的增大和振幅的增大而增大。但是过高的振动频率和过大的振幅会降低系统的稳定性，增大铸坯与结晶器之间的摩擦，难以适应高拉速。因而发展了非正弦振动(见图 10-27)。

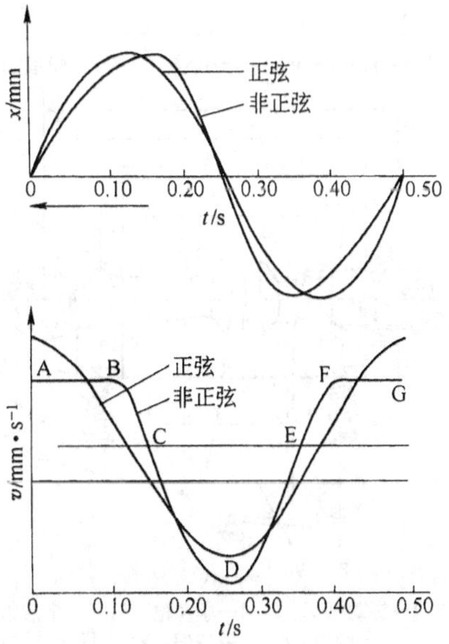

图 10-27 非正弦振动波形

非正弦波振动的特点是：负滑动时间短，有利于减轻铸坯表面振痕深度；正滑动时间较长，可增加保护渣耗量，有利于结晶器润滑；结晶器向上运动速度与铸坯运动速度差较小，可减少结晶器与铸坯之间的摩擦力，即减少了坯壳中的拉应力，减少拉裂。

实现非正弦振动方式目前有液压和机械两种。国外采用液压伺服系统效果好，但结构复杂，投资昂贵，维护要求高。我国已有人开发出机械驱动系统。

C 结晶器振动装置的类型

结晶器振动机构按照结晶器运动轨迹的实现方法大致可分为下列四种：

(1) 导轨式振动机构：导轨式振动机构原理如图 10-28a 所示。结晶器的运动轨迹，靠它上面的导轮 2 沿导轨 1 的运动来达到。以弧形振动时，可把导轨加工成两条折线，因振动幅度很小(一般为 5～20mm)，轨迹近似弧形。振动频率和振幅由凸轮 4 的转速和形状来决定。这种机构构造简单，所占空间小，在直线型结晶器上应用较多，弧形振动时因滑块磨损严重，调整困难，走弧误差较大。近年来这种振动机构逐渐减少。

(2) 长臂振动机构：长臂振动机构的原理如图 10-28b 所示。它有一根能准确实现弧线运动的长臂，其支点到结晶器外弧铜板工作面中心的距离 L 等于圆弧半径 R。这种结构也比较简单，但长臂所占空间较大，并且长臂所处的环境温度较高，会影响它的运动轨迹，一般用于小断面铸坯结晶器的振动。

(3) 差动齿轮式振动机构：如图 10-28c 所示。其结构是把结晶器安置在一个弹簧支承的框架上，框架靠两个节圆半径不同的扇形齿轮 3、5 的摆动实现弧线运动。扇形齿轮通过凸轮-杠杆机构带动，进而带动同轴上的小齿轮转动，小齿轮 2、4 具有相同的节圆半径，它推动固定在框架两面的扇形齿轮做上下往复运动。这种机构适用于大型连铸机，其优点是能准确实现结晶器的弧线运动，而且由于它与第一段二冷装置连成一体，比较紧凑，能整体吊装，快速更换，便于维护和处理事故。

(4) 四连杆式振动机构：这种机构也称双摇杆式或双短臂式振动机构，如图 10-28d 所示。它又有内弧和外弧布置两种，但结晶器均固定在振动框架上，振动框架铰接在两连杆上的一端，拉杆 3 由电动机减速箱、凸轮等传动做往复运动，从而带动连杆 4 摆动，连杆 5 也随着摆动，使振动架 2 能按一定轨迹运动，这种机构具有运动轨迹准确，结构简单紧凑，易于维修，也有利于改善铸坯质量，因此，近年来在大型板坯和小方坯连铸机上得到广泛应用。

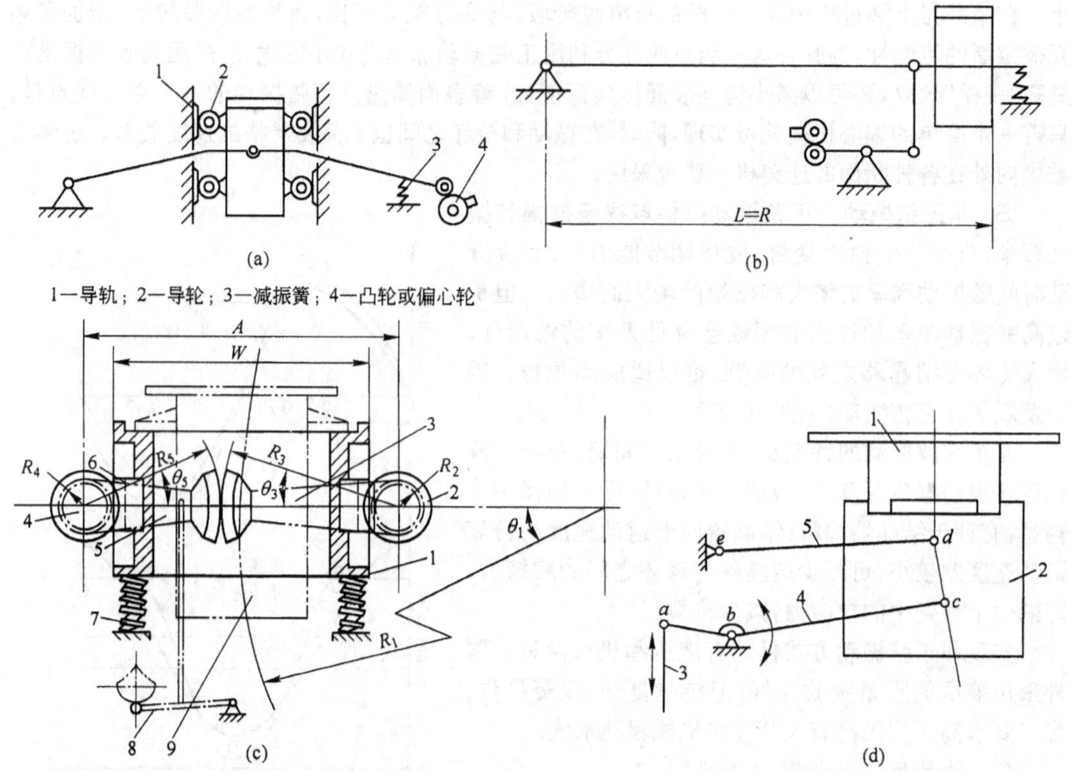

1—导轨；2—导轮；3—减振簧；4—凸轮或偏心轮

1—振动框架；2、4—小齿轮；3、5—扇形齿轮；6—齿条；7—弹簧；8—凸轮或偏心轮-杠杆式机构；9—结晶器

1—结晶器；2—振动架；3—拉杆；4、5—连杆

图 10-28 结晶器振动装置原理

(a)导轨式振动机构；(b)长臂振动机构；(c)差动齿轮式振动机构；(d)四连杆式振动机构

D 结晶器的振动参数

结晶器振动的运动参数主要是振幅 A(mm)和频率 f(次/min)。结晶器上下振动一次的时间叫做振动周期 T(s)，即 $f=60/T$。振幅 A 小，结晶器内钢液面波动小，浇注时易于控制，减少坯壳拉裂危险；频率 f 高，铸坯处于较大的动态中，有利于脱模，且铸坯表面振痕深度减小。随着连铸技术的进步，拉速的提高，要求采用高频率小振幅。近年来小方坯连铸机 $f=75\sim240$ 次 / min，$A=3$mm；板坯连铸机 $f=49\sim120$ 次 / min，$A=3.5\sim5.7$mm。在国外已有用 $f=400$ 次/min 和 $A=2$mm 的连铸机。

10.4.5 二次冷却装置

二次冷却装置由支承导向系统、喷水冷却系统和安装底座组成。

二次冷却装置的作用：(1) 用水或气水对带液芯的铸坯直接强制冷却，加速凝固，并进入拉矫区；(2) 通过夹辊和侧导辊，对铸坯和引锭杆的运动起导向和支承作用，并防止铸坯可能产生的“鼓肚”、菱形、弯曲等变形；(3) 对带直结晶器的弧形连铸机，还有对铸坯的顶弯作用，对超低头连铸机此区又是分段矫直区。

二冷区的工艺要求：(1) 二冷装置在高温铸坯作用下应有足够的强度和刚度；(2) 结构简单，对中准确，调整方便，能适应改变铸坯断面的要求，便于快速更换和维修；(3) 能按要求调整喷水量，以适应铸坯断面、钢种、浇注温度和拉坯速度等变化的要求。

10.4.5.1 二次冷却装置的基本结构形式

二次冷却装置按其封闭形式来区分有箱式结构和房式结构两种。

箱式二次冷却装置如图10-29所示，整个二冷区是由若干段封闭的箱体连接组成，所有支承导向部件和冷却水喷嘴系统都安装在封闭的箱体内。封闭的目的在于把喷水冷却铸坯时产生的大量水蒸气抽掉，以免影响操作。

房式二次冷却装置如图10-30所示，整个二冷区由一段或若干段敞开的机架组成，夹辊部件装在各段机架内。为了排除水蒸气，把二冷区的全部或上面一部分封闭在一个钢板结构的房室内。

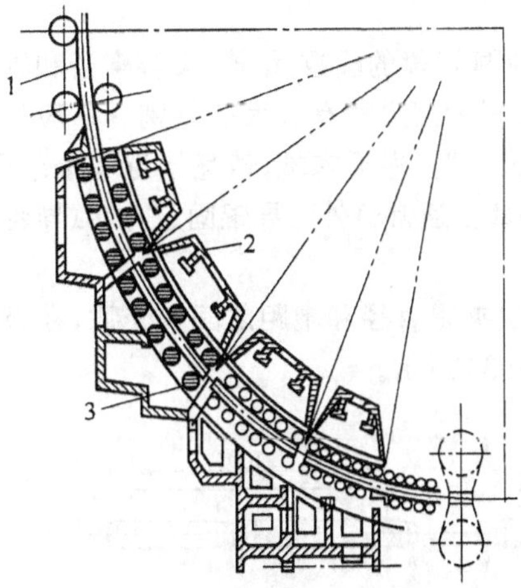

图10-29 箱式二次冷却装置

1—铸坯；2—箱体；3—夹辊；

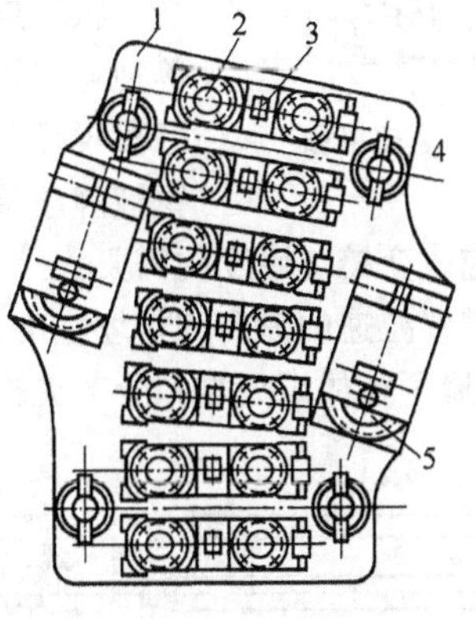

图10-30 房式二次冷却装置(牌坊结构)

1—牌坊架；2—夹辊；3—垫块；4—拉杆；5—车轮(开出式小车)

近代大型连铸机，为解决整个二次冷却装置的受力变形和受热变形问题，各扇形段应通过刚性很好的共同底座(图10-31)安装在基础上，或采用活动的支承方式，从而保证了对弧准确。

10.4.5.2 小方坯连铸机的二冷装置

由于小方坯断面小，不易鼓肚变形，其铸坯导向装置正进一步简化。在二冷区只安装水冷托板或少数夹辊或不用夹辊，主要用于装引锭杆和浇注开始阶段对铸坯起支承作用。例如，Concast的小方坯连铸机采用多级结晶器。Rokop的小方坯连铸机采用刚性引锭杆，使二冷区结构大大简化，为处理漏钢等事故创造了便利条件。为了保证铸坯质量，只需控制二冷区的冷却强度，小方坯连铸机的二冷区的喷水量有40%是用在结晶器下口的喷水环处。

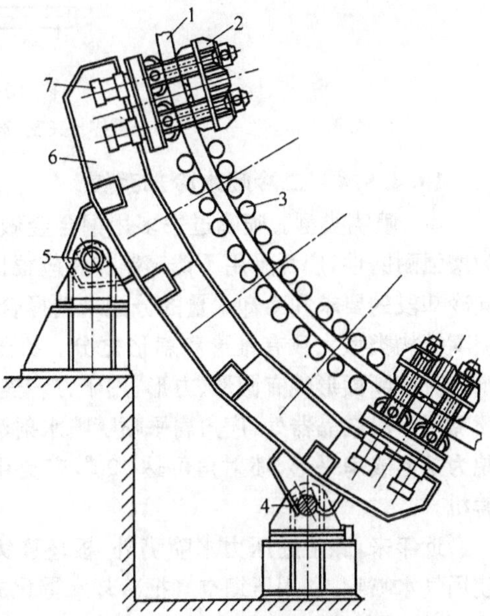

图10-31 二冷支导装置的底座

1—铸坯；2—扇形段；3—夹辊；4—活动支点；5—固定支点；6—底座；7—液压缸

10.4.5.3 板坯连铸机的二冷装置

为了便于加工制造、安装调整和快速处理事故，板坯连铸机的二次冷却装置一般由若干扇形段组成。板坯容易鼓肚，所以采用密排的夹辊，辊缝小，并要求对弧精度高。

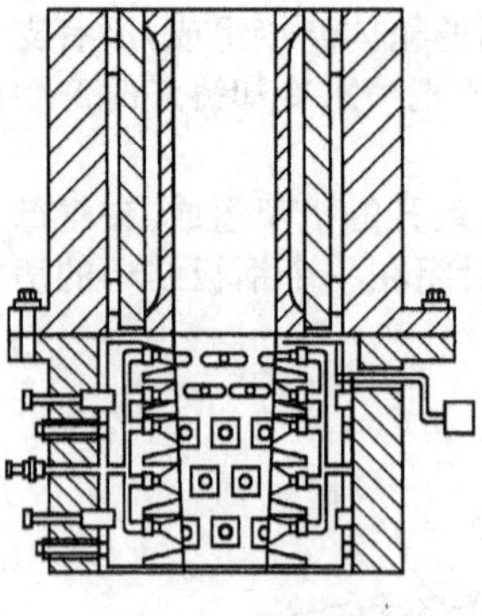

图 10-32　冷却格栅

第一段处在结晶器下口，要求与结晶器有准确的对中，为此，现代的板坯连铸机均把它和结晶器振动装置组装在一起，称为快速更换台，以便快速整体吊换。结晶器下口的第一扇形段有板式和辊式两种。板式结构也叫冷却格栅或冷却板，如图 10-32 所示。在冷却板上开有许多交错布置的方孔，通过这些孔将冷却水直接喷射到铸坯表面。但格板易磨损、变形，更换次数较多。辊式是目前应用较多的一种，在结晶器与辊之间、辊与辊之间设冷却水喷嘴。

板坯连铸机二冷区其他扇形段的段数、结构、夹辊辊径和辊距等视连铸机类型、钢种和铸坯断面尺寸有较大的差别。一般后续各段辊径和辊距依次逐渐大一些，靠近末端，铸坯接近完全凝固，钢液静压最大，故辊径大一些。通常将外弧导辊固定，内弧导辊位置可调，以适应改变铸坯厚度的需要。

近年来，随着拉速的提高和板坯宽度的加大，为了解决夹辊直径和辊距之间的矛盾，在板坯连铸机上又发展了整体短夹辊和分节夹辊，其结构如图 10-33 所示。

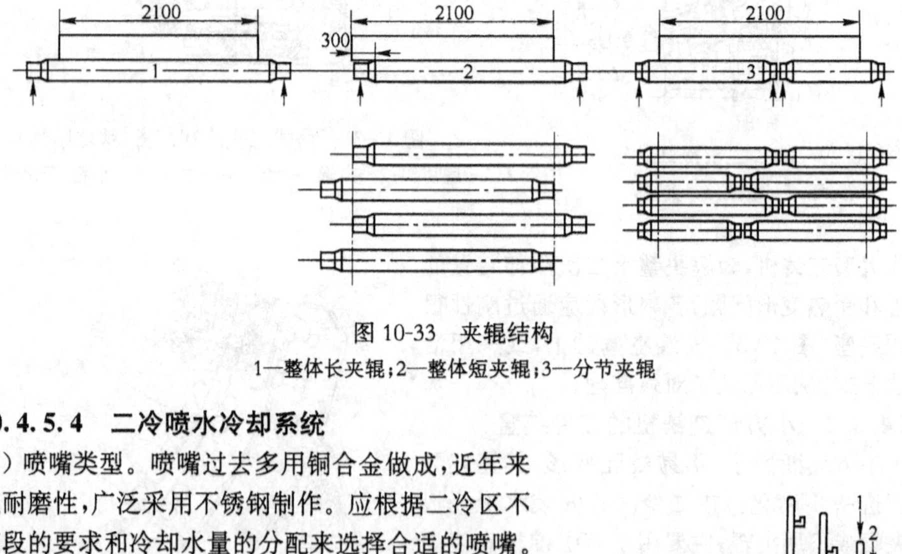

图 10-33　夹辊结构

1—整体长夹辊；2—整体短夹辊；3—分节夹辊

10.4.5.4　二冷喷水冷却系统

(1) 喷嘴类型。喷嘴过去多用铜合金做成，近年来为增强耐磨性，广泛采用不锈钢制作。应根据二冷区不同冷却段的要求和冷却水量的分配来选择合适的喷嘴。喷嘴结构类型大致有锥形和扁形之分。锥形喷嘴的喷水射流横断面形貌有圆形、方形，用于方坯连铸机，扁形喷嘴用于出结晶器处；广角扁平喷嘴喷水射流横断面形貌为矩形或扁平形，喷射角可达 120°，广泛用于板坯连铸机。

近年来，除上述压力水喷嘴外，板坯连铸机还广泛使用气水喷嘴，利用压缩空气把冷却水雾化成极细的水滴，并从两旁喷射出来，如图 10-34 所示。其优点是铸坯冷却均匀，节水约 50%，喷嘴用量减少，便于维修，喷嘴出水孔不易堵塞，气水调节范围大。

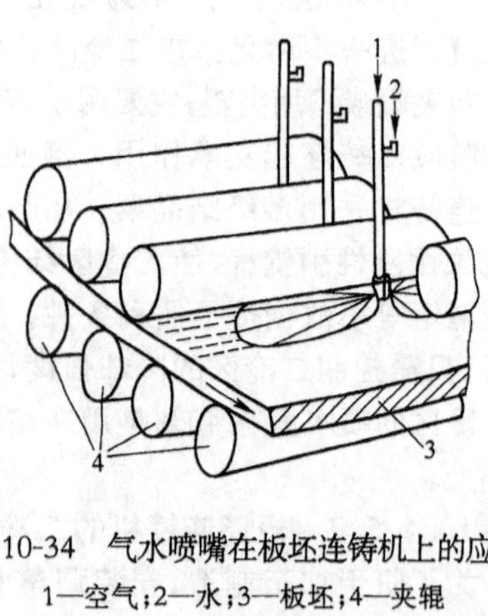

图 10-34　气水喷嘴在板坯连铸机上的应用

1—空气；2—水；3—板坯；4—夹辊

(2) 喷嘴的布置。在二冷区沿连铸拉坯方向的冷却水分布很难做到连续变化，因此把二冷区分成若干个冷却段，每段内喷水量的分配原则是，既要使铸坯快速冷却，又要防止急冷时坯壳产生过大的热应力，并且使铸坯表面温度均匀下降，在矫直点之前铸坯表面温度一般大于900℃。由于铸坯液芯在二冷区内的凝固速度与时间平方根成反比，因而冷却水量也大致按时间平方根的倒数递减。又由于喷洒在内弧表面上的水易停留在夹辊处聚集，因此，铸坯内弧侧的喷水量约为外弧侧的1/2～1/3。

10.4.5.5 二冷区水量计算

二冷区冷却水的压力一般取0.3～0.6MPa。其喷水量与铸坯断面、拉速和钢种有关。二冷区总耗水量的计算式如下：

$$Q_0 = \delta \cdot Q \tag{10-34}$$

式中 Q_0——二冷区总耗水量，t/h；

Q——连铸理论小时产量（见式10-21），t/h；

δ——比水量，L/kg或t/t。

比水量又称冷却强度，即每单位质量的铸坯所消耗的二次冷却水量，表达式如下：

$$\delta = \frac{q}{Wv} \tag{10-35}$$

式中 q——每分钟二次冷却总水量，L/min；

W——每米铸坯重量，kg/m；

v——工作拉速，m/min。

比水量δ值根据所浇注的钢种决定，对低碳钢、低合金钢和裂纹不敏感钢种取$\delta = 1.0$～1.2L/kg；对中高碳钢、合金钢取$\delta = 0.6$～0.8L/kg；对某些热敏感性强的钢种取$\delta = 0.4$～0.6L/kg；高速钢取$\delta = 0.1$～0.3L/kg。

根据连铸凝固传热数学模型，计算二冷区铸坯的合理表面温度分布，以及传热系数分布，从而可计算出各段的喷水量，这也是连铸二冷自动控制的基础。

10.4.6 拉坯矫直装置

10.4.6.1 拉矫装置的作用和要求

拉矫装置的作用是夹持拉动铸坯，使之连续向前运动，并把弧形铸坯矫直；在浇注准备时还要把引锭杆送入结晶器下口。

对拉矫装置的工艺要求是：(1) 在浇注过程中能克服结晶器和二冷区的阻力，把铸坯顺利拉出；(2) 具有良好的调速性能，以适应改变钢种、断面和上引锭杆等的要求，对自动控制液面的拉坯系统能实现闭环控制；(3) 在保证铸坯质量的前提下，能实现完全凝固或带液芯铸坯的矫直；(4) 结构简单，工作可靠，安装调整方便。

拉矫机的类型按辊子的多少来标称，可分为4、5、6和8辊拉矫机，又因它们是在铸坯完全凝固后矫直，故称普通拉矫机。另外，有低压多辊拉矫机，为带液芯铸坯拉矫机。

10.4.6.2 拉矫机的结构特点

图10-35为小方坯连铸机四辊拉矫机，又称一对拉辊三点矫直机。辊子6、7和9是驱动辊，上拉辊6兼有矫直作用。为使弧形链式引锭杆能顺利进入拉辊，拉辊6和7布置在垂直中心线左边的弧形二冷区内，而把矫直辊9布置在垂直中心的弧形切点上。在开浇时只用拉辊6、7夹住引锭杆，矫直辊10抬起，以便让引锭杆通过。待铸坯前端进入拉辊后，辊10把引锭头的尾部轻轻压一下，使引锭头与铸坯脱开，然后仍抬起让引锭头通过。待铸坯前端到达辊10位置将辊10压下，使

铸坯矫直，并进入正常工作状态。该机结构简单，对大节距引锭链易于脱锭，但因它只有一对拉辊拉坯，使紧靠拉辊的一小段铸坯上受到较大的拉应力和正压力，造成铸坯受压大且变形量也大。

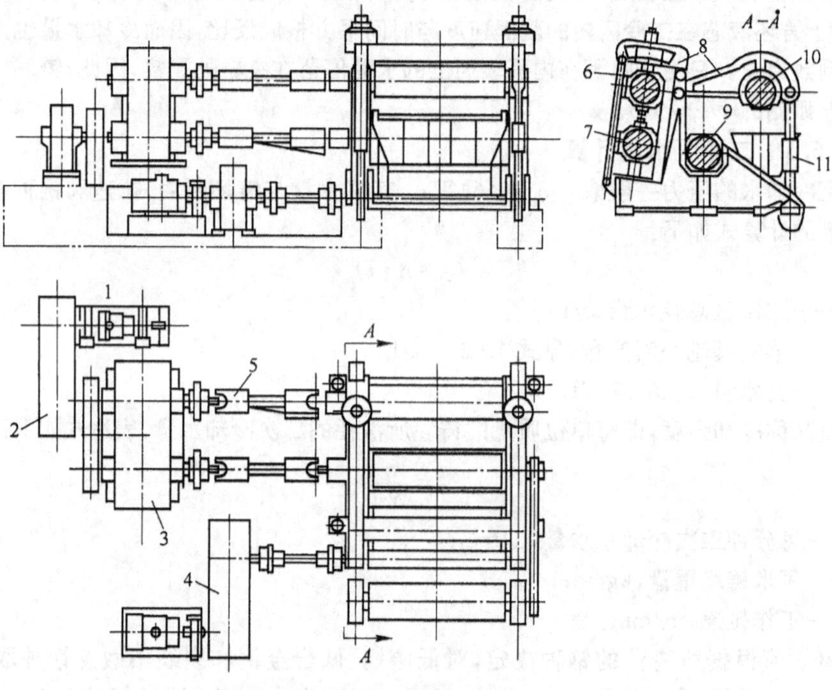

图 10-35 四辊拉矫机

1—电动机；2—减速器；3—齿轮座；4—上矫直辊压下驱动系统；5—万向接轴；6—上拉辊；7—下拉辊；8—牌坊－钳式机架；9—下矫直辊；10—上矫直辊；11—偏心连杆机构

图 10-36 为板坯连铸机使用的一种低压多辊拉矫机，它最多由 20 多对辊子分两段组成，第一段在弧形区内，第二段在切点以后水平段，在切点处的下辊有一个大直径的支承辊，用它来承受较大矫直力。由于对铸坯进行多点矫直，多辊拉坯，每对拉辊上的压力小，因而拉矫机可实行小辊径密排布置。这样，使带液芯的铸坯在矫直的两相区内避免产生内裂纹，防止铸坯鼓肚变形，从而可以采用高拉速。

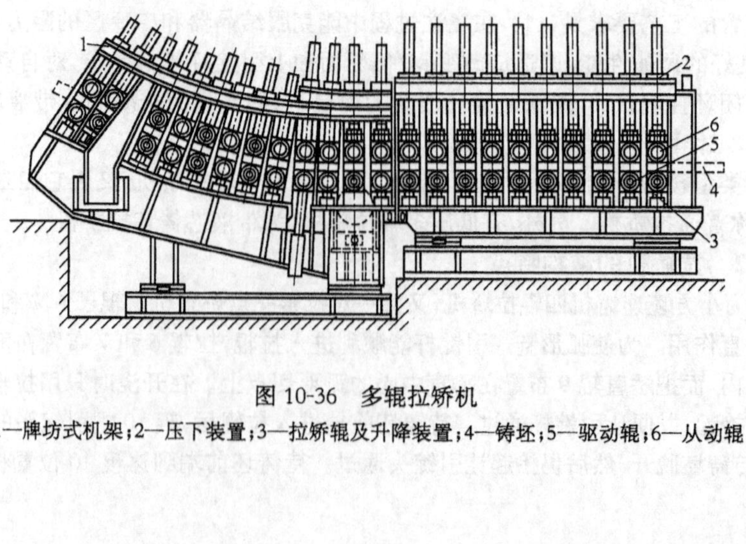

图 10-36 多辊拉矫机

1—牌坊式机架；2—压下装置；3—拉矫辊及升降装置；4—铸坯；5—驱动辊；6—从动辊

10.4.7　引锭装置

引锭装置包括引锭头、引锭杆和引锭杆存放装置。引锭装置的作用是在开浇时堵住结晶器的下口(通常引锭头伸入结晶器下口内约200mm,尾部在拉矫机内保持500～1000mm的长度),并使钢水在引锭头处凝固,通过拉辊把铸坯带出,在铸坯进入拉矫机后,把引锭杆脱去,进入正常拉坯状态。引锭杆则送入存放装置待下次开浇时使用。

引锭杆按结构形式可分为挠性和刚性两类,按安装方式又分下装和上装两种。

10.4.7.1　挠性引锭杆

挠性引锭杆一般做成链式,依据链环的长度又分长节距和短节距两种。用于弧形连铸机的长节距链式引锭杆,引锭头和弧形链板的外弧半径等于连铸机的圆弧半径,每节链板长约800～1200mm,如图10-37所示。它工作可靠,刚性好,运行平稳,与钩式引锭头相配便于机动脱锭。但不能用于超低头和多辊拉矫机的连铸机上。

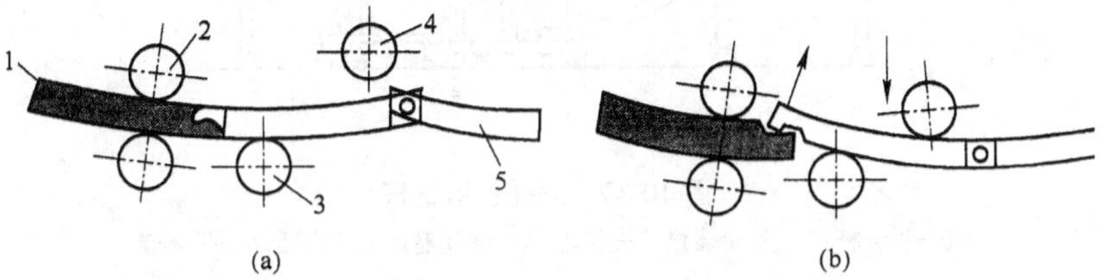

图10-37　长节距链式引锭头机动脱钩

(a) 上矫直辊4停在最高位置;(b) 上矫直辊4下降到正常位置,引锭头与铸坯头部脱开

1—铸坯;2—拉辊;3—下矫直辊;4—上矫直辊;5—引锭链

短节距链式引锭杆的节距短(小于辊间距),可制成直线形,加工方便,不易变形,改变铸坯断面时只需改变相应的断面的引锭头。图10-38为钢板引锭链,目前多用于宽板坯连铸机和多流连铸机。

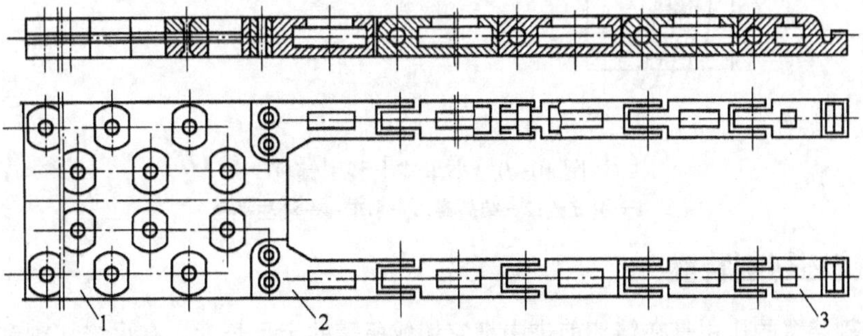

图10-38　钢板引锭链

1—挠性钢板;2—链板;3—引锭头

10.4.7.2　刚性引锭杆

刚性引锭杆如图10-39所示,它是一根带有钩头的实心弧形钢棒,当铸坯进入拉矫机时,该处有一个上辊会自动压下,把引锭杆和铸坯分开,然后引锭杆转动90°达到存放位置。

10.4.7.3 上装引锭杆

上装引锭杆可缩短送引锭杆时间，在部分板坯机上采用。有小车式、摆动式和导入式等几种。如图 10-40 所示，为小车式上装引锭杆，通过传动装置把引锭杆经结晶器的上口送到拉矫机。

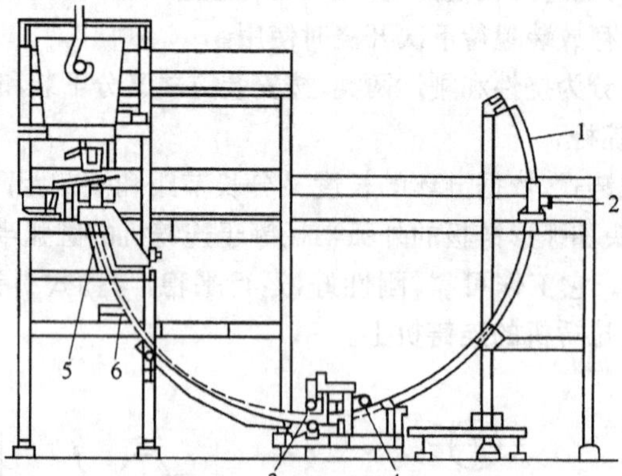

图 10-39 刚性长引锭杆
1—引锭杆；2—驱动装置；3—拉辊；4—矫直辊；5—二冷区；6—托坯辊

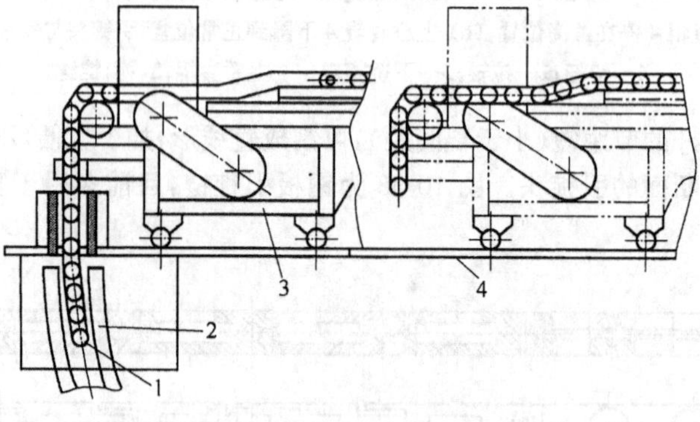

图 10-40 小车式上装引锭杆
1—引锭链；2—结晶器；3—小车；4—浇注平台

10.4.8 铸坯切割装置

铸坯切割装置的作用是在铸坯前进中把它切成所需的定尺长度。有火焰切割和机械切割两种。

一般在板坯、大方坯、圆坯和多流连铸机上多采用火焰切割。它的特点是：设备质量小，不受铸坯温度和断面大小限制，切口较齐，设备的外形尺寸较小；但是金属烧损较大，约 1%～2%；对环境有污染，需设置消烟和清渣设备；当切割短定尺时，需增加二次切割设备。

机械剪切多用于小方坯连铸机。其剪切速度快，定尺可调，金属损失小，但设备质量大，消耗功率较高，切口附近的铸坯部分易变形。

10.5 压缩浇注和电磁搅拌装置

10.5.1 压缩浇注

压缩浇注是在矫直区内，给带液芯的铸坯以一定压应力，减小甚至完全抵消铸坯在矫直过程中所产生的拉应力，使铸坯内固液两相区界面上的凝固层的伸长率不超过允许值，避免铸坯产生内裂，实现带液芯矫直，从而提高连铸机拉速。

如图 10-41 所示，在矫直点前面有一组驱动辊进行加速，给铸坯以一定推坯力；而在矫直点后有一组制动辊进行减速，给铸坯以一定的制动力。当无铸坯时，该制动辊与拉坯方向作反向运动。当有铸坯通过时，它在铸坯推动下被迫向拉坯方向转动，在计算机控制下正转减速制动，对铸坯产生制动力。这样，铸坯在矫直区内处于受压（压应力）状态下矫直。图中 a 表示驱动辊与制动辊在铸坯中产生的压应力，b 是矫直应力，c 为合成应力，使内弧中拉应力减小。控制好对铸坯的压应力，就可以控制铸坯中拉应力的大小，甚至使其为零。

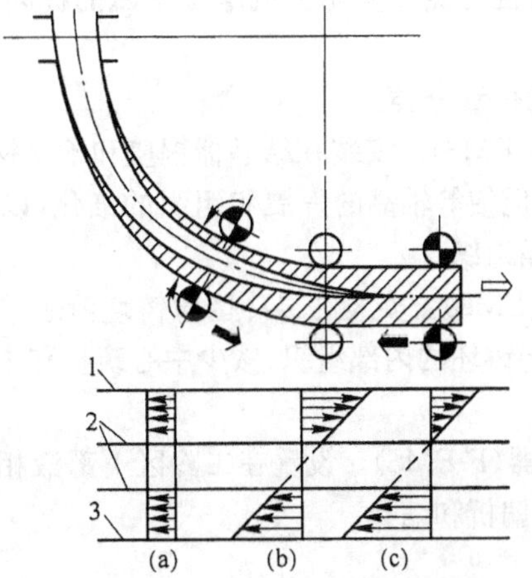

图 10-41 压缩浇注原理及坯壳应力图

1—内弧表面；2—两相界面；3—外弧表面

10.5.2 电磁搅拌装置

电磁搅拌是利用电磁力搅拌正在凝固的钢液。连铸电磁搅拌器实质上是一个磁能发生器，由它产生的磁场进入钢水时，就有感应电流产生，即 $\vec{J}=\boldsymbol{\sigma}\times\vec{U}\times\vec{B}$（$\boldsymbol{\sigma}$ 为钢水导磁率，$\boldsymbol{U}$ 为磁场运动速度，$\boldsymbol{B}$ 为磁通密度）。感应电流和磁场相互作用产生磁力，即洛沦兹力 $\vec{F}=\vec{J}\times\vec{B}$，驱使钢液作有规律的流动。

电磁搅拌器有下列类型：

(1) 按电磁搅拌器的结构外形分类。可分为旋转磁场式、直线移动磁场式和管状感应圈式三种（图 10-42）。旋转磁场式可使钢液作水平方向旋转，多用于小方坯、大方坯和圆坯。直线移动磁场式可使钢液作横向或水平方向（用于板坯连铸机）和作竖直上下（用于大方坯和板坯连铸机）旋转。管式感应圈式作上下旋转（用于大方坯和小方坯连铸机）和作横向或水平方向旋转（用于板坯连铸机）。

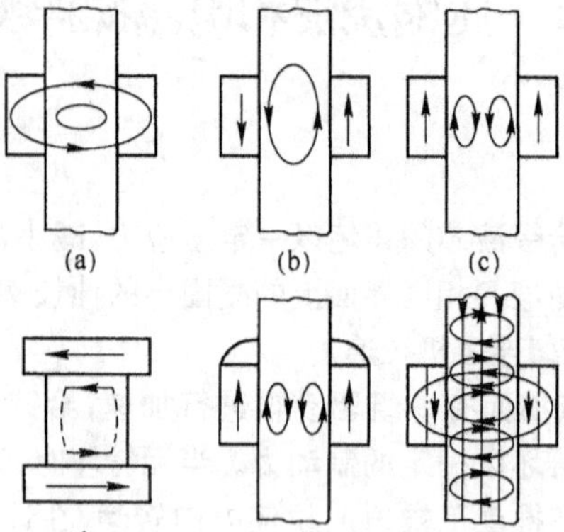

图 10-42 电磁搅拌器运动模型图

(a) 旋转;(b) 双边相对直线;(c) 双边平行直线;(d) 双边水平直线;(e) 管式;(f) 螺旋

(2) 按电磁搅拌器磁场特性分类。采用交流电源激磁的称动磁场,采用直流电源激磁的称静磁场。

(3) 按电磁搅拌器安装的位置分类。

1) 结晶器电磁搅拌器(M-EMS)。安装在结晶器铜壁和不锈钢支框架的背后。通过 M-EMS 对铸坯凝固前沿的冲刷作用,促使等轴晶的发展和组织的细化,以及夹杂物和气泡上浮,从而改善铸坯的表面质量和凝固结晶组织。

2) 二冷段电磁搅拌器(S-EMS)。安装在二冷区段铸坯液芯柱状晶"搭桥"前,可阻止柱状晶生长,扩大等轴晶区,从而改善铸坯的内部组织,减少中心疏松和中心偏析,使夹杂物在横断面上分布均匀。

3) 最终凝固段电磁搅拌器(F-EMS)。设置在二冷区下部液相穴末端附近,搅动凝固前沿的钢液,有利于减轻或消除中心偏析和缩孔。

思考题

10-1 按结构外形,连铸机可分为哪些类型,各有何特点,目前使用最多的是何种机型?

10-2 如何确定(弧形)连铸机的各项主要工艺参数?

10-3 连铸机与炼钢炉怎样才能合理匹配,实现多炉连浇需要具备哪些条件?

10-4 钢流控制系统、钢包回转台、中间包等设备有什么作用,它们的工作原理及工艺要求?

10-5 连铸过程中结晶器为什么要振动,主要的振动方式有哪些?

10-6 常用的结晶器类型有哪些,其结构特点?

10-7 二次冷却装置有什么作用,常用类型有哪几种?

10-8 拉坯矫直装置有什么作用,有哪些类型,其结构有何特点?

10-9 引锭装置有哪几种类型,各有何特点?

10-10 铸坯切割有哪些方法,各有何特点?

10-11 什么是压缩浇铸和电磁搅拌,它们有什么作用?

11 氧气转炉炼钢车间

在钢铁联合企业中，炼钢车间处于中间环节，它以炼铁车间的铁水为主要原料，而将产品（钢坯）供给轧钢车间轧制成各种规格的钢材，以满足市场的需要。故炼钢车间在钢铁联合企业中起着承前启后的作用，其生产正常与否直接影响到炼铁车间和轧钢车间的生产。现代转炉炼钢车间的基本工艺是：铁水预处理→复吹转炉→炉外精炼→连铸。氧气转炉炼钢的主要特点是冶炼周期短，日产炉数多，吞吐量大，生产频率高。因此，在确定氧气转炉炼钢车间的总体布置和工艺流程时，必须处理好车间内外各个工序环节之间的衔接关系，以及与炼铁、轧钢的协调，保证各个物料流顺行，互不干扰，各工序作业顺畅，以充分满足生产的需要，并尽可能采用机械化、自动化的操作和管理。

11.1 转炉车间组成与生产能力计算

11.1.1 转炉车间组成

现代氧气转炉炼钢车间一般由以下各部分组成：主厂房（包括炉子跨、原料跨、炉外精炼及钢包转运跨、浇注系统各跨间）；铁水预处理站及铁水倒罐间或混铁炉间；废钢堆场与配料间；铁合金仓库及散状原料储运设施；中间渣场；耐火材料仓库；一、二次烟气净化设施及煤气回收设施；水处理设施；分析、检测及计算机监控设施；备品备件库、机修间；生产必须的生活福利设施；水、电、气（氧、氩、氮、压缩空气）等的供应设施。

而车间的主要生产操作都集中在主厂房内进行，通常主厂房至少包括原料跨、炉子跨和浇注跨（单跨或多跨间）。

11.1.2 转炉容量和座数的确定

11.1.2.1 转炉容量

转炉在一个炉役期内，由于炉衬受侵蚀而逐渐减薄，炉容量随之增大，因此，需要一个统一的衡量标准，叫做公称容量。

目前，国内外对转炉公称容量的定义大致有三种，即在一个炉役期内：(1)平均装金属料量（铁水+废钢），优点是便于做物料平衡和热平衡计算；(2)平均炉产良锭（坯）量，优点是便于直接衡量车间的生产规模和各项技术经济指标；(3)平均炉产钢水量，它介于前二者之间，不仅便于相互换算比较，而且不受操作方法和浇注方法的影响。

我国转炉公称容量一般用一个炉役期内的平均炉产钢水量来表示。新建转炉公称容量按表11-1的系列选定。当前，设备容量大型化已成为氧气转炉发展的方向。

据2001年国内大中型钢铁企业统计，国内共有转炉223座，转炉公称吨位总计为10960t。

其中不小于150t的大型转炉19座，其公称吨位为4180t，占国内转炉公称吨位总量的38.1%；80～150t中型转炉42座，其公称吨位总计为3981t，占36.3%；30～80t和不大于30t小型转炉分别为44座和118座，公称吨位总计为2800t，占25.6%。

表11-1 氧气转炉公称容量系列

转炉公称容量/t	20(15)	30	50	100	120	150	200	250	300
最大出钢量/t	30(20)	36	60	120	150	180	220	275	320
钢包容量/t	30(20)	40	60	120	150	180	220	275	320
浇注吊车起重量/t	63/16	80/20	100/32	180/63/20	225/63/20	280/80/20	360/100/20	400/100/20	450/100/20

11.1.2.2 转炉座数

转炉座数的确定与采用的吹炼制度有关。即采用“三吹二”制或“二吹一”制。所谓“三吹二”，就是保持两个转炉生产，一个转炉处于修炉或待用状态；“二吹一”即一个转炉生产，另一个转炉处于修炉或待用状态。“三吹二”制与“二吹一”制比较，前者炉座利用率高，操作频率高，可达66%以上；后者车间布置相对简单，而转炉炉容量较大。

由于炉衬材质的改进和溅渣护炉技术的采用，炉龄大幅度提高，生产实践中为提高生产效率，往往采用“二吹二”或“三吹三”模式，同时公称容量日趋大型化。

11.1.3 车间生产能力的确定

转炉车间生产能力的确定，实质上就是公称容量及炉座数的选定。在选定转炉容量和座数时，要根据产品、产量的需求和原料资源储量及来源，以及运输、水、电、气的供应条件等进行论证。确定炼钢生产规模之后，即可计算所需用的炉容量与座数。

11.1.3.1 计算年出钢炉数

每一座吹炼转炉的年出钢炉数 N 为：

$$N=\frac{1440T_2}{T_1}=\frac{1440\times 365\eta}{T_1} \tag{11-1}$$

式中 T_1——每炉钢的平均冶炼时间，min，该数值可参考表11-2；

T_2——一年有效作业天数，d；

1440——一天的日历时间，min；

365——一年的日历天数，d；

η——转炉的作业率，%，若转炉与模铸或部分连铸配合时，一般取 $\eta=82\%\sim85\%$；若与全连铸配合则取 $\eta=75\%\sim80\%$。

表 11-2 氧气转炉平均冶炼时间

公称容量/t	15	30	50	100～120	150	200	250	300
平均供氧时间/min	12～14	14～15	15～16	16～18	18～19	19～20	20～21	21～22
平均冶炼时间/min	25～28	28～30	30～33	33～36	36～38	38～40	40～42	42～45

11.1.3.2 计算年产钢量

在选定转炉公称容量和转炉工作制后，即可计算出车间的年产钢水量：

$$W = nNq \tag{11-2}$$

式中 W——车间年产钢水量，t；

n——车间经常吹炼炉座数；

N——每一座吹炼炉的年出钢炉数；

q——转炉公称容量，t。

再根据浇注方法，就可计算出炼钢车间设计的年产钢量。

例如：120t 公称容量转炉三吹二工作制，该车间年产钢水量为：

$$\begin{aligned} W &= nNq \\ &= 2\times\frac{1440\times365\times85\%}{36}\times120 = 2978400(\text{t}) \end{aligned}$$

则该车间年产合格钢坯约 270 万 t。

11.2 转炉车间主厂房工艺布置

氧气转炉炼钢车间的主厂房，一般至少包括原料跨、炉子跨和浇注跨三个跨间。图 11-1 和图 11-2 所示为炼钢车间主厂房的平面布置和横断面图。

上述布置的特点是炉子跨位于主厂房中间，其一侧为原料跨，另一侧为浇注跨，可实行两面操作，一侧兑铁水和加废钢，另一侧出钢，互不干扰，物料流顺行。

另外，还有一种为加料与出钢同侧，炉子跨在外侧，再依次布置原料跨和浇注跨。这种布置钢包车运行距离较长，同时把原料跨分割为两段，不能设置贯通运输线，调度不灵活。

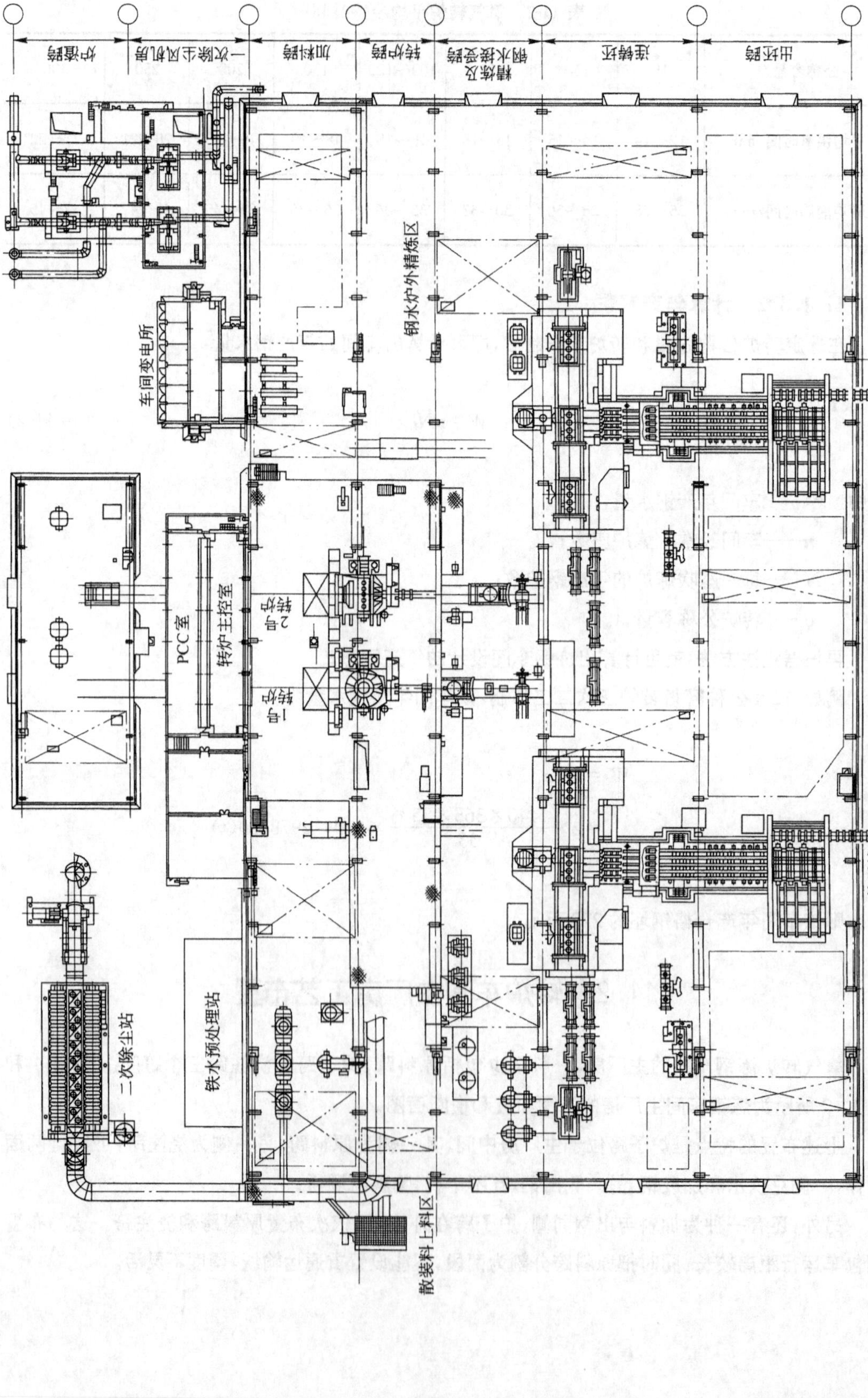

图 11-1 转炉炼钢车间工艺布置图

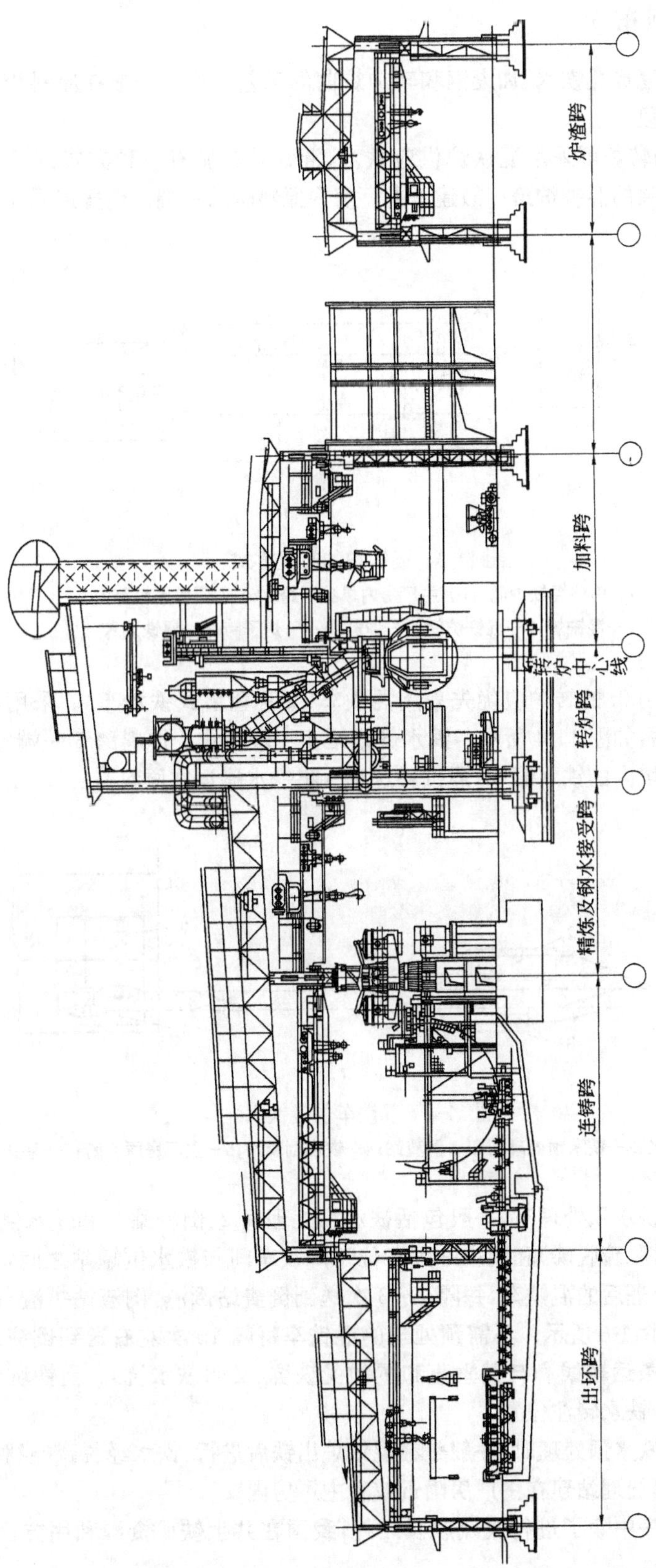

图 11-2 转炉炼钢车间横断面图

11.2.1 原料跨间布置

在原料跨内主要完成兑铁水、加废钢和转炉炉前的工艺操作。一般在原料跨的两端分别布置铁水工段和废钢工段。

容量小于 100t 的转炉可采用混铁炉供应铁水，混铁炉布置有三种方式：(1)独立的混铁炉间；(2)主厂房内设单独的混铁炉跨；(3)建于主厂房内原料跨的一端。现普遍采用的是第三种方式(参见图 11-3)。

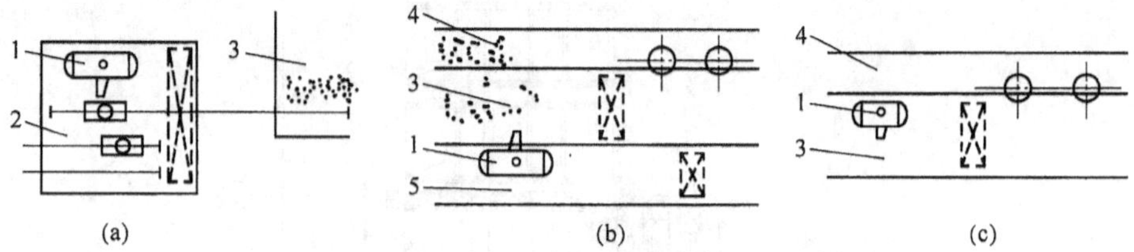

图 11-3 混铁炉的布置方式

(a) 单独混铁炉间；(b) 主厂房内单独一跨；(c) 主厂房原料跨内

1—混铁炉；2—混铁炉间；3—原料跨；4—炉子跨；5—混铁炉跨

对于容量不小于 100t 的转炉应优先采用混铁车(又称鱼雷式铁水车)。采用混铁车供应铁水时，应设铁水倒罐站，如图 11-4 所示。铁水倒罐站 4 一般布置于原料跨 5 一端的外侧，混铁车在此将铁水倒入铁水坑内的铁水罐中，通过移送车 6 将铁水罐运往原料跨。

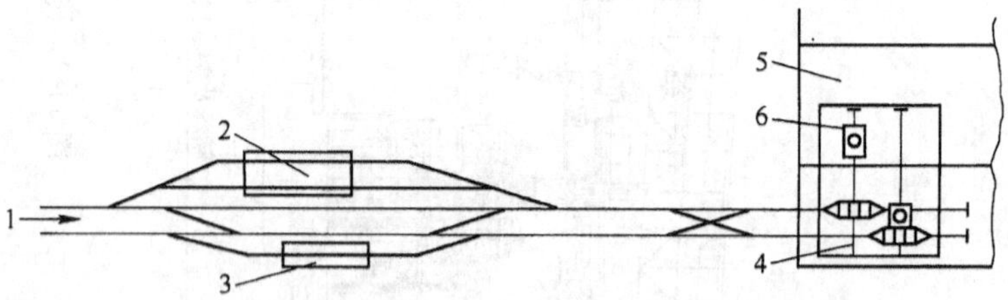

图 11-4 混铁车供应铁水

1—高炉铁水；2—铁水预处理间；3—倒渣站；4—铁水倒罐站；5—主厂房原料跨；6—移送车

混铁车方案进行铁水预处理时，一般包括铁水预处理间 2、倒渣站 3 和铁水倒罐站 4。铁水预处理间(脱硫或同时脱硫脱磷)和倒渣站大多位于炼铁车间与铁水倒罐站之间，且彼此平行布置。一般情况下，经处理后的混铁车，每隔 2～3 次送到倒渣站倒渣，倒渣站扒渣机布置见图 11-5。铁水预处理站如图 11-6 所示。不需预处理的混铁车每隔 10 次左右送到倒渣站倒渣。铁水倒罐站内一般设有两条运输线和与其垂直布置的受铁坑(又叫铁水坑)。受铁坑位于铁水线下面，一个受铁坑有两个铁水转注位置。

混铁炉方案进行铁水预处理时，一般是在混铁炉出铁后进行，铁水经脱硫(或脱磷)及扒渣后兑入转炉，这时铁水预处理站建在主厂房附近或者主厂房内。

在铁水预处理工序中除了进行脱硫脱磷之外，我国在共生铁矿资源利用方面，还发展了提

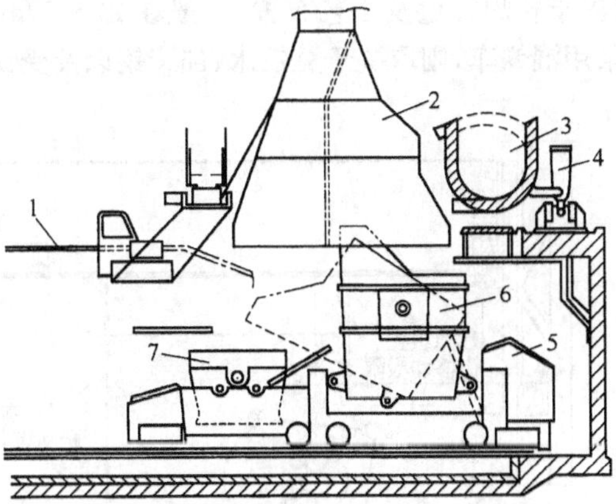

图 11-5 倒渣站扒渣机布置

1—扒渣机；2—集烟罩；3—混铁车；4—混铁车移动装置；5—称量运输车；6—铁水罐；7—渣罐

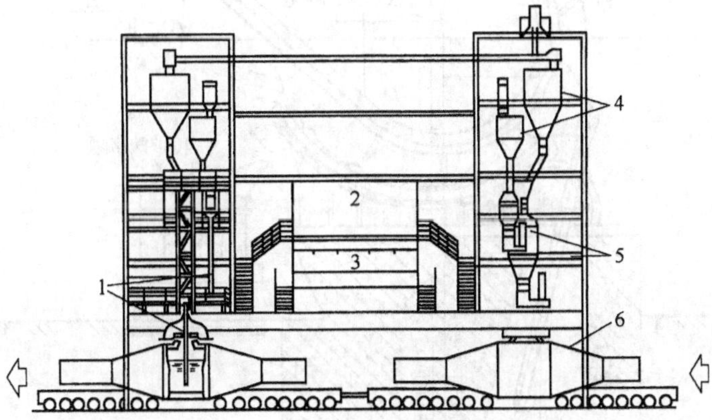

图 11-6 铁水预处理站

1—喷粉枪；2—配电站；3—操作室；4—高位料仓；5—粉剂分配器；6—混铁车

钒、提铌等。预处理程度和数量决定于原料条件和产品质量要求。在车间工艺设计中，要根据产品的要求设计规定的预处理量，并适当留出扩大预处理比例的余地。

小型炼钢车间有用高炉铁水罐运到原料跨直接供应转炉铁水的，还有采用化铁炉供应铁水的，显然这些方式在技术经济上都低于大型企业的工艺流程。

废钢的供应有两种布置方式：(1)在原料跨的一端设废钢工段，废钢由火车或汽车运入，用电磁盘吊车装入废钢料斗，称量后待用；(2)当加入转炉的废钢量大时(特别是大型炼钢厂)，在原料跨一端的外侧另建废钢间(一般垂直于原料跨)，在废钢间内加工处理后的废钢装入料斗经称重后，由地面或高架台车送进原料跨待用。

转炉渣罐的转运也有两种方式：(1)从原料跨内直接转运，渣罐运输线一般与废钢线在跨间的同一端或为贯通线；(2)将渣罐车横穿原料跨，在主厂房之外的中间渣场倒运或处理。

原料跨厂房的长度为铁水供应区、废钢供应区和转炉加料区三者长度之和，并加上两端检修吊车所需的长度。

原料跨厂房的宽度取决于转炉容量及工艺布置，一般在 21～27m 之间。若采用混铁炉，则取决于该工段的宽度；若采用混铁车，则取决于兑铁水、加废钢以及受铁坑所占的宽度。

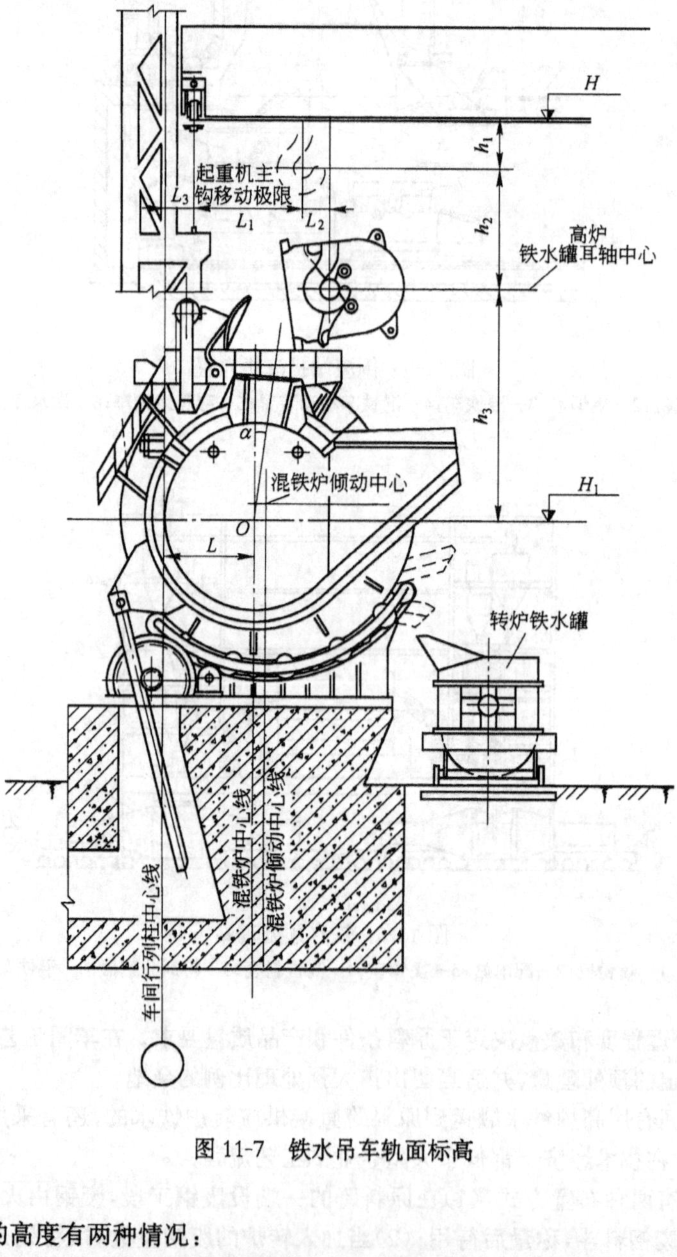

图 11-7 铁水吊车轨面标高

原料跨厂房的高度有两种情况：

(1) 用混铁炉时，吊车轨面标高应保证铁水吊车能将高炉铁水罐内的铁水顺利地兑入混铁炉受铁口，如图 11-7 所示。铁水吊车轨面标高 H(m)为：

$$H = H_1 + h_1 + h_2 + h_3 \tag{11-3}$$

式中 H_1——混铁炉中心标高，m；

h_1——铁水吊车主钩升高极限，m；

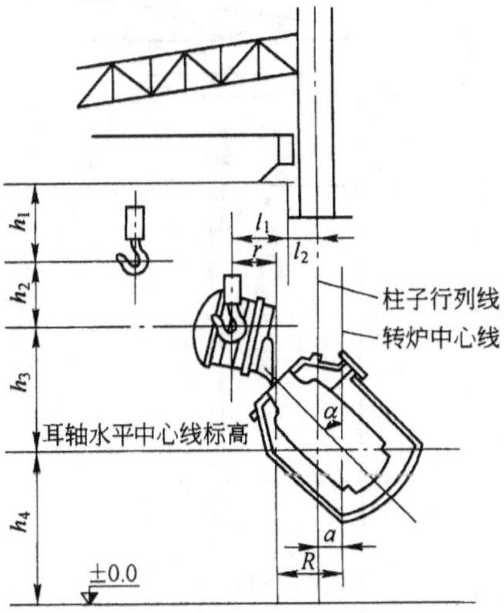

图 11-8　转炉中心线与厂房柱子纵向行列线间的距离 a 的示意图

h_2——安全距离，一般取 0.6～0.8m；

h_3——兑铁水时混铁炉中心至铁水罐的耳轴水平中心线的距离，m。

(2) 用混铁车时，吊车轨面标高应保证能将铁水包中的铁水全部兑入转炉，如图 11-8 所示。铁水吊车轨面标高 H(m)为：

$$H = h_1 + h_2 + h_3 + h_4 \tag{11-4}$$

式中　h_1——铁水吊车主钩升高极限，m；

h_2——安全距离，一般取 1m；

h_3——兑铁水时铁水包耳轴中心线至转炉耳轴水平中心线的距离，m；

h_4——转炉耳轴中心线标高，m。

11.2.2　炉子跨布置

炉子跨是主厂房的核心部分，很多重要的生产设备和辅助设备都布置在这里，如转炉、转炉倾动系统、散状料供应系统、供氧系统、底吹气系统、烟气净化系统、铁合金供应系统、出钢出渣设施等，有的还把拆修炉设备及炉外精炼设备也布置在此跨内。

11.2.2.1　横向布置

横向布置是指跨间横向柱列中心线之间的布置。

(1) 转炉在横向上的位置。如图 11-8 所示，转炉应布置在靠近原料跨处，转炉中心线与靠近原料跨的厂房纵向柱列中心线的距离 a，既要保证原料跨的吊车能顺利向转炉兑入铁水和加入废钢，又要在可能条件下，尽量保持足够大的距离，以便较好地布置氧枪升降机构，保证氧枪和副枪的正常工作。a 值的关系式为：

$$a = R + r - l_1 - l_2 \tag{11-5}$$

式中　R——转炉倾动到 30°～45°受铁位置时，炉口内沿到转炉耳轴中心线的水平距离；

r——铁水罐内全部铁水兑入转炉时，罐嘴前沿到铁水罐耳轴中心线的水平距离；

l_1——兑铁水吊车钩中心线至吊车轨道中心线的极限尺寸；

l_2——吊车轨道中心线与厂房柱子中心线的距离。

我国已投产的 30～300t 转炉的 a 值见表 11-3。

表 11-3　不同转炉容量与 a 值的关系

转炉容量/t	30	50	120	150	300
a 值/m	0.8	1.15～1.25	1.7	1.90	2.70

(2) 烟罩、烟道和氧枪、副枪的布置。通常烟罩和烟道沿跨间横向朝炉后弯曲，一是便于氧枪和副枪穿过烟罩插入转炉内，二是有一个连续的更换氧枪的通道，换枪方便。氧枪通道宽度约

1m左右，而且副枪总是布置在靠烟道一侧(参见图11-9)。

(3) 高位料仓的布置。散状料的各个高位料仓一般是沿炉子跨纵向布置，在其顶部有分配皮带机或振动管通过，因此，高位料仓只能布置在紧靠固定烟道的前面或后面。前者高位料仓中心线与转炉中心线的距离小，加料溜槽倾角大，便于实现重力加料，但烟道倾角较小，易于积渣灰。后者烟道倾角较大，不易积灰，但高位料仓的标高应提高。如我国武钢、首钢、日本川崎等属后者布置。

(4)除尘系统设备布置。除尘系统大多布置于炉子跨内，其布置与除尘系统类型有关。此外，还应留出必要的设备检修空间和人行通道等。

炉子跨的跨度一般为12～24m，主要依据转炉容量大小和该跨内各设备的布置要求来确定。

11.2.2.2 纵向布置

转炉沿厂房纵向柱列线排成一行，每座转炉及其倾动机构安装在厂房两根柱子之间，所以，转炉的中心距即为它所在处炉子跨的柱间距。此外，还应考虑两相邻转炉的操作条件，转炉中心距可按表11-4规定选取。炉子跨的总长度一般与原料跨长度取齐。

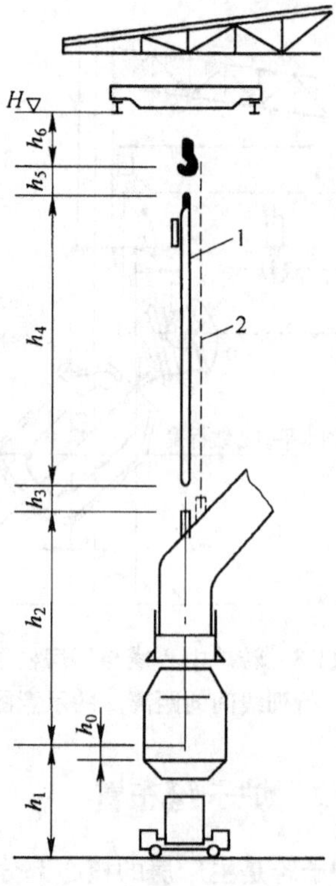

图11-9 氧枪总长和行程示意图
1—氧枪；2—副枪

表11-4 转炉中心距

转炉公称容量/t	3×30	2×50	2×120	3×300
炉子中心距/m	15～18	18	24	27～30

11.2.2.3 炉子跨各层平台的布置

炉子跨内设备较多，根据它们的安装、维修以及操作要求，分别设置不同高度的平台。

(1) 转炉操作平台。主要用于炉前工艺操作，应保证取样、测温、观察炉况、补炉、开堵出钢口和向钢包内加合金等作业能顺利进行。一般低于耳轴标高0.8～1.5m，大炉取上限，小炉取下限，国内不同容量转炉操作平台标高参考值见表11-5。

表11-5 不同容量转炉操作平台标高

转炉公称容量/t	30	50	120	150	210	300
操作平台标高/m	5.8～5.84	7.0～7.5	9	9.95	9.4	10.8

耳轴中心线的标高是按转炉的最大回转半径高出炉下钢包一定安全距离来确定的。当采用下修转炉衬时还要考虑到炉底车和修炉车的通过和在炉下操作。如图11-10所示，转炉耳轴中心线标高H(m)的计算如下：

$$H = h_1 + h_2 + h_3 + R \qquad (11\text{-}6)$$

式中 h_1——钢包车的台面标高，m；

h_2——钢包车的台面至塞棒最高点(采用滑动水口时为钢包的上沿)的距离,m;

h_3——钢包最高点到转炉最大旋转位置的最小安全距离,一般取0.2～0.3m,若考虑到为改造成顶底复吹转炉和扩大钢包时留有余地,可取0.3～0.5m;

R——转炉最大回转半径,可用下述方法确定,如图11-10所示,当$\overline{OA}>\overline{OB}$时,$R=\overline{OF}=\sqrt{\overline{OA}^2+\overline{AF}^2}$;当$\overline{OA}<\overline{OB}$时,$R=\overline{OE}=\sqrt{\overline{OB}^2+\overline{BE}^2}$。

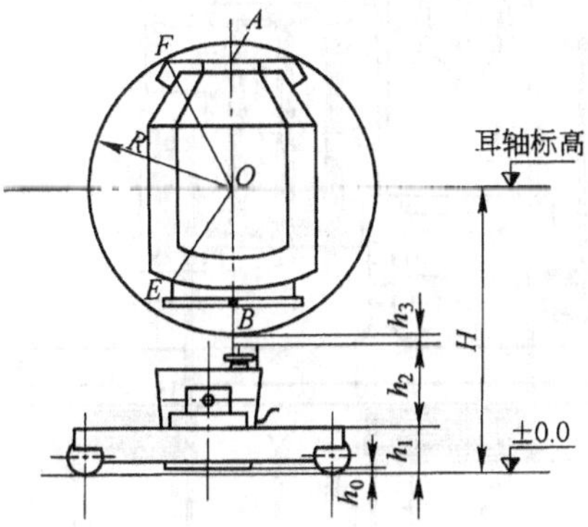

图11-10　转炉耳轴中心的标高

操作平台的长度应当保证炉前炉后操作维修方便,以及适当的安全距离。若采用混铁炉时,其一端与混铁炉操作平台相连接,且转炉与混铁炉之间的距离不低于18m。操作平台的宽度一般是在炉子跨和原料跨的两跨间设置通跨平台。

(2) 其他系统的各个平台。散状料系统的高位料仓平台标高与料仓进料口的标高相同。称量漏斗平台和汇总漏斗平台则视该处相关设备尺寸及其标高来确定。烟气净化系统各平台,氧枪和副枪系统各平台,应尽可能利用称量漏斗平台和汇总漏斗平台,必要时也可另设局部平台。

(3)炉子跨吊车轨面标高。当转炉只有氧枪系统时,炉子跨的吊车轨面标高H(m)取决于氧枪卷扬系统导向轮中心线的高度(参见图11-9),其计算公式为:

$$H=h_1+h_2+h_3+h_4+h_5+h_6 \tag{11-7}$$

式中　h_1——氧枪在最低位置时喷头端面标高,m;

h_2——氧枪最大行程,m,由相关设备具体尺寸决定,为便于吹炼后期提起活动烟罩观察火焰,此时烟罩下缘至炉口距离一般取0.35～0.55m;

h_3——氧枪孔密封口上缘至氧枪喷头上升到最高点位置的高度,为便于换枪和清渣一般取0.8～1.0m;

h_4——氧枪总长,m;

h_5——氧枪小车上升到最高点时氧枪吊环中心线至氧枪卷扬系统导向轮最高点的距离及适量的安全距离,m;

h_6——吊车钩的极限位置至吊车轨面的距离,m。

同时设有氧枪和副枪系统时,炉子跨的吊车轨面标高应以副枪卷扬系统的导向轮最高点来确定。决定吊车轨面标高的各个因素与上述只设氧枪系统时基本相同。不同处有两点:一是副枪探头需插入熔池钢液面下一定深度,取0.3～0.6m;二是由烟道副枪出口处上沿至副枪上升到最高点时端面的距离,应包括副枪孔压盖装置、清渣装置、接样装置、切割装置、拔脱探头装置以及探头装配平台等,可根据具体装置尺寸决定。

11.2.3　浇注跨布置

连铸技术的发展和进步大大地简化了钢浇注的工艺流程和运输组织,新设计氧气转炉炼钢车间一般都采用全连铸生产方式。由于转炉冶炼周期短,为保证充分发挥连铸机的生产能力,在全连铸车间内,不提倡过多布置连铸机,而且连铸机一般都集中布置,大致是2～3台连铸机为一组。这种工艺布置比较紧凑,便于使用共用系统,辅助作业及备品堆放便于集中,厂房面积的有效利用率较高。

11.2.3.1　连铸车间的平面布置

连铸车间的平面布置有横向布置、纵向布置及靠近轧钢车间布置等三种形式。

(1) 横向布置。指连铸机中心线与厂房纵向柱列线垂直的布置(见图 11-11)。横向布置的特点是钢包运输距离短,物料流流程合理,不同的作业分散在多个跨间内,各项操作互不干扰。因此,适用于多台连铸机成组布置,更适用于全连铸车间布置。

(2) 纵向布置。指连铸机中心线与浇注跨厂房纵向柱列线相平行的布置。由于钢水包运输线经过浇注各跨,钢水可分别用吊车供应各台连铸机,调度比较方便。但车间一般较长,再新建连铸机比较困难。图 11-12 是前苏联新利别茨克厂连铸机纵向布置全连铸车间,内设 3×300t 氧气转炉与六台连铸机,年产钢约 800 万 t。

(3) 连铸机靠近轧钢车间布置。指将连铸机由靠近炼钢车间转为靠近轧钢车间,以保证得到高温铸坯。图 11-13 为日本某厂连铸机工艺布置,其将连铸机布置在远离转炉 600m 的地方,由连铸机将 1000℃的高温铸坯直接送入轧机成材或

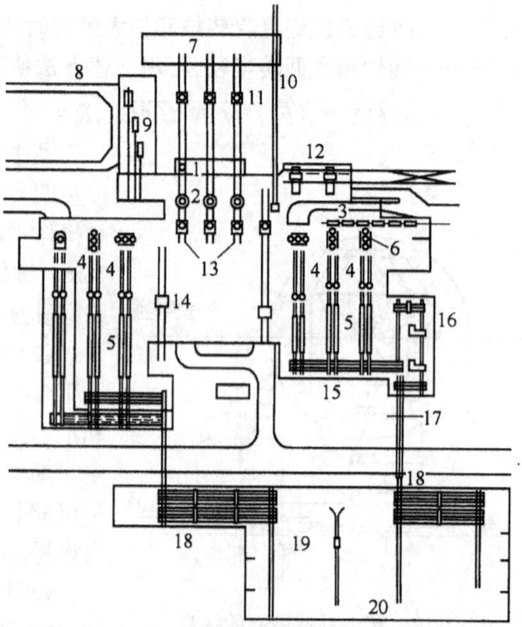

图 11-11　连铸机横向布置全连铸车间

1—操作台;2—转炉;3—铸模设备;4—连铸机;5—板坯一次冷却器;6—回转塔;7—钢渣处理场;8—废钢装送场;9—废钢槽运送车;10—造渣材料运送皮带;11—渣罐运送车;12—接受铁水坑;13—运送车;14—转盘;15—板坯滑道;16—冷机械清理;17—板坯二次冷却器;18—手工清理输送器;19—板坯场;20—加热炉装料线

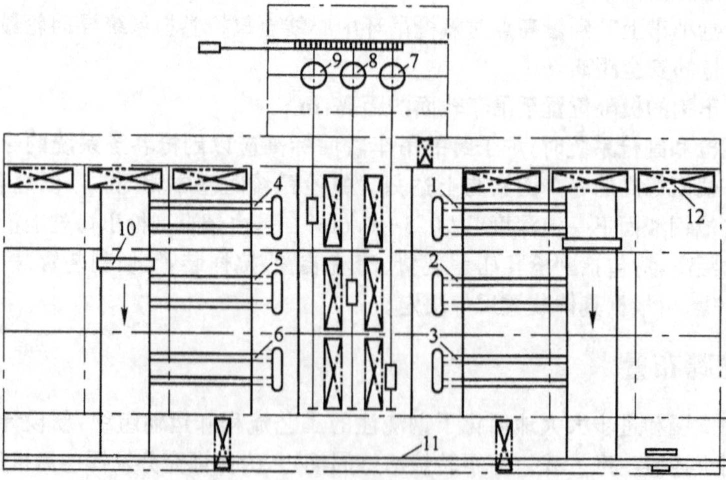

图 11-12　连铸机纵向布置全连铸车间

1～6—连铸机;7～9—转炉;10—过跨车;11—清整作业线;12—吊车

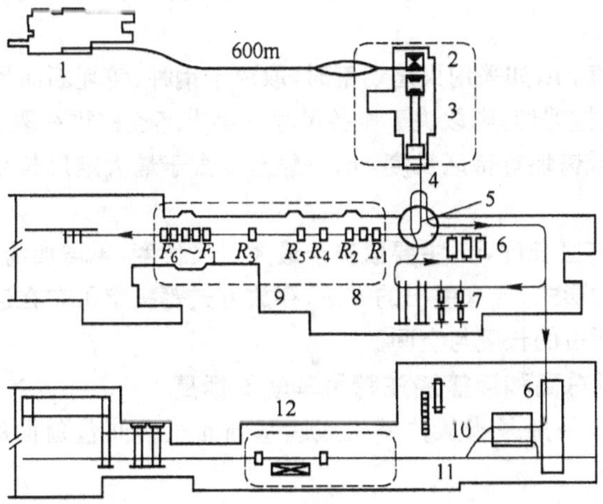

图 11-13　连铸机靠近轧钢车间的工艺布置

1—氧气转炉炼钢车间 3×170t 转炉；2—RH 真空处理；3—连铸机；4—直接轧制，热装；5—旋转台；6—加热炉；7—热装；8—立辊破鳞机；9—带钢热轧机；10—初轧坯热装；11—直接轧制，板坯方坯初轧机；12—宽缘钢梁轧机

热装炉。从转炉至连铸机，钢水由内燃机车牵引约需 6min。应该指出，对于新建的工厂，应该使炼钢、连铸、轧钢三个工序尽量靠近，以保证钢水或铸坯的高温运送。

11.2.3.2　连铸机的总长度

弧形连铸机的总长度是指结晶器外弧竖直切线到冷床后固定挡板之间的水平距离。

因为连铸机总长度较大，各段设备高度和维修要求也各不相同，当采用横向布置连铸机时，沿弧形连铸机长度方向只将弧形半径以前的部分布置在浇注跨，其余部分则依次布置在切割、出坯等各跨内。

弧形连铸机总体尺寸如图 11-14 所示。弧形连铸机的总长度 L(m)为：

$$L = R + L_1 + L_2 + L_3 + L_4 + L_5 \tag{11-8}$$

式中　R——连铸机圆弧形半径，m；

L_1——矫直切点至拉矫机最后一个辊子的距离，m，主要由拉矫机类型来决定，当带液芯拉矫时 L_1 较长，小方坯连铸机约取 1.5～2.0m；

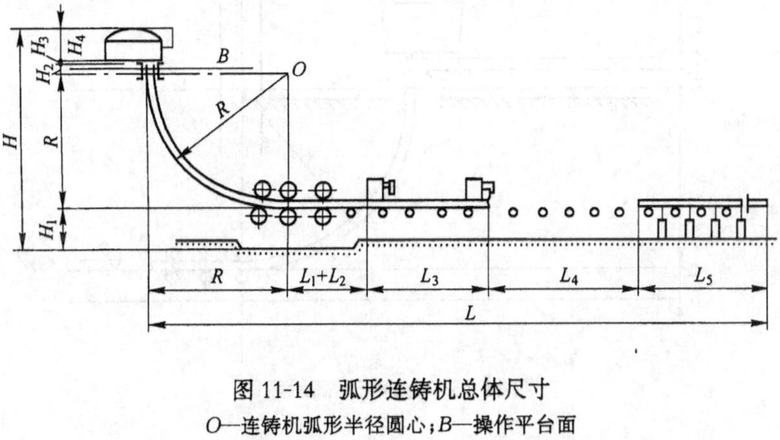

图 11-14　弧形连铸机总体尺寸

O—连铸机弧形半径圆心；B—操作平台面

L_2——拉矫机后至切割区前距离，m，适当加长此段有利于提高拉速。小方坯连铸机约 3.5～5.5m；

L_3——切割区长度，m，如采用火焰切割时，取决于钢种、铸坯断面尺寸和拉速，根据计算而定；如为机械剪切，则取决于设备尺寸。小方坯连铸机约取 3～4m；

L_4——输出辊道或铸坯等待区长度，m，一般至少大于最大定尺长度的 1.5 倍，视具体情况而定；

L_5——冷床或出坯区长度，m，主要取决于最大定尺长度，再增加约 1m。

此外，引锭杆的结构形式、导入引出的方法、存放方式等决定了它在连铸机总长中所占位置，应结合具体情况，确定所占的长度与空间。

11.2.3.3 连铸机总高和连铸浇注跨吊车轨面标高

(1) 连铸机总高度。一般是指从拉矫机底座基础面至中间包顶面的高度 H(m)（见图 11-14），计算式如下：

$$H = R + H_1 + H_2 + H_3 + H_4 \tag{11-9}$$

式中 H_1——拉矫机底座基础面至铸坯底面距离，取决于出坯的标高和设备尺寸，约取 0.5～1.0m；

H_2——铸机弧形中心至结晶器顶面的距离，常取结晶器高度的一半，如取 0.35～0.45m；

H_3——结晶器顶面至中间包水口升至最高位置时的距离，约取 0.1～0.2m；

H_4——中间包全高，约为 1.0～1.5m，较大的中间包可达近 2m。

(2) 连铸浇注跨吊车轨面标高。为连铸机总高度 H，加上钢水包水口至门形钩顶部吊环中心的高度 H_5，加上吊车主钩的升高极限 H_6，再加上钢水包水口至中间包顶面的距离和适当的吊车主钩的安全距离（一般约取 1.4～1.6m），参见图 11-15。

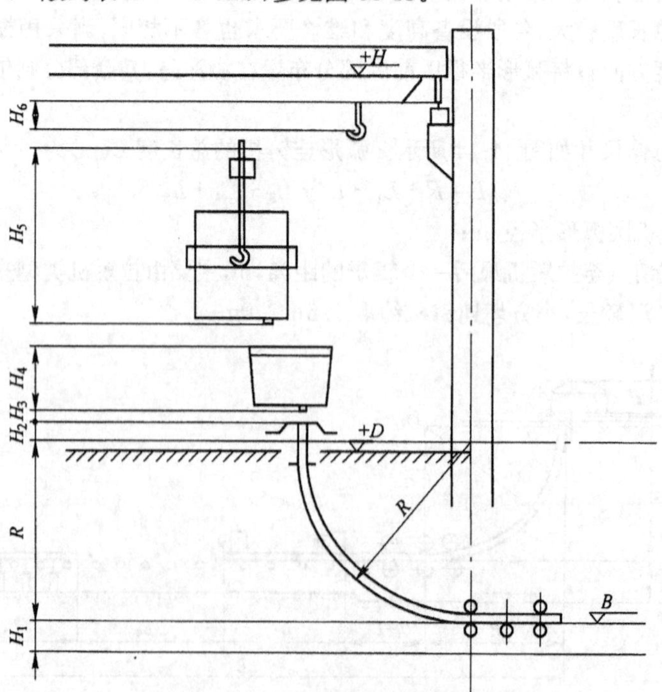

图 11-15 浇铸跨标高示意图

11.2.3.4 连铸区域尺寸

(1) 区域总宽度。决定于浇注平台的总长度,这又决定于连铸机的台数和台间距。每台连铸机的宽度主要由连铸机流数、流间距而定。当车间连铸机为两台或两台以上时,一般采用同一浇注平台。通常连铸机的流间距值见表 11-6。

表 11-6 连铸机的流数与流间距

连铸机机型	流间距/mm	
	2～4 流	6～8 流
小方坯连铸机	900～1300	中央两流间距:1500～2600 边上各流间距:900～1300
圆坯连铸机	1000～1300	中央两流间距:1500～2600 边上各流间距:900～1300
大方坯连铸机	1300～1600	—
板坯连铸机	3500～7500	—

浇注平台的长度要考虑到中间包车的长度及其布置,而连铸机的流数及流间距决定了中间包车的长度。通常中间包的浇注位置和烘烤位置之间要有约 3m 的距离,烘烤区至平台外沿要有约 2m 空隙。因此,对于要求多炉连浇和快速更换中间包的连铸机,每台连铸机配置两个中间包车和两个烘烤区,这样浇注平台的长度应为 3 倍中间包车长度加 10～12m 的安全距离。

计算两台连铸机的间距时,要以连铸机的最大宽度来考虑。为此,还需计算拉矫机区宽度、切割区切头输出坑宽度、出坯辊道区宽度及其两侧检修走道宽度等。

(2) 区域的总长度。是由沿连铸机纵向布置的钢水包回转台至冷床固定挡板为止的全部在线设备所决定。一般方坯连铸机的车间,其区域总长度小于板坯连铸机;高拉速连铸机所需区域总长度大于低拉速连铸机。

思考题

11-1 氧气转炉车间的基本组成包括哪些,什么是转炉的公称容量,转炉座数确定的依据是什么?

11-2 转炉车间主厂房原料跨和浇注跨一般采用什么布置方式,铁水供应方式主要有哪两种,它们各自有何特点?

11-3 废钢的供应有哪两种布置方式,有何特点?

11-4 加料跨长度及高度的确定依据是什么?

11-5 转炉在横向上的位置确定要考虑哪些因素,炉子跨各层平台的布置如何考虑?

11-6 连铸车间的平面布置有哪几种方式,各有何特点?

12 电弧炉炼钢车间

电弧炉车间工艺布置要按照生产规模、炉子容量、工艺流程及前后工序的衔接等诸多因素来选择与确定。由于冶炼品种的不同与多样性，电弧炉车间的工艺布置相对于转炉车间要显得多样化一些；但是与转炉车间一样，电弧炉车间的工艺布置必须满足工艺流程合理，各项工序操作与衔接顺畅，尽可能降低能源等消耗，必要时考虑预留发展余地。

12.1 电弧炉生产技术经济指标与生产能力计算

12.1.1 电弧炉主要生产技术经济指标

(1) 钢锭(坯)合格率。即合格钢锭(坯)量占全部检验钢锭(坯)量之比率。

$$钢锭(坯)合格率=\frac{钢锭(坯)合格量}{钢锭(坯)检验量}\times 100\% \tag{12-1}$$

因此，

$$废品率=(1-合格率)\times 100\% \tag{12-2}$$

(2) 钢锭(坯)收得率。钢水铸成钢锭(坯)期间必然有若干的消耗，铸成的钢锭(坯)量与钢水量之比为钢锭(坯)收得率。

$$钢锭(坯)收得率=\frac{钢锭(坯)量}{钢水量}\times 100\% \tag{12-3}$$

(3) 合金比与高合金比。合金钢产量占全部产量的比例称为合金比。合金元素含量>10%的钢称高合金钢，高合金钢产量占全部产钢量的比例称为高合金比。

(4) 作业率。有效作业时间(按年、季、或月内的)占日历时间的百分比，称为作业率。如年作业率为：

$$年作业率=\frac{有效工作日数}{365}\times 100\% \tag{12-4}$$

$$有效作业时间=日历时间-停工时间 \tag{12-5}$$

停工时间也包括除去出钢、出钢后的热修补炉衬和装料操作之外的所有停歇时间，包含有计划检修、更换炉衬以及临时性或事故性热停工等停止熔炼时间。

(5) 日历利用系数。或简称利用系数，它是一个包含有电弧炉变压器容量在内的平均日产量指标，定义为：每百万伏安昼夜(24小时)产钢量(合格钢锭或坯吨数)(t/(d·MVA))。

$$利用系数=\frac{全年合格锭(坯)产量}{365\times 变压器额定容量} \tag{12-6}$$

(6) 材料消耗指标。以废钢为原料时，主要材料消耗指标(每吨钢水消耗，不包括炉外精炼消耗)参考数据如下：

钢铁料(废钢加生铁)，kg/t	1060～1100
铁合金(按钢种计算确定)，kg/t	10～60
石灰，kg/t	40～60

白云石，kg/t	5～10
碳粉，kg/t	5
萤石，kg/t	1.5～2
电极（根据电耗与电弧炉形式），kg/t	1.0～2.5
炉衬耐火材料（包括补炉用料），kg/t	4～7
钢包耐火材料，kg/t	8～10
冶炼电耗（不包括精炼炉），(kW·h)/t	340～430
车间动力电耗（不包括除尘），(kW·h)/t	20～30
氧气（标态），m^3/t	25～40
压缩空气，m^3/t	10～15
燃料（钢包烘烤用，按焦炉煤气，标态），m^3/t	5～7
循环水，m^3/t	10～20
新水，m^3/t	0.5～1

(7) 连铸比

$$连铸比=\frac{合格连铸坯产量(t)}{合格钢锭产量(t)+合格连铸坯产量(t)}\times 100\% \tag{12-7}$$

(8) 铸坯合格率

$$铸坯合格率=\frac{铸坯合格产量(t)}{浇成的铸坯量(t)}\times 100\% \tag{12-8}$$

(9) 连铸的金属收得率。金属收得率为由钢水至合格铸坯的金属收得（回收）指标，简称铸坯收得率。故已知可供进行连铸的钢水量之后，由收得率即可计算合格铸坯的实际产量。金属收得率计算如下式：

$$铸坯收得率=\frac{连铸坯合格产量(t)}{浇连铸坯的钢水量(t)}\times 100\% \tag{12-9}$$

连铸用钢水除铸成合格坯外，其余为各项浇注废钢，大部分可回收重熔。包括：浇注废品，返回废品，中间包余钢与粘钢，钢水包注余，引流溢出钢水，铸坯切头、切尾量及氧化铁皮损失。

一般情况下断面大收得率高，断面小收得率低。

12.1.2 电弧炉车间生产能力计算

电弧炉车间产量系指一定的生产期间内合格产品的产量。合格率是反映生产技术水平的重要指标之一，它既与操作水平有关，也与钢种有关。

(1) 电弧炉年产量 A(t) 一般计算式为：

$$A=\frac{24ngy}{t} \tag{12-10}$$

式中 n——全年实际有效作业日数，$n=365\times$作业率，d；

g——平均一炉熔炼钢水量（出钢量），t；

t——平均每一炉冶炼时间，h；

y——钢水铸成良锭（坯）的收得率，%；

24——昼夜时数。

(2) 根据电弧炉日历利用系数计算产量，日历利用系数可表示为：

$$利用系数=\frac{A}{365P/1000}\quad t/(d\cdot MVA) \tag{12-11}$$

如计算单项设备利用系数，A 为该炉的年产量，P 为该炉配用的变压器容量（kV・A）；如计算全车间的利用系数，A 为主车间年产量，P 为全车间所用电炉变压器容量之和。

由此可见，电弧炉设备的日历利用系数也是一项综合性指标。这一指标中包含了实际产钢量与提供能量的电弧炉变压器容量，所以这一指标的好坏标志着发挥设备能力的程度；以日历时间计算系数，也包含了作业率因素在内。我国中小型电炉的利用系数为 12～20。

此项指标既可以衡量某一现存电弧炉设备的生产水平，又可用以计算容量相近的电弧炉（相近功率水平的）的产量。

例如：一台额定容量 30t 电弧炉，配用变压器容量 12500kV・A，其年生产量可估算如下

取利用系数为 18，则年生产量 $A = 18 \times \dfrac{12500}{1000} \times 365 = 8.2$ 万 t/a。

12.2 电弧炉车间组成、炉子容量与座数确定

12.2.1 电弧炉车间组成

电弧炉炼钢车间的组成大致可分为两部分。一个部分是主生产系统，完成配料、熔炼、精炼、浇铸与钢锭（坯）精整等工艺流程上的主要工序；另一个部分是辅助生产系统，为保障主生产系统顺利进行，完成原材料与备品备件的存储、炉衬和炉盖耐火材料的修砌、炉渣处理以及其他辅助工序。两个部分不是截然分开，而是有机地结合在一起，协调组成一个完整的车间。上述各工序都是在车间内各跨间进行，不一定每一个工序单独设立一个跨间，设计时可以根据工艺流程的具体要求，将几个工序合并在一个跨间内进行。考虑原则应是工艺流程合理，原料和成品运输通畅，运输线路短，布置紧凑，生产方便。一般应设原料跨、炉子跨、精炼与浇铸跨、出坯精整跨等。

完整的电弧炉车间应包括：

(1) 炼钢主厂房（炉子跨、原料跨、炉外精炼及钢水浇铸系统各跨）；

(2) 废钢料堆场及配料间（包括废钢处理设施）；

(3) 铁合金与散状料间；

(4) 钢锭（坯）检验与精整跨间；

(5) 合格钢锭（坯）存放场地；

(6) 中间渣场；

(7) 机电维修间；

(8) 快速分析室；

(9) 炉衬制作与修理场地；

(10) 车间变、配电室；

(11) 耐火材料库；

(12) 备品、备件库；

(13) 水处理设施；

(14) 烟气净化设施

(15) 车间管理及生活服务设施；

(16) 各种气体（氧、氮、氩、压缩空气、蒸汽）和燃料（燃气）的供给与生产一般应由全厂统一管理。

上述各项的生产能力确定、主体设备的选型、工艺布置的要求等问题是工艺设计的任务，或

者由工艺专业配合相关专业共同完成。

12.2.2 炉子容量与座数确定

当代电弧炉炼钢过程发生了很大的变化，炉容量增大，炉用变压器功率显著提高，炼钢工艺简化，炉内只起熔化炉料和氧化精炼作用，而还原精炼与成分调整则转移到炉外精炼设备中去。故新建电弧炉车间应考虑到这些因素。

炉子的容量和座数主要与车间的生产规模、冶炼周期和作业率有关。为了确定炉子的容量和座数，首先要估算每次出钢量 q(t)：

$$q=\frac{At}{8760\eta y} \tag{12-12}$$

式中 A——车间产品方案中确定的年产量，t；

t——冶炼周期，h；

8760——年日历时间，h；

η——作业率，$\eta=\frac{年作业天数}{年日历天数}\times 100\%$，一般 $\eta=90\%\sim94\%$；

y——良坯收得率，连铸一般为 95%～96%。

然后根据估算出的每次出钢量来选择电炉容量和座数。要使车间各个电炉每次出钢量的总和稍大于或等于 q。

(1) 炉子容量。一般力求选用较大容量电弧炉，大炉子技术经济指标较好，热损失和电耗较小。在同一车间内所选炉子容量类型不宜过多，一般认为不超过两种为宜，炉子类型过多对车间的设备配置、配件准备、炉子维修都有困难，一般按表 12-1 选择炉子容量。

表 12-1 炼钢电弧炉系列及主要技术性能

序号	型 号	额定容量/t	最大容量/t	变压器容量/kV·A	熔池尺寸/mm×mm	炉壳直径/mm	炉膛直径/mm	二次电压/V
1	HX-20	20	24	9000	3300×660	4200	3400	300～140 十三级以上
2	HX_2-20	20	24	9000	3300×660	4200	3400	300～140 十三级以上
3	HX_2-30	30	36	12500	3700×740	4600	3800	330～150 十三级以上
4	HX_2-50	50	60	18000	4250×1000	5200	4350	366～160 十三级以上
5	HX_2-75	75	85	25000	4800×1100	5800	4950	400～170 十三级以上
6	HX_2-100	100	110	32000	5300×1220	6400	5400	440～180 十三级以上

(2) 炉子座数。一个车间内的电炉座数也不宜过多，否则车间内生产调度复杂，相互干扰与影响。一般一个车间内设置一两座炉子。近年来新建电弧炉炼钢车间常见配置是一座(超)高功率电弧炉、一套炉外精炼装置和一台连铸机。这种“三位一体”，一对一的生产作业线具有投资省、见效快、技术经济指标先进、生产管理方便等优点。

12.3 电弧炉车间工艺布置

12.3.1 车间布置类型

电弧炉炼钢车间的厂房型式通常是单层、多跨间、内设起重机的重型工业厂房。电弧炉在厂房内的布置(位置与方向)基本类型有两种,即横向布置与纵向布置,如图 12-1 所示。

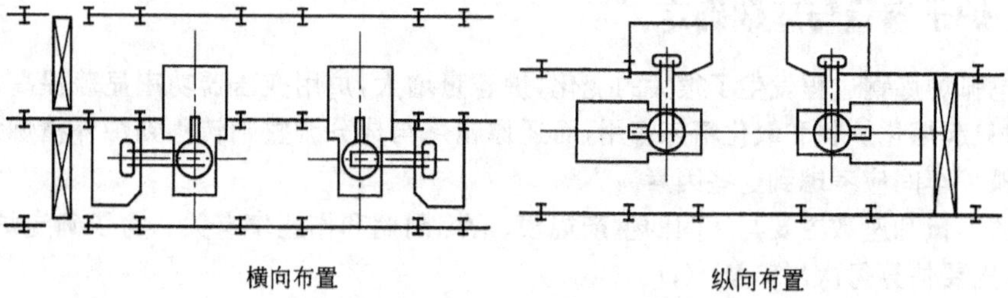

图 12-1 车间布置基本类型

12.3.2 电弧炉车间主厂房布置实例

12.3.2.1 美国 Lukens 电弧炉钢厂车间布置

图 12-2 为美国 Lukens 电弧炉钢厂车间布置。车间内设有 4 台 100t 电弧炉。其特点是废钢料直接由铁路车厢向料筐装料(配料),可以简化装卸料操作。供应铁合金与散状料有单独的小跨间,所以车间厂房由五个跨间组成(图中由上至下):废钢(配料)跨间、散状料跨间、炉子跨间、浇注跨间、盛钢桶修砌与连铸跨间。

这一炼钢车间是模铸与连铸并举,在出钢-浇注跨进行模铸(有铸车线进入跨间两端,图 12-2 上未表明),而钢水转移至第五跨间时,可以进行连续浇注。

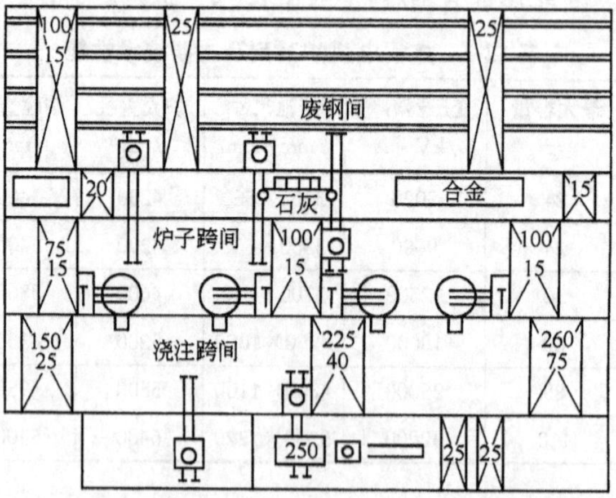

图 12-2 电炉车间平面图(Lukens 电弧炉钢厂)

12.3.2.2 SIDOR 电弧炉车间布置

图 12-3 为 SIDOR 电弧炉车间平、剖面图。这是一种装备有大型电炉,具有高生产能力车间的布置。由于使用球团矿和废钢作为冶炼原料,所以供料系统较为复杂。

其主厂房仍为平行多跨间布置,*B-C-D-E-F* 各柱列构成料仓跨间(球团及散状料储存与供料跨间)、炉子跨间、出钢-铸锭跨间和连铸跨间。在主厂房之外的 *A—A′* 跨间是废钢处理和配料间,而球团矿筒形储仓 1、2 则设在较远处,通过两条运输带 3 送料进主厂房的料仓跨。废钢料经选配后,在轨道衡 5 上称量,运送车 4 经由两条横向线路进入炉子跨间,为六台电炉供料。

电弧炉为横向布置,炉子位于跨间横向的中部,靠近料仓一侧,这样由料仓通过炉顶上第四

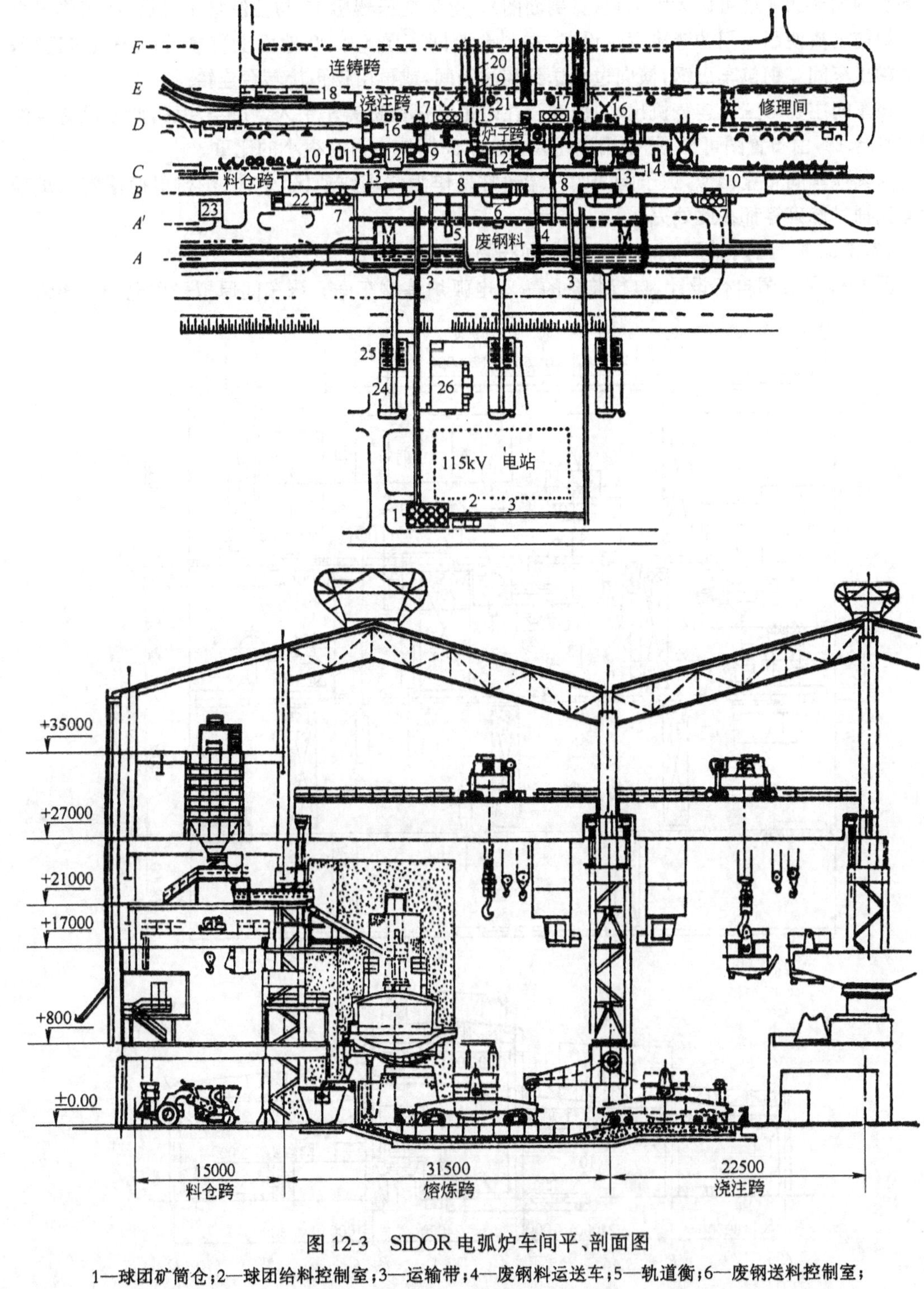

图 12-3 SIDOR 电弧炉车间平、剖面图

1—球团矿筒仓；2—球团给料控制室；3—运输带；4—废钢料运送车；5—轨道衡；6—废钢送料控制室；7—石灰、煤存储筒仓；8—合金料仓（入炉用）；9—合金料仓（加入钢包）；10—白云石仓；11—电弧炉；12—变压器房；13—电炉控制中心；14—电极准备；15—钢包车；16—滑动水口装配处；17—钢包烘烤炉；18—备用浇注区；19—钢包旋转台；20—板坯连铸机；21—备用钢包；22—中心控制室；23—泵房；24—吸尘系统；25—鼓风机；26—配电站

孔向炉内加料的通道可以大大缩短(见剖面图)。电炉变压器房12与控制室13也设在工作平台上。炉前出渣使用专门的渣罐运送设备,在料仓跨间底层±0.00地面上直接沿厂房纵向运行,运渣罐出车间。钢包车出钢,横向过跨送到浇注跨间,或再由钢包旋转台连铸。

该车间主要由三台连铸机出坯,但在浇注跨也有模铸锭铸车引入备用浇注区,此处设有浇注操作平台18,由布置图可见,此备用浇注区在全车间场地中占有很小的比重。

与其他车间布置相似,炉子跨间的两端通常是作为修理作业区,炉体(炉衬更换修砌)、炉盖和盛钢桶衬修砌等都在此处完成。

12.3.2.3 国内某厂30t电弧炉车间布置

图12-4是我国自行设计,自行装备的一座电弧炉炼钢车间。该车间原拟采用电炉—连铸—

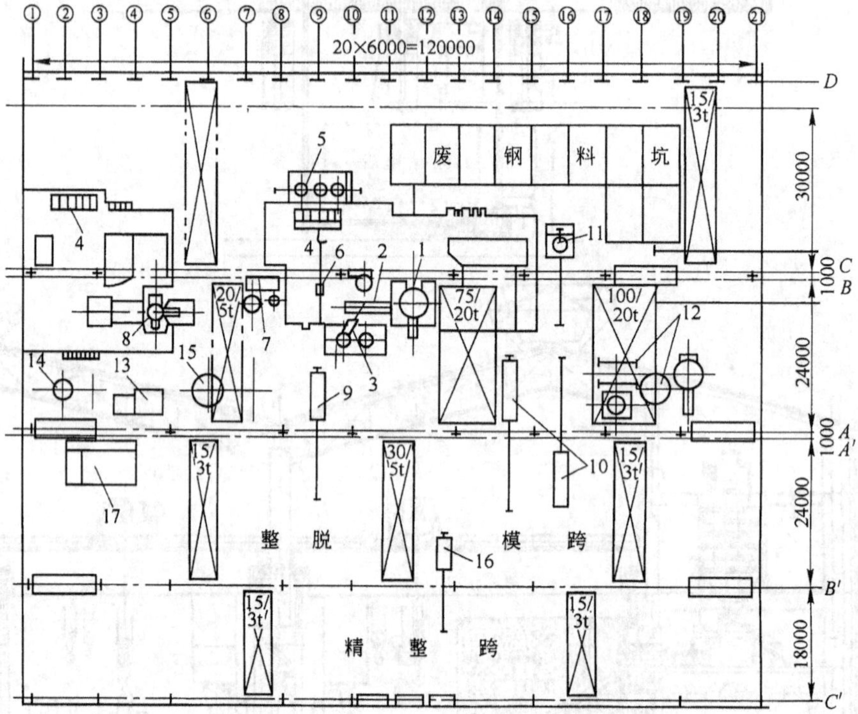

图12-4 30t电弧炉炼钢车间平面、断面图

1—30t电弧炉;2—炉顶上料装置;3—废钢预热装置;4—铁合金烘烤炉;5—散状料烘烤窑;6—2t过渡车;7—盛钢桶烘烤器;8—5t电炉;9—5t铸锭车;10—150t铸锭车;11—100t电子秤及50t低压供电料篮车;12—5t、30t电弧炉修炉设施;13—盛钢桶修理坑;14、15—炉盖修理;16—40t低压电动平车;17—耐火材料干燥房

连轧流程，是国际上新型工艺流程——小型电炉钢厂的模式。图 12-4 所示平面布置与配用设备是建设第一阶段工程情况。第一阶段设有 30t 电弧炉一台和迁建的 10t 电弧炉一台；原计划的连铸现暂采用模铸工艺，留待今后发展、改造。第一期建成投产后，年生产力可达 10 万 t 钢锭。

该车间电弧炉为高架式横向布置，炉子与铸锭在同一跨间，电弧炉位置靠近炉料跨间，电弧炉工作平台居于炉料跨和炉子-铸锭跨两跨间之内。顶装料、装电极、出钢与浇注等操作均在炉子-铸锭跨，而炉前操作、炉门加料（造渣料、部分合金料等）则在炉料跨的边缘地区（见平面图）。炉子与浇注合在同一跨间，则厂房内大吨位起重机只在此跨间之中（调换炉体需 100t 级吊车），可以减少大型起重机设置数量，从而减轻厂房结构，节约投资。

设计中采用了废钢预热技术，炉内排烟气系统（第四孔排气）的高温烟气预热料筐中钢铁料。在厂房顶部还装有炉顶上方的车间烟气收集排出大罩，于是形成两条排气管道平行共进除尘器的系统。这样，当采用炉内还原精炼工艺时，可以关闭第四孔抽气管道，而只用厂房集尘排气管路，有利于保持炉内还原气氛。

炼钢车间中铸锭、钢锭脱模、冷却、整模等工作热量散发多，温度高，劳动条件差，易于发生人身事故，在炼钢与浇注在同一跨间布置的形式下，应将上述各环节分散，以解决散热集中与劳动条件恶劣的情况。此项设计采用了横向车铸，将铸锭及其他作业分布在三个跨间内进行。从作业场地的面积衡量，精整跨间留有相当的余地可供合金钢生产时钢锭处理的需要。从设计车间角度看，现有设备布置是车间建设的第一阶段，仍留有以后发展与技术改造的余地。

12.3.2.4 小生产能力电弧炉车间布置

图 12-5 是小生产能力电炉车间的一种布置类型。一台小型电弧炉（10t）纵向布置，另有两座感应电炉在同一跨间，不仅熔炼、浇注在同跨布置，而且电炉熔炼用原料（包括废钢和辅助用料）也在同一厂房的一个跨间之内，集原料、熔炼、浇注于一处，而且按照生产工艺流程作了布置。这样，装在主跨间内的起重机可以为整个炼钢过程服务。跨度 10.2m 的辅助跨间设置电气房和原材料干燥设备。

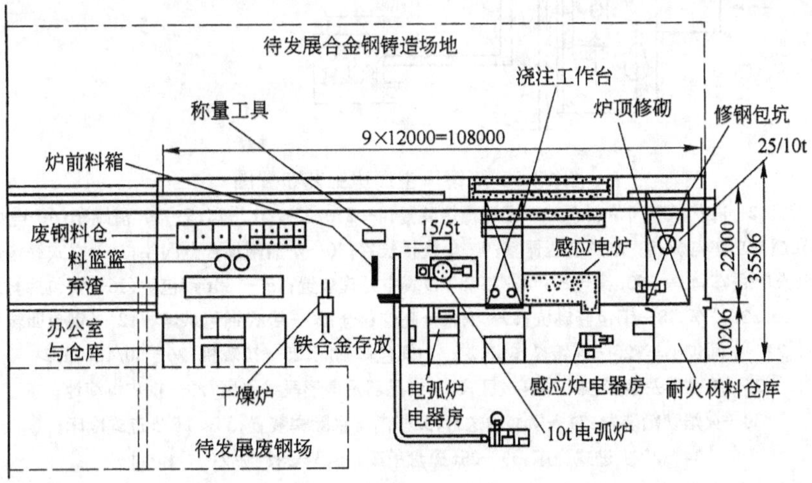

图 12-5 小生产率电弧炉纵向布置车间图

12.3.2.5 国内某短流程电弧炉车间布置

图 12-6 是我国某厂在 20 世纪 90 年代建成的短流程电弧炉炼钢车间的平面布置简图。该车

间设置有150t超高功率、偏心底出钢电弧炉一台，电弧炉初炼钢水经LF炉精炼，VD处理和喂线处理等手段，最后连铸(圆坯连铸)，设计年生产能力为60万t管坯。

该车间电弧炉、精炼、连铸分别占有单独的跨间，连铸成品入管坯库并与轧管车间毗邻，直接转入下一道工序。炉子跨间与精炼跨间垂直，在电弧炉区采取隔音措施以减轻其他工作区的噪音。

电弧炉为UHP功率水平(变压器容量90/100MVA)，此外还采用：第四孔烟气直接排出，用于废钢预热；油-氧枪助熔；渣料、合金料均储存于高位料仓，通过炉顶第五孔入炉，或出钢过程中加入钢包；炉体为管式水冷炉盖水冷炉壁，炉壁与炉体下部为分离式，便于炉壁与炉底分别吊装。

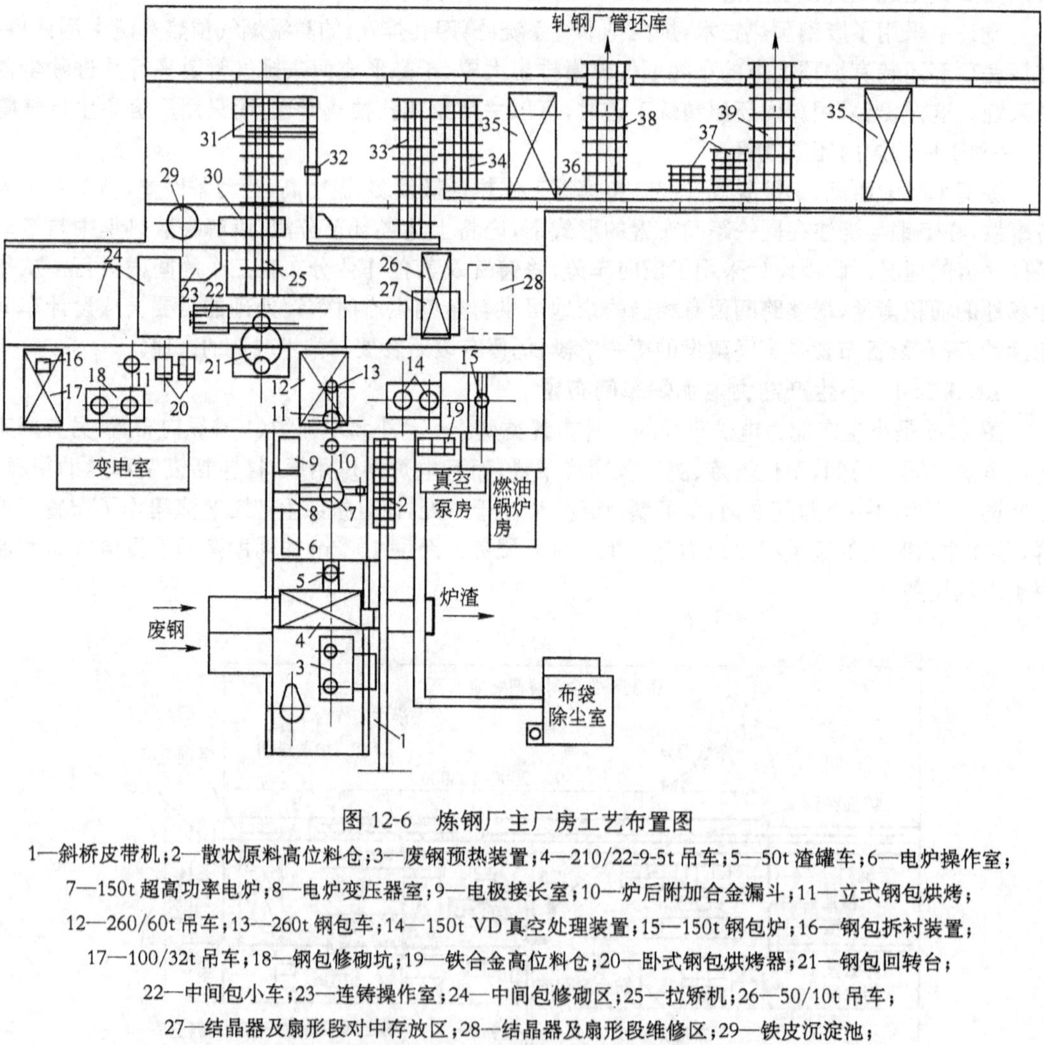

图12-6 炼钢厂主厂房工艺布置图

1—斜桥皮带机；2—散状原料高位料仓；3—废钢预热装置；4—210/22-9-5t吊车；5—50t渣罐车；6—电炉操作室；7—150t超高功率电炉；8—电炉变压器室；9—电极接长室；10—炉后附加合金漏斗；11—立式钢包烘烤；12—260/60t吊车；13—260t钢包车；14—150t VD真空处理装置；15—150t钢包炉；16—钢包拆衬装置；17—100/32t吊车；18—钢包修砌坑；19—铁合金高位料仓；20—卧式钢包烘烤器；21—钢包回转台；22—中间包小车；23—连铸操作室；24—中间包修砌区；25—拉矫机；26—50/10t吊车；27—结晶器及扇形段对中存放区；28—结晶器及扇形段维修区；29—铁皮沉淀池；30—火焰切割装置；31—横移输送台；32—高压水除鳞装置；33—1#步进式冷床；34—2#步进式冷床；35—25t磁盘吊车；36、37—冷检线(Ⅰ)和(Ⅱ) 38、39—输送台

12.3.2.6 主厂房同跨布置

图12-7也是一座短流程电弧炉车间的工艺布置。与图12-6所不同的是炉子、精炼设备、连铸不是分别占有单独跨间，而是三者同处一个跨间。这种布置便于重型吊车集中布置。电弧炉在跨间内纵向布置，其他设备按生产流程依次布置。散状料加料系统需另设与电弧炉靠近的建筑物。

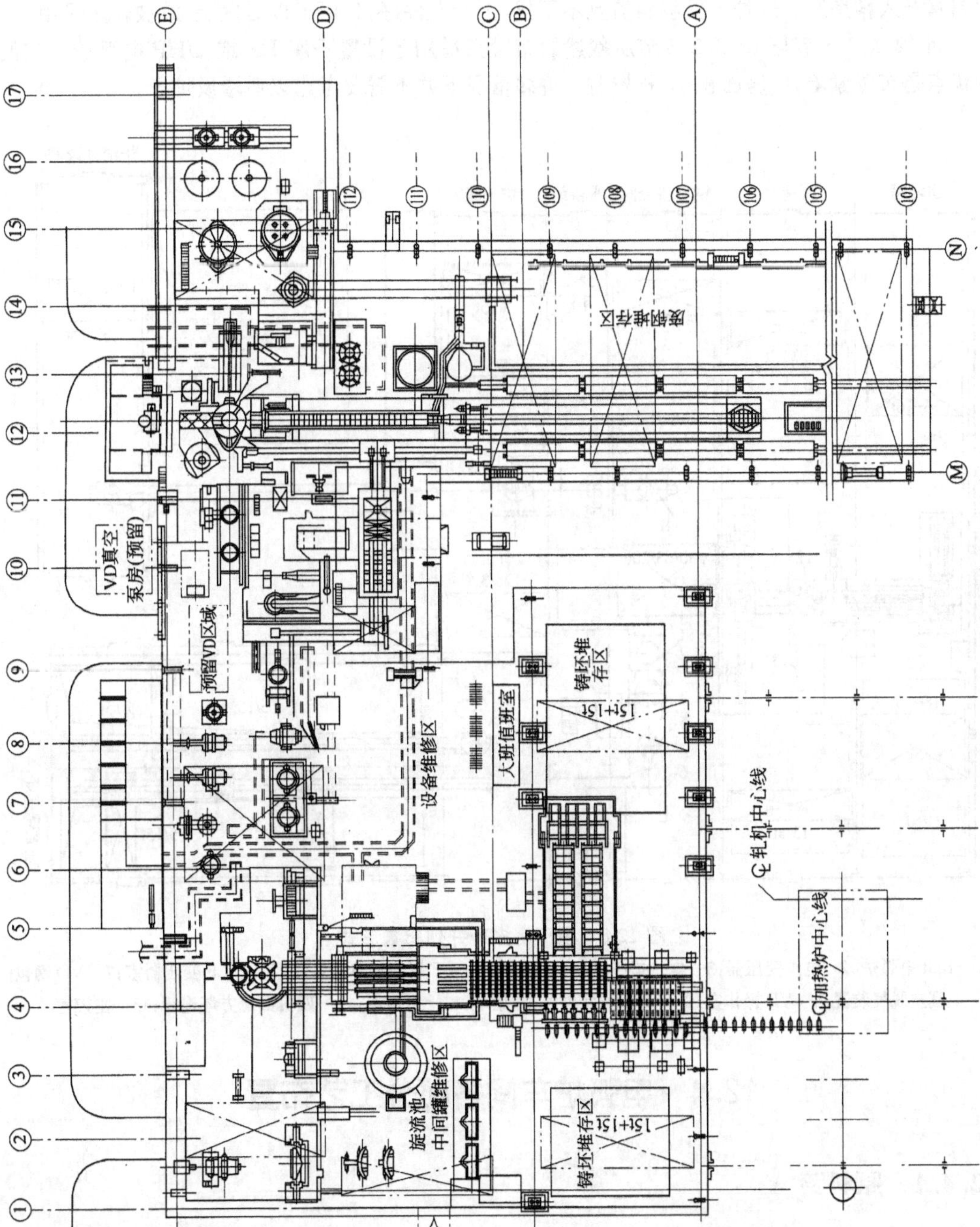

图 12-7 主厂房同跨布置形式

12.3.2.7 主厂房多跨并列布置

图 12-8 是又一种短流程电弧炉车间的工艺布置，即多跨并列布置。炉子跨、原料跨、精炼与钢包转运跨、连铸及以后各跨间，依次并列且毗连。炉子横向布置，炉下钢水罐车从炉子下面经原料跨开入精炼跨。这种布置物料流互不干扰，生产条件好，且便于以后发展，故被较多采用。

而 12.3.2.5 节与 12.3.2.6 节所叙述的布置只适用于设置一座 HP 或 UHP 电弧炉。它们的优点是布置紧凑，厂房面积小，投资省。许多情况下并不需要考虑以后增设炉子。

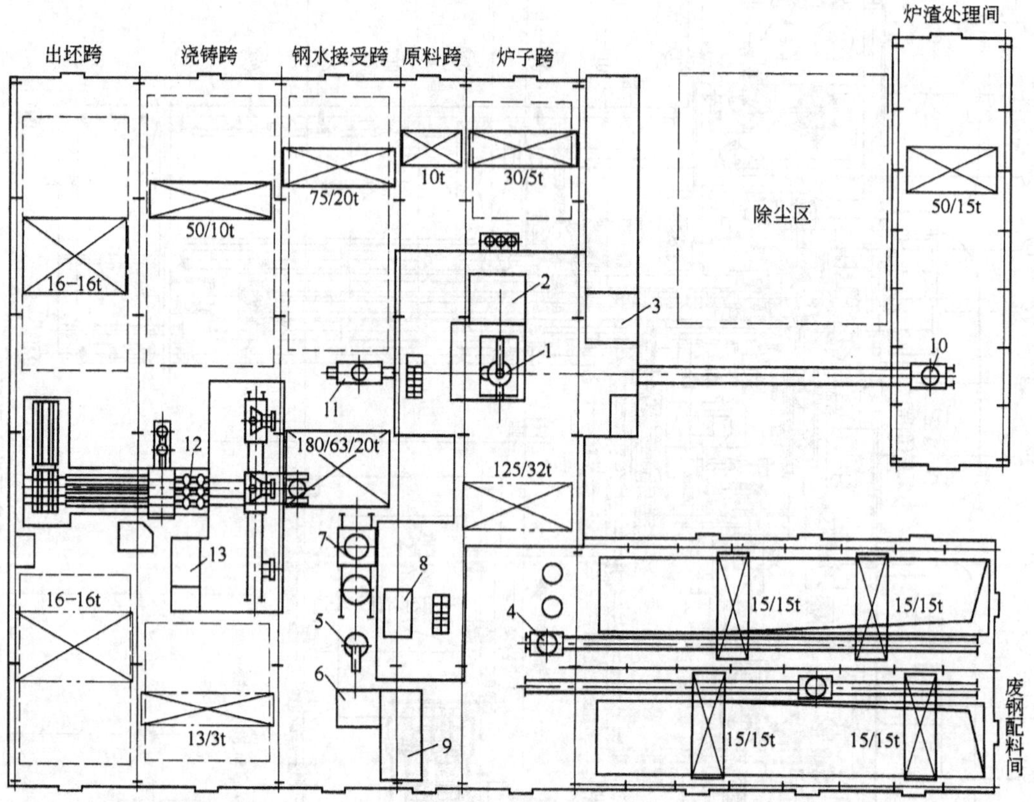

图 12-8 主厂房多跨并列布置形式

1—100t 电弧炉；2—电炉变压器；3—电炉操作室；4—料篮车；5—LF 钢包加热精炼装置；6—LF 变压器室；7—VD 钢包真空脱气装置；8—VD 操作室；9—LF 操作室；10—渣罐车；11—钢包车；12—四机四流方坯连铸；13—主控室

12.4 电弧炉车间各部分工艺布置

12.4.1 原料跨

12.4.1.1 电弧炉车间原料供应的特点

电弧炉车间一般来说生产力小于转炉车间，原材料供应量较少，且多以固体冷料（废钢与生铁）为主要原料，一般不用铁水，此外还有使用直接还原铁类原料的车间，故运输量比转炉车间小。但是电弧炉车间的特点是返回钢的品种多，批量小，需要的合金料种类较多，造渣料的质量要求严格，因此，电弧炉车间的供料工作又比转炉车间复杂。特别是在冶炼要求很高的钢种与高合金钢种车间，设计中必须考虑到原材料的保质保量供应，在设备配置上应给予注意。

12.4.1.2 原料系统的功能

炼钢车间原料工段或原料跨间的任务是：接受和卸下运进车间的各种物料，保持一定的储存量，在进料间断的情况下，能保证车间的连续生产和入炉前的准备。备料工序应包括：炉料的加工处理，称量和装入各种料的储存容器，如料坑、料仓、料斗、料槽等，以及准备好各种由原料跨间向炉子输料的工具，如提升机、皮带机系统的给料和受料装置。还包括材料的破碎、精选及干燥预热等操作。

因此，在原材料供应系统中，除应有符合储存量需求的场所和容器外，还须设置按工艺要求的加工、称量与烘烤设备。

各种原料在车间的储存量（计划储存待用量）原则上可按下式计算：

$$\text{储存量(t)} = \text{材料单耗(t/t 钢)} \times \text{日产钢量(t/d)} \times \text{计划储存天数} \quad (12\text{-}13)$$

由储存量可计算各种物料的体积，从而确定分别需要的料坑、料仓（斗）、料箱或在地面堆存时计划占用的场地等的大小与数量。各类料的储存日数须考虑物料的来源、运输距离、运输方式、物料性质等因素。

企业外购原料的储存日数建议见表 12-2。

表 12-2 炼钢原料的计划储存日数

序号	原料名称	储存日数	备注
1	生铁	5～7	由生铁堆场运来
2	外购废钢	5	由废钢处理场（车间）运来
3	本厂返回废钢	15～20	厂内不另设库，由锻轧车间直接运来
4	铁合金	5～7	由铁合金库运来
5	铁矿石	5～7	由矿石堆场运来
6	石灰	≤2	由石灰车间运来，应为新烧石灰当日使用
7	萤石	5～7	由萤石堆场运来
8	镁砂	5～7	由耐火材料库运来

设计堆存原材料的场地面积或容器容积时，应考虑各种材料的堆积密度和允许堆高（见表 12-3），以及储料方式。

表 12-3 各种材料堆积密度与允许堆高

序号	材料名称	堆积密度 /t·m^{-3}	堆存高度/m		备注
			半机械化仓库	机械化仓库	
1	生铁	3～3.5	1.5	3	
2	废钢		1.5	3	
	轻型	1.0～1.7			
	中型	1.8～2.5			锻轧返回钢与炼钢车间返回钢堆积密度不同
	重型	3.2～3.5			
3	返回钢	2～3.5	1.5	1.5～2	
4	铁合金	3～4	1.5	1.5～2	

续表 12-3

序号	材料名称	堆积密度/$t\cdot m^{-3}$	堆存高度/m		备　注
			半机械化仓库	机械化仓库	
5	铁屑	2.5～3	1.5	2～3	
6	焦炭	0.45～0.5	2	2.5～4	
7	无烟煤	0.7	2	2.5～4	
8	石灰	0.8			
9	萤石	1.7	2	3	
10	矿石	2.7	2	3	锻轧返回钢与炼钢车间返回钢堆积密度不同
11	白云石		2	3	
	生白云石	1.6			
	熟白云石	1.5			
12	镁砂	1.5～1.8	2	3～5	
13	球团矿	1.8～2.0	1.5		

12.4.1.3 原料跨间工艺布置

按生产规模的大小与供料的简繁程度，电弧炉车间原料跨间的布置可取不同的形式。主要形式如下：

(1) 车间主厂房内设原料跨，与炉子跨、浇注跨（或者还有钢锭精整与热处理跨间）构成平行的跨间（或四跨间）。这是一种较小生产力的电弧炉车间典型的布置形式。

(2) 同一主厂房内将原料跨分为废钢跨与散状材料贮备、供应跨。这两个原材料跨间平行邻近布置。这种布置适用于原材料用量大的现代大、中型电弧炉车间，各物料流互不干扰。如图 12-2 所示的类型。图 12-9 是合金料、散状料单独在一个跨间的车间布置的横剖面图。经过炉顶第四孔下料，而且加料系统靠近电弧炉出钢一侧，也可以就近向钢包下料对钢水终脱氧和调整成分。当然，采用这种设计，电弧炉必须是钢包车出钢方式。

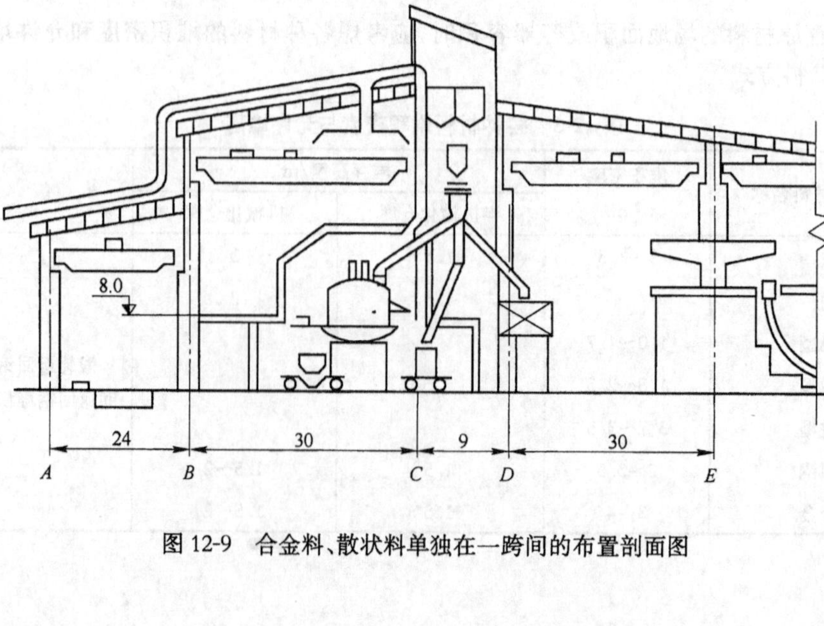

图 12-9　合金料、散状料单独在一跨间的布置剖面图

(3) 炼钢、浇注主厂房之外，另建的独立的废钢储存与配料跨间。这个独立跨间当然距主厂房不远，有铁路线连通，配料的料筐由此送到炉前。此跨间与车间主厂房的相对位置可有不同布置，视具体条件来确定。如图 12-3 是废钢跨间与主厂房平行，横向进料线进入厂房。

12.4.2 炉子跨（或称熔炼跨）

12.4.2.1 电弧炉的布置

如前所述，电弧炉在炉子跨间（熔炼跨间）的平面布置有纵向布置和横向布置两种。

A 电弧炉纵向布置

电弧炉纵向布置的特点：

(1) 多数纵向布置的车间，炉子与浇注作业（包括脱模、整模）同跨间安排，比较适宜于炉子容量小、炉座数少的条件。某些老的生产车间，为了扩大生产而延长厂房，增添炉子但不能增大炉容量，也属于此种情况；

(2) 炉、铸同跨间，而把脱模、整模作业移至相邻跨间，横向车铸。当然在纵向布置车间里，也可有铁道（标准轨道）贯穿厂房的大车铸方式；

(3) 电弧炉为纵向布置，出钢后将钢包置于过跨车上，平稳地牵引到邻跨间，再用吊车吊起浇注（铸锭或连铸），即炉、铸异跨间作业。

上述(2)、(3)两种都是能解决同一跨间内进行熔炼、浇注及脱整模，造成作业集中、散热集中、场地拥挤和劳动条件恶劣等问题的有效办法。目前，除生产力很小的车间还可考虑采用(1)型的炉、铸同跨布置外，一般均从改善劳动条件出发，以采用两跨间或多跨间为宜。

电弧炉纵向布置的优点：

(1) 电弧炉设置在跨间的一侧，于是炉用变压器房可建在主厂房之外，既有利于电气房通风降温，又不占用大厂房内的场地面积；

(2) 炉铸同跨布置（坑铸或其他浇注方式）则炉子加料、出钢及浇注所用桥式吊车都在同一跨间之内，故吊车数量与炉、铸异跨比较可以减少；

(3) 对于某些较小生产力的铸钢车间来说，其铸造设备与工艺所需用的操作场地远比 1～2 台小型电炉大得多，故炉子与铸造生产系统置于同一跨间之内，炉子纵向布置也是较为合理的。

沿车间纵向，电炉设置的方向可排列成：(1)炉门相对；(2)出钢口相对；(3)按同一方向顺序排列。

无论何种排列方式，两炉的间距都应能保证炉前操作方便，有适当的场地堆放适量材料及放置操作工具，尤其当两炉门相对排列时，留出适当距离更为必要，太近会使炉前劳动条件恶化，降温困难。

B 电炉横向布置

车间选用较大容量炉子（例如不小于 20t）或炉座数较多时宜采用横向布置，车间为平行多跨间组成，按炉子所在位置又可有两种安排：

(1) 炉子布置在贴近出钢跨（或为出钢-浇注跨）一侧。出钢过程使用出钢跨间的桥式吊车吊起钢包接纳钢水，即炉身在炉子跨间而出钢槽伸向出钢跨间；

(2) 炉子位于炉子跨间的中央部位，或靠近原料跨一侧。此时多采用钢包车出钢，出钢完毕再将钢水转运至浇注跨间进行铸锭或连铸。

不论何种横向布置形式，一般都将熔炼与浇注分置在两个跨间，使工作分散，散发热量不过于集中，减轻吊车工作繁忙程度与相互干扰；但是车间大吨位吊车数目加多，使厂房结构加重。

12.4.2.2 炉子在车间内垂直方向的布置（竖向布置）

炉子竖向布置可分为地坑式和高架式两种。

A 地坑式

工作人员不必上、下工作平台，相邻跨间联系方便，无台上台下之隔，少量材料和轻小工具向炉子附近搬运不必使用吊车。厂房高度不大，基建投资较少，不需要建造工作平台和相应的安全措施。一般小炉子适合用地坑式。如图 12-10 所示。

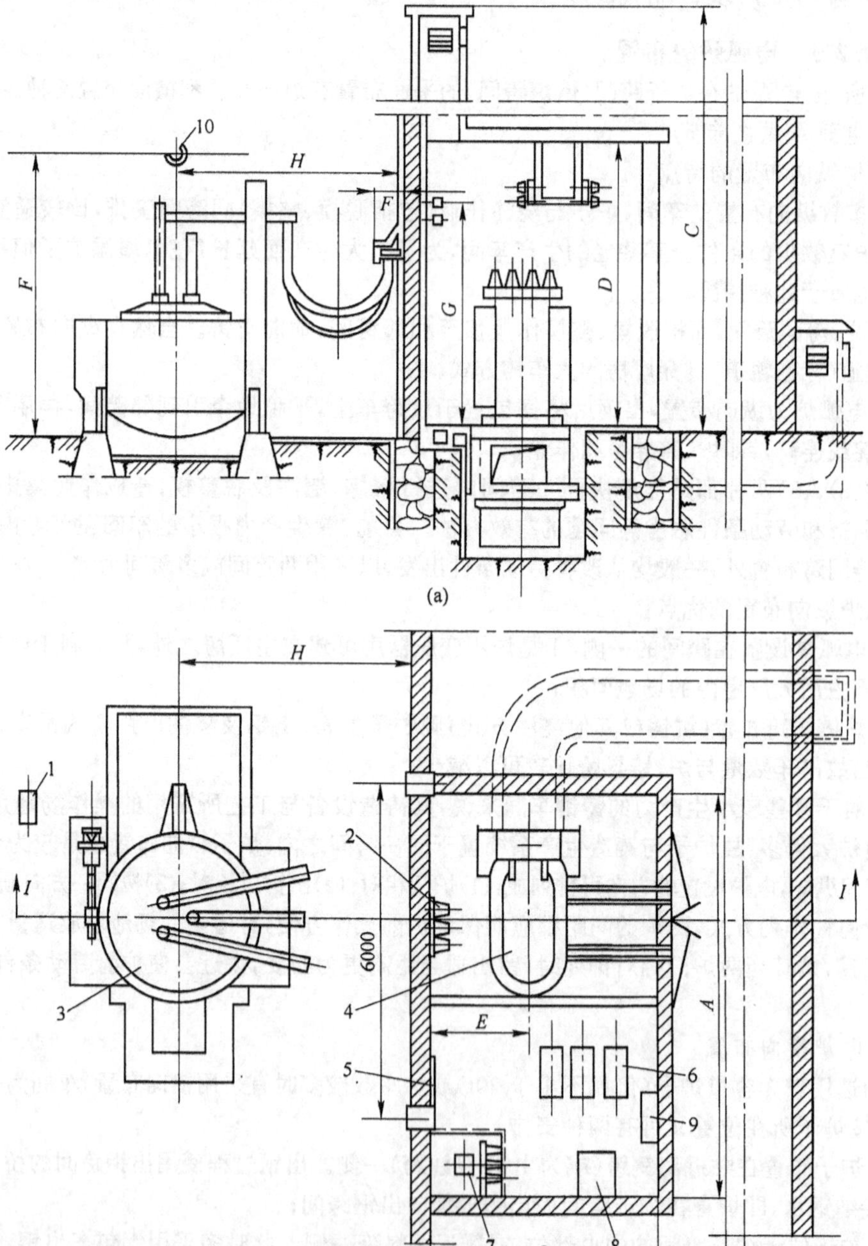

图 12-10 地坑式布置的小型电炉变压器室

1—倾炉操作机构；2—电流互感器；3—电炉；4—变压器；5—操作盘；6—自动调节器；7—油开关；8—自动控制盘；9—继电器盘；10—桥式起重机吊钩

对大炉子来说，这种布置方式不如高架式布置炉前通风条件好，设置在地平面以下的设备（倾动机构、液压传动管路、电动设备导线等），检修时操作困难，清理炉前炉后残渣、残钢操作条件恶劣，设备基础（特别是炉子基础）需要较多下挖工作，在地下水较浅的地区要求严格做好防水处理，因此这一部分工程费用较高。

B 高架式

在工作平台上操作时，炉前劳动条件好，清理炉前、炉后残渣、残钢方便，并有可能采用平台下渣车清理炉渣，炉下设备检修方便，机件容易搬运。电气室可设计成两层，少占车间面积。布置合理时，可适当利用平台下空间以堆存材料或作修理工作。在车间内不必挖掘深坑防水，有利于减少基建投资。

任何材料、物品运向炉子都必须使用吊车，因此，厂房高度大，建筑费用增加。

设计大型电炉车间一般采用高架式布置。如前述的图 12-3、图 12-4、图 12-9。

12.4.2.3 炉子变压器室与控制室

(1) 炉子电气房内的设备有：1)主供电线路的开关、变压器、电抗器；2)变压器原边、副边的测量、继电保护及自动控制系统；3)动力电源配电盘与操纵机构；4)变压器冷却设备：吹风冷却或强制油循环冷却；5)液压传动用贮油箱、油泵等供油系统。

(2) 炉子电气房的布置应首先依照电气工程设计规范规定，并要注意到炼钢车间使用操作上的需要，保证安全和检修维护方便，尽量减少占用车间面积。

12.4.2.4 电弧炉出渣与炉渣处理

电炉渣的运出和处理关系到劳动条件，以及回收渣中废钢和利用废渣等重要问题，电炉炉下出渣有多种方式。

一般来说，用炉下渣罐车运送渣罐至出钢、浇注跨再转运出外，或采用无轨运渣罐车（汽车式渣罐车）出渣是较为合理的。国外设计单位又提出了在大型电炉车间中设置专门炉渣跨间，渣罐从炉下横向运至炉渣跨，再吊放到纵向运渣线上运出车间的方式。

为了炉渣的合理利用及回收渣中所含有用废钢，新建的电弧炉车间必须设有相应的炉渣中间处理场，在这里进行翻渣（清理渣罐）、破碎渣块、分选废钢（人工手选或磁选）等。

12.4.2.5 炉子跨间的长度、跨度与高度

以配料跨、炉子跨、出钢浇注跨等组成的平行多跨间布置的电弧炉车间，车间长度主要依据炉子跨间设备布置而定，即炉子跨长度首先确定后，一般相邻跨间长度亦取一致，使整个厂房平面为一长方形。

(1) 横向布置车间除布置各电炉及它们之间所必要的存料与操作空间之外，跨间的纵向两端一般作为修理炉衬、修配水冷块、砌筑炉盖和堆存少量耐火材料的用地，此外还留有一定余地，供炉子跨间外运炉渣、垃圾的尽头式线路设置，跨间两端各需不少于 30m 长的上述场地。

若为纵向布置车间，炉铸同跨时，则还需要有修砌钢包、烘烤钢包的场地及其他辅助作业区。因此，一般情况下，炉子台数相同时，纵向布置的炉子跨间较横向布置的炉子跨间长。

(2) 炉子跨间的宽度由炉子本体所占场地及炉前操作需要决定。若车间里装设或使用悬挂式或地面行走式加料机，则必须考虑它们的运行回旋所必需的空间，并适当留出安全通道。炉子跨间宽度的确定应根据现有车间的经验，还可以参见表 12-4。

(3) 炉子跨间吊车轨面高度(h)。横向或纵向炉子布置的跨间，桥式起重机吊起的最高工作点是电弧炉接装电极时吊起的高度。电极的长度由炉体的结构尺寸决定（见图 12-11）。由此可计算吊车轨面标高：

$$h \geqslant L_1 + L_2 + L_3 + L_4 + L_5 + L_6 \tag{12-14}$$

式中 L_1——起重机吊钩极限尺寸，mm；

L_2——吊换电极用吊具长度，mm，取 700～1000mm；

L_3——需吊出电极的长度，mm，见表 12-5；

L_4——余量，取 300mm；

L_5——电极把持器顶端降至最低位置时与炉门坎面距离，mm，根据炉子结构图定；

L_6——电炉炉门坎面距车间 ±0.00 处距离或跨间工作平台面距离，mm，平台高度见表 12-4。

表 12-4 炉子跨间尺寸

炉容量/t \ 项目	跨度/m	吊车轨面标高/m	工作平台高度/m	备注
5	18～21	9		纵向布置，地坑式
10	21～24	9		纵向布置，地坑式
20	18～21	14	4	纵向布置，高架式
30	21	14～16	4～5	纵向布置，高架式
50	24	17～18	7	纵向布置，高架式

表 12-5 L_3值（见图 12-11）

电炉公称容量/t	3	5	10	15	20	50
L_3值/mm	$300+L_5$	$300+L_5+100$	$300+L_5+200$	$300+L_5+200$	$300+L_5+350$	$300+L_5+600$

12.4.3 出钢、浇注跨间

电炉出钢与浇注（模铸或连铸）是连续不可间断的重要工艺阶段，当工艺流程中包含钢水二次精炼时，则电弧炉作为初炼炉的钢水需经过精炼过程后继续浇注。因此，布局必须衔接得顺利而且紧凑。

凡新建或改建电弧炉炼钢车间应尽量考虑采用连铸，但由于特殊钢厂生产品种复杂，或由于压力加工的特殊要求，要用模铸成锭，则在浇注生产跨间连铸与模铸并举也是可行的。此时，设计须根据生产计划（产品大纲）规定的各钢种产量，确定不同浇注工艺所承担的任务，从而确定不同浇注设备的能力与所占用场地的大小。

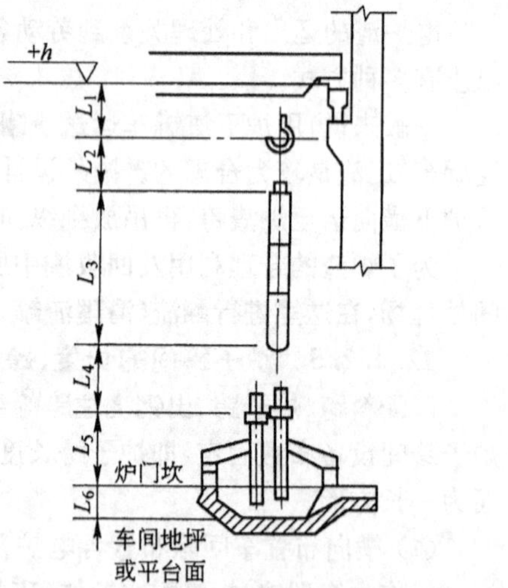

图 12-11 炉子间厂房高度计算图

思考题

12-1 电弧炉主要生产技术经济指标有哪些，如何确定？

12-2 怎样估算电弧炉车间生产能力？

12-3 电弧炉车间基本组成包括哪些，如何确定炉子容量与座数？

12-4 电弧炉车间工艺布置有哪些类型，各有何特点？

12-5 电弧炉车间有哪些主要的生产跨间，各跨间有哪些布置形式，各有何特点？

13　炼钢车间烟气净化与回收

炼钢过程中炉内反应剧烈，产生的炉气量大。特别是在吹炼过程中，铁水中的碳剧烈地氧化，生成大量的CO和少量CO_2气体，随同铁水中其他一些元素氧化所产生的少量气体，一起构成炉气。炉气中还不可避免地夹带着大量氧化铁、金属铁和其他细小颗粒的固体烟尘。在炉口可观察到棕红色的浓烟，这股高温含尘气流冲出炉口进入烟罩和净化系统。气流出炉口进入烟罩的同时，吸入空气使CO部分燃烧，其后的气体成分和烟尘的性质均与炉内气体有所不同。为区别这两类气体，炉内气体叫炉气，炉气冲出炉口以后叫烟气。烟气的特点是温度高、气体多、含尘量大，具有毒性和爆炸性。任其放散会污染环境，因此烟气必须净化处理。烟气净化处理不仅是环保的需要，还可以回收大量的物理热、化学热以及氧化铁粉尘。

13.1　烟气与烟尘

13.1.1　烟气特征

(1) 烟气的来源及化学组成。在吹炼过程中，熔池内碳氧反应生成的CO和CO_2是烟气的基本来源。其次是炉气从炉口喷出吸入部分空气燃烧所生成的废气，也有少量来自炉料和炉衬中的水分及生烧石灰中分解出来的CO_2气体。CO和CO_2的浓度随吸入空气量多少而定，若吸入空气量较少，烟气主要成分是CO，含有少量CO_2和N_2；若过剩空气量很大，N_2会成为主要成分，其次是O_2、CO_2，而CO含量很少。转炉未燃法和燃烧法烟气成分见表13-1。

表13-1　未燃法和燃烧法烟气成分范围比较

烟气成分/%	CO	CO_2	N_2	O_2	H_2	CH_4
未燃法(烟气)	60～80	14～19	5～10	0.4～0.6	0.2～2.0	—
燃烧法(废气)	0～0.3	7～14	7～80	11～20	0～0.4	0～0.2

(2) 烟气温度。烟气温度是设计冷却和净化系统的基本数据之一。冷却水量、散热面积和净化设备容量等都与烟气温度有关。烟气温度随吸入空气量的多少而异。但是一般都在1000℃以上，因此烟气净化系统中必须设置冷却设备。

1) 转炉烟气温度。未燃法烟气温度一般为1400～1600℃，燃烧法烟气温度一般为1800～2400℃。

2) 电弧炉烟气温度。电弧炉炉顶排出的烟气温度为1200～1600℃，超高功率电弧炉的烟气温度偏高，进入电弧炉排烟管道处的烟气温度一般在800～1100℃。

(3) 烟气量。转炉未燃法平均烟气量为每1t钢60～80m^3；燃烧法的烟气量为未燃法的4～6倍。电弧炉炼钢的最大烟气量产生在氧化期，一般考虑CO完全燃烧生成CO_2，并加上带入的空气量来确定排出的烟气量。烟气净化系统通常按最大烟气量时能满足除尘要求来设计的。

(4) 烟气的发热量。转炉未燃法中，当烟气含 60%～80%CO 时，其发热量波动在 7745.95～10048.8kJ/m³，燃烧法中烟气仅含有物理热。电炉烟气中 CO 含量一般都小于 5%，其发热量较低。

13.1.2 烟尘的特征

(1) 烟尘的来源。在氧气流股冲击的熔池反应区内，局部温度可高达 2500～2800℃，使一定数量的铁和铁的氧化物蒸发，并夹带部分散状料粉尘和渣粒，组成烟尘，随炉气排出。氧气顶吹转炉炉气中夹带的烟尘量，约为金属料装入量的 0.8%～1.3%，产生的烟尘量在各种炼钢设备中最高，烟气中的含尘量为 15～120g/m³。一般中小型电弧炉每熔炼 1t 钢约产生 8～12kg 的粉尘，而大型炉可达 20kg，吹氧时烟气含尘浓度可达 20～30g/m³。

(2) 烟尘的成分。未燃法转炉烟尘中 60%以上为 FeO，其颜色呈黑色；燃烧法转炉烟尘中 90%以上为 Fe_2O_3，其颜色为红棕色。可见转炉烟尘是含铁量很高的精矿粉，可作为高炉原料或转炉自身的冷却剂和造渣剂。电弧炉烟尘也主要是铁的氧化物，Fe_2O_3 在 20%～50%之间，FeO 约为 10%。

(3) 烟尘的粒度。通常把粒度在 5～10μm 之间的尘粒叫做灰尘。把由蒸汽凝聚成的直径在 0.3～3μm 之间的微粒，呈固体的称为烟，呈液体的叫做雾。转炉燃烧法尘粒小于 1μm 的约占 90%以上，接近烟雾，较难清除；未燃法尘粒大于 10μm 的达 70%，其除尘效果比燃烧法相对容易一些。电弧炉烟尘的粒度随操作条件变化而变化，粒度大小在 0.1～100μm 之间。采用屋顶烟罩排烟时，粉尘粒度大小在 0.1～5μm 之间。

13.2 烟气净化方案选择

13.2.1 转炉烟气净化方法

转炉烟气从炉口逸出，在进入烟罩过程中或燃烧，或不燃烧，或部分燃烧，然后经过汽化冷却烟道或水冷烟道，温度有所下降；进入净化系统后，烟气还需进一步冷却，有利于提高净化效率，简化净化设备系统。

13.2.1.1 炉口附近烟气处理方法

(1) 全燃烧法。此法不回收煤气，不利用余热。在炉气从炉口进入烟罩过程中，吸入大量空气，一方面使烟气中 CO 燃烧，另一方面大量的过剩空气冷却燃烧后的烟气，在烟道出口处烟气温度降低到 800～1000℃，然后再向烟气喷水，进一步降温到 200℃以下，最后用静电除尘器或文氏管除尘器除去烟气中的烟尘，然后放散。新设计转炉一般不再采用全燃烧法。

(2) 半燃烧法。此法不回收煤气，利用余热。控制从炉口与烟罩间缝隙吸入的空气量，一方面使烟气中 CO 完全燃烧，另一方面又要防止空气量过多对烟气的冷却作用。高温烟气从烟罩进入余热锅炉，利用余热产生蒸汽，冷却后的烟气一般用湿法除尘净化。

(3) 未燃法。此法回收煤气，利用余热。在炉气从炉口进入烟罩过程中，尽量不吸入空气，以防止 CO 燃烧或煤气爆炸。烟气通过汽化冷却器温度降低到 900～1000℃，再进入湿法净化系统进一步冷却和除尘净化。净化后煤气经加压后送出使用。这是近年来广泛采用的烟气处理方法。

目前，未燃法主要有两种方式控制烟罩不吸入空气。

1）氮幕法。在活动烟罩与炉口之间设置氮气密封圈向外吹氮，用氮气将空气与烟气隔绝。此法在炉口基本上不吸入外界空气，所以烟气量少，回收系统容量小，设备费用低，但是需要消耗大量氮气（仅炉口氮气消耗量为每1t钢15～20m^3）。

2）炉口微压差控制法。维持烟罩口内外压差ΔP等于零或稍大于零。通过设在烟罩口的微压差调节系统，即通过压力传感器控制烟气流量调节阀，使烟罩内外保持一个微小的正压力差（一般为0～29.4Pa，最好为19.62Pa）。这样就能保证抽气系统不吸入空气，实现回收煤气的目的。此法既保证煤气质量（作燃料与化工原料），又不消耗氮气。因此为国内外煤气回收系统广泛采用。

13.2.1.2 转炉烟气净化方法

（1）全湿法。烟气进入第一级净化设备就立即与水相遇，称全湿法除尘系统。双文氏管除尘即为全湿法除尘。在整个除尘系统中，都是采用喷水方式来达到烟气降温和除尘的目的。除尘效率高，但耗水量大，还需要配置处理大量泥浆的设备。

（2）半干半湿法。烟气进入次一级净化设备才与水相遇，称半干半湿法除尘系统。"平旋器-文氏管"除尘系统即为半干半湿法除尘系统。此法除尘效率稍差些，对环境有一定污染，但除尘设备较简单，污水处理量小，一般在老式小型转炉上使用。

（3）全干法。在净化过程中烟气完全不与水相遇，叫全干法除尘系统。布袋除尘、干法静电除尘均为全干法除尘。全干法除尘可以得到干灰，勿需设置污水、泥浆处理设备。

13.2.2 电弧炉烟气净化方法

电弧炉烟气净化多用干法，静电除尘器通常用于大电炉，布袋除尘器用于小电炉。由于文氏管洗涤器的除尘效率高，国外某些大中型电弧炉也在开发应用。我国中小型电弧炉主要采用布袋除尘器。

13.3 烟气净化系统

无论烟气从烟囱放散或进入煤气柜回收，都必须经过降温、除尘、抽引等净化设备。由于车间条件和生产特点不尽相同，可供使用的降温和除尘方法及设备各异，因此，烟气净化系统的类型也有所区别。根据从烟气中分离出来的烟尘的干湿状态，烟气净化系统分为干湿结合净化系统，全湿法净化系统和全干法净化系统。

13.3.1 氧气转炉烟气净化系统

13.3.1.1 干湿结合净化系统

在远离城市的小型转炉上可以考虑采用这一净化方案。图13-1为干湿结合法的平旋器-文氏管烟气净化系统。

该系统采用了平旋器作为第一级干法粗除尘，除尘效率可达70%～80%，烟尘大部分以干灰除去。平旋器的降温效果在350℃左右。净化系统的第二级采用文氏管湿法除尘，文氏管具有除细尘的作用，除尘效率在90%以上。采用重力脱水器作为粗脱水装置，采用平旋脱水器作为精脱水装置。该系统放散烟气含尘浓度为180mg/m^3左右，除尘效率低于全湿法。

干湿结合净化系统污泥处理少，炼钢车间可不建污泥处理系统；系统阻力损失小，可选用低压风机，风机磨损小。但除尘效果不如全湿法好，对环境有一定污染，车间需建立两套（干与湿）清灰系统。

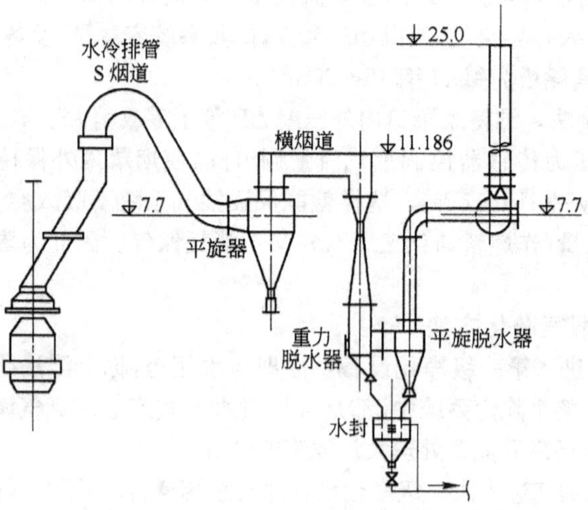

图 13-1 “平-文”干湿结合式系统

溢流外淋式活动烟罩→溢流外淋式固定烟道下段→半排管固定烟道上段→水冷排管 S 烟道→平旋器→水冷横烟道→溢流式文氏管→重力脱水器→平旋脱水器→8-18 型 8 号风机→烟囱放散

13.3.1.2 全湿法净化系统

A 全湿法双文氏管煤气回收净化系统

图 13-2 为某厂 30t 氧气转炉煤气净化与回收系统装置。净化与回收装置工艺流程如下：

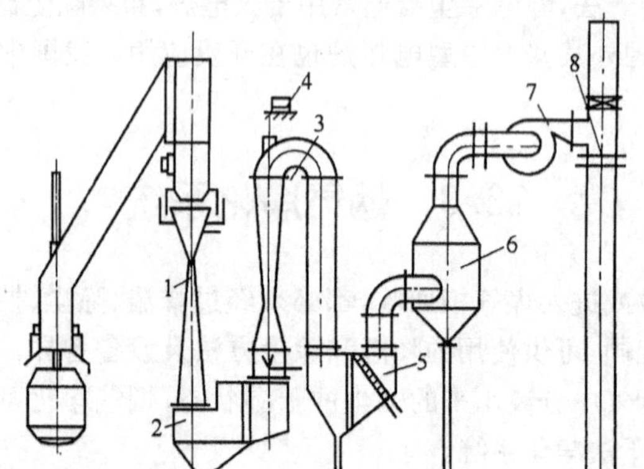

图 13-2 某厂 30t 转炉烟气净化回收系统

1—溢流文氏管；2—重力脱水器；3—可调喉口文氏管；4—电动执行机构；5—喷淋箱；6—复挡脱水器；7—D700-13 鼓风机；8—切换阀；9—排水水封器；10—水封逆止阀；11—10000m³ 贮气柜；12—D110-11 煤气加压机；13—水封式回火防止器；14—贮气柜高位放散阀

转炉烟气→活动烟罩→汽化冷却烟道→溢流文氏管→重力脱水器→可调喉口文氏管→喷淋箱→复挡脱水器→抽风机→切换阀→水封逆止阀→贮气柜

在炉内产生的高温(1400～1600℃)含尘(80～100g/m³)炉气，从炉口逸出后，经活动烟罩、固定烟罩，进入汽化冷却烟道内进行热交换，当烟气温度降低到900～1000℃范围，再进入两级串联的内喷式文氏管除尘，第一级通常是溢流式低速常径喉口文氏管，它的作用一是进一步降低烟气温度到70～80℃，二是烟气中大量的粗烟尘被雾化水凝聚并经重力脱水器净化。第二级通常是高速变径(喉口可调)文氏管，它的主要作用是精除尘，利用变径调节烟气量。二文出口烟气温度降低到50～70℃，含尘量为50～150mg/m³，二文后的喷淋箱和复挡脱水器起进一步水洗烟气和脱水作用。

这种未燃法的全湿法净化系统，可以回收煤气和烟气余热，而且除尘效率高。但回收煤气仅在吹炼中期进行，回收时要求控制炉口压力(调节二文喉径)，还要防爆防毒，要求有较完善的控制系统和较高的操作管理水平。同时两个文氏管串联阻力损失大(抽风机前的阻损高于16677Pa)，需使用高转速(48r/s)风机，故电耗较高，风机叶轮磨损较快。

B　日本OG法净化系统

日本OG法净化装置，是目前世界上湿法系统净化效果较好的一种。宝钢曾引进日本君津钢厂第三代OG法装置，如图13-3所示。该净化装置采用炉口微压差控制烟气量、闭环式活动烟罩、密排管式密闭热水循环冷却方式。冷却器顶面设有防爆门。第一级除尘器由两个并联的矩形可调溢流文氏管(P-A)组成，其喉口内部尺寸为500mm×2800mm，喉口内有一对焊接挡板，尺寸为400mm×2800mm，挡板旋转轴支撑在两端轴承座上，轴承出轴端通过一对双向丝杆调节挡板开口度，并设有开口度标志板。运转初期人工调节喉口挡板开口度，控制一文阻损在2500Pa左右，然后固定使用。烟气进入一文时的温度为1000℃，流量为980000m³/h，含尘浓度为200g/m³。烟气逸出一文时的温度为75℃(饱和)，流量为449400m³/h，一文的除尘效率为95%左右。经过一文粗除尘并经过90°弯头脱水器及水雾分离器后的烟气进入二文进行精除尘。

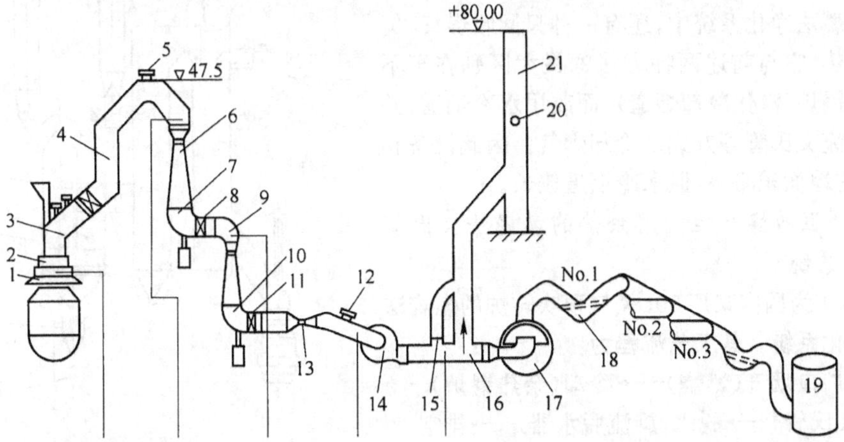

图13-3　宝钢OG装置流程图

1—罩裙；2—下烟罩；3—上烟罩；4—汽化冷却器；5—上部安全阀；6—一文；7—一文脱水器；8—水雾分离器；9—二文；10—二文脱水器；11—水雾分离器；12—下部安全阀；13—流量计；14—风机；15—旁通阀；16—三通阀；17—水封逆止阀；18—V形水封；19—煤气罐；20—测定孔；21—放散烟囱

二文是由两个并联的 R-D 阀板式可调喉口文氏管组成，其喉口壳体用 16mm 厚的钢板焊接而成，壳体外型为 920mm×1737mm×1200mm(高)的箱体，箱体中装有 R-D 形阀板，用来调节通达二文喉口的烟气量，它的开口度由炉口微压差装置控制。经液压传动，阀板在与水平夹角 30°～90°之间运动。通过阀板位置的调节使二文喉口处的烟气始终以高速（100m/s）通过，以达到精除尘的目的。在回收期二文的阻损控制在 9000Pa 左右，在放散期可调至 12800Pa 左右。二文进口烟气温度为 75℃（饱和），流量为 449400m³/h，出口烟气温度为 67℃（饱和），流量为 426000m³/h，除尘效率达 99%以上。二文后仍采用 90°弯头脱水器和水雾分离器，脱水器和水雾分离器内的集污均设有清水喷洗装置。抽风机后设有三通阀、旁通阀、放散烟囱、水封逆止阀、V 形水封阀、煤气柜等装置。

第三代 OG 法装置主要特点：

(1) 净化系统设备紧凑。净化系统由繁到简，实现了管道化，中间无迂回曲折，系统阻损小。煤气不易滞留，有利于安全操作。

(2) 设备装备水平较高。设有炉口微压差控制装置，操纵二文喉口 R-D 阀板，使刚进入烟罩内的烟气与周围空气保持在 20Pa 左右的压差，确保回收煤气中 CO 含量为 55%～65%，回收煤气量每 1t 钢 60m³ 以上。此外，整个吹炼过程有五个控制装置顺序进行自动操作。

(3) 节约用水量显著。烟罩及罩裙采用高温热水密闭循环冷却系统，烟道采用汽化冷却方式，一、二文串接供水，使新水补给量维持在每 1t 钢 2t 的先进水平。

(4) 烟气净化效率高。烟气排放含尘浓度低于 100mg/m³，净化效率高达 99.9%；配备半封闭式二次集尘系统，对一次烟罩不能捕集的如兑铁水、加废钢、出钢、修炉等作业的烟尘进行二次捕集，确保操作平台区的粉尘浓度不超过 5mg/m³。

(5) 系统安全装置完善。设有 CO 与烟气中含 O_2 量的测定装置，以保证回收与放散系统的安全。

(6) 实现了煤气、蒸汽、烟尘的综合利用。

在未燃法净化系统中，还有一种只回收煤气，但不利用余热，它与前述两种方法的最大区别在于不设置余热锅炉（汽化冷却烟道），而改用水冷烟道，并辅之以溢流文氏管等方式来冷却烟气。因此设备相对简单，占地面积略小，但水冷烟道较长。

C 不回收煤气但利用余热的燃烧法文氏管湿法净化系统

图 13-4 为国内某厂 50t 氧气顶吹转炉的燃烧法文氏管净化系统。其工艺流程为：

转炉炉口烟气（燃烧）⟶冷却（余热锅炉）⟶除尘（小文氏管）⟶脱水（旋流脱水器）⟶排空

主要特点是：设计的余热锅炉由辐射和对流两段组成（对流段换热效率不高，几乎不用）；转炉停吹时，为保证蒸汽连续供应和锅炉稳定运行，设有煤气和重油的辅助燃烧装置，故产生的蒸汽量比一般未燃法汽化冷却烟道的高 2～3 倍；系统比较复杂，厂房建筑面积相应增大。

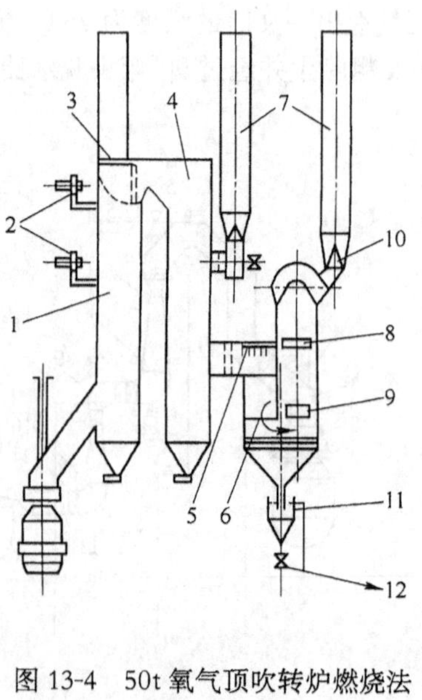

图 13-4 50t 氧气顶吹转炉燃烧法烟气净化系统

1—余热锅炉辐射段；2—风机；3—事故放散阀；4—对流段；5—喷淋喷嘴；6—小文氏管；7—烟囱；8—挡水圈；9—脱水器；10—抽风机；11—水封；12—去沉淀池

13.3.1.3 静电除尘干法净化系统

图 13-5、图 13-6 分别为燃烧法和未燃法干式静电除尘系统。其工艺流程为：

转炉炉口烟气 —燃烧/未燃→ 冷却 —余热锅炉或汽化冷却烟道/喷淋塔→ 除尘（干式静电除尘器）→ 排空 / 回收

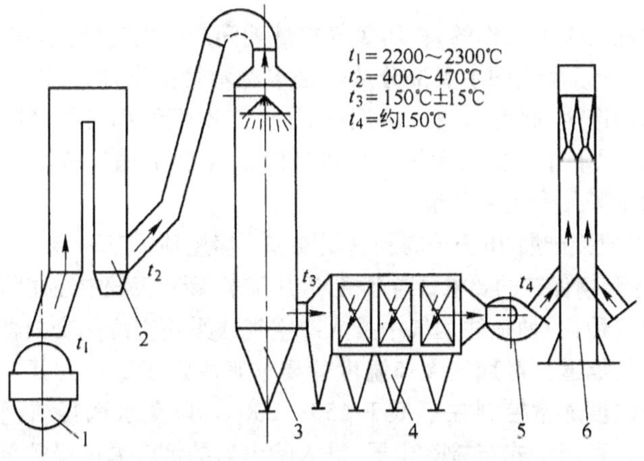

图 13-5　干法静电除尘系统（燃烧法）

1—转炉；2—余热锅炉；3—喷淋塔；4—电除尘器；5—风机；6—烟囱

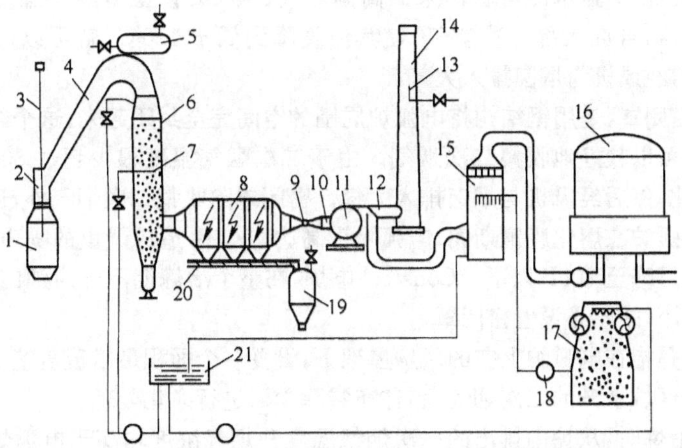

图 13-6　干法静电除尘系统（未燃法）

1—转炉；2—烟罩；3—氧枪；4—汽化冷却烟道；5—汽水分离器；6—喷淋塔；7—喷嘴；8—电除尘器；9—文氏管；10—压力调节阀；11—风机；12—切换阀；13—点火器；14—烟囱；15—洗涤塔；16—煤气柜；17—冷却塔；18—水泵；19—贮灰斗；20—螺旋输送机；21—水池

燃烧法空气过剩系数通常为 1.2 左右，使烟气完全燃烧，以防止可燃气体在电除尘器中爆炸；烟气热量通过余热锅炉进行回收，此时烟气温度可降低至 400～470℃；通过喷淋塔可使进入干式静电除尘器前的烟气温度进一步降低并稳定在 150±50℃左右，而捕获的灰尘为干灰，除尘效率高且稳定。

由于该系统吸入空气量较大，因此设备复杂，占地面积大，投资高。此外，进入电除尘器的烟气温度也难以控制。迄今国内转炉很少使用。

未燃法电除尘通常是将空气过剩系数控制在0.3以下，故烟气量小得多，且可回收煤气和获得干灰，被认为是最经济的方法，越来越受到各国的重视。

13.3.2 电弧炉烟气净化系统

电弧炉是在氧化性气氛下工作的，在用氧气冶炼期间产生大量烟尘，其主要成分是铁的氧化物，产量约为每1t钢15kg，烟气的主要部分从炉盖水冷弯管排出，叫一次烟气；冶炼期间从炉门与电极孔逸出的和出钢产生的烟气，叫二次烟气。一、二次烟气都必须经收集净化，使其含尘量降至100mg/m^3(标态)以下才能排入大气。与转炉相似，电弧炉烟气净化系统也包括炉气的排出与收集、烟气冷却、除尘等几个主要环节。

除尘方式有第四孔直接排烟、电弧炉周围密闭罩和厂房屋顶罩三种形式，既可以独立采用，也可以采用组合方式。鉴于环境保护的要求日益严格，近几年来，新建工程中往往同时采用三种形式。

烟气冷却方式有两种：一种是往烟气中掺入冷空气或采用空冷热交换器；另一种是喷水蒸发冷却或采用水冷夹套的烟道。对烟气冷却温度的要求则决定于除尘方式。如用干式电除尘，进入静电除尘器的烟气温度通常控制在不低于150～200℃，以免水汽凝结，使烟尘成为泥浆沾在集尘电极上难以振落。若用干式布袋除尘器，进入除尘器的烟气温度必须低于滤布使用温度(如玻璃纤维的使用温度需低于230～250℃)。就除尘而言，多用干式布袋除尘器和静电除尘器。从目前情况来看，前者应用更为普遍，因为它的除尘效率高，设备不受腐蚀影响，灰尘处理和回收均较方便。

直接排烟系统，由炉盖水冷弯管出来的高温烟气(1400℃以上)，经一燃烧室和一段水冷管道，引入空气冷却器，再混入部分冷空气，使其温度降到低于120℃，就可以进入布袋除尘器净化，净化后的废气，经风机与烟囱排入大气。

电弧炉周围密闭罩，是用钢结构将电弧炉周围的空间完全封闭起来，这个封闭的钢结构叫做密闭罩或“狗窝”，可以较好地收集二次烟气。由于二次烟气温度很少超过80℃，故可以直接引入布袋除尘器净化，然后经风机与烟囱排入大气。密闭罩除收集二次烟气外，还有很好的降低噪声污染的效果，电弧炉在熔化废钢期间，电弧噪声高达120dB，造成严重的噪声危害，加设密闭罩后，炉前区的噪声可降至90dB以下。Consteel电炉，在整个冶炼期不开启炉门，不仅外逸废气很少，而且电弧噪声小，故不必设置密闭罩。

厂房屋顶罩，是指在电弧炉上空的厂房屋架下，设置一个面积足以覆盖整个电弧炉作业区的集气罩，以收集该区域上升的二次烟气，引往布袋除尘器进行净化处理。

由于电弧炉冶炼时，从炉内排出的一次烟气温度和烟气浓度均高于电弧炉屋顶罩和密闭罩捕集的二次烟气的温度和浓度，而一次烟气系统所需的烟气处理量又远小于二次烟气系统，所以从除尘系统的规模大小和操作维护管理考虑，电弧炉除尘系统方案设计时可将一次烟气和二次烟气的除尘分开设置。图13-7、图13-8为典型的一次烟气除尘系统，前者设置了火粒捕集器，以防止布袋被烧坏，除尘器通常选用大布袋反吹风除尘器或脉冲除尘器。后者采用了高温燃烧室，在燃烧室进出口处设置鼓风机和烧嘴，保证燃烧室内有一恒定的高温环境和氧气含量，以除去烟气中的CO和有机废气等。

电弧炉除尘系统，一般设有几个布袋室，以便轮流承担净化与反吹清洗作业，还设有灰尘的输送、储存、造球等设施。

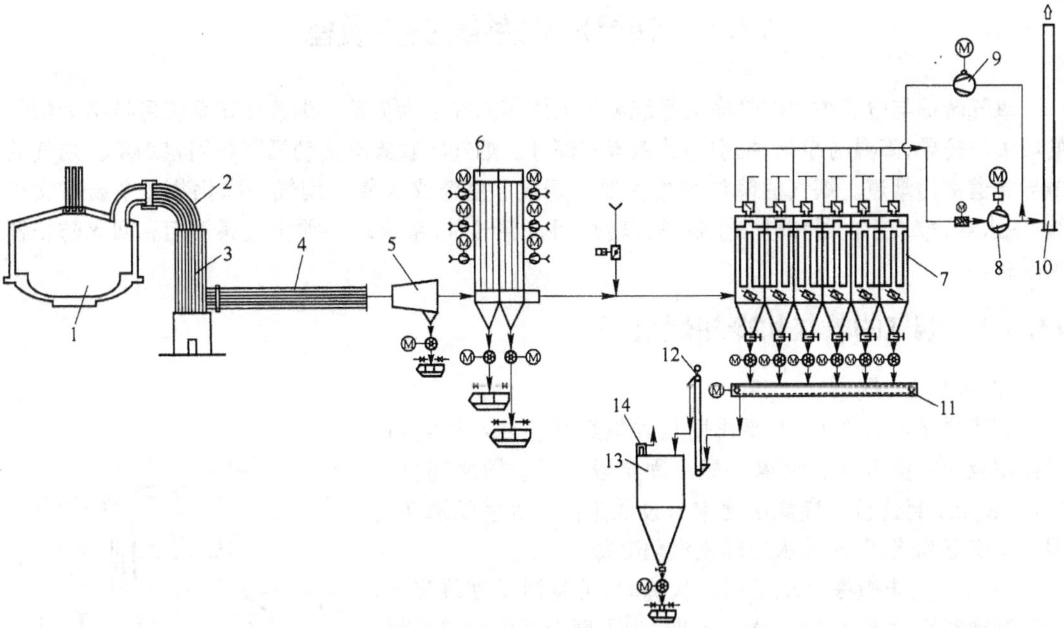

图 13-7　电炉炉内排烟系统(一)

1—EAF;2—水冷弯头;3—沉降室;4—水冷烟道;5—火粒捕集器;6—强制吹风冷却器;7—大布袋除尘器;8—主风机;9—反吹风机;10—烟囱;11—刮板机;12—斗提机;13—贮灰仓;14—简易过滤器

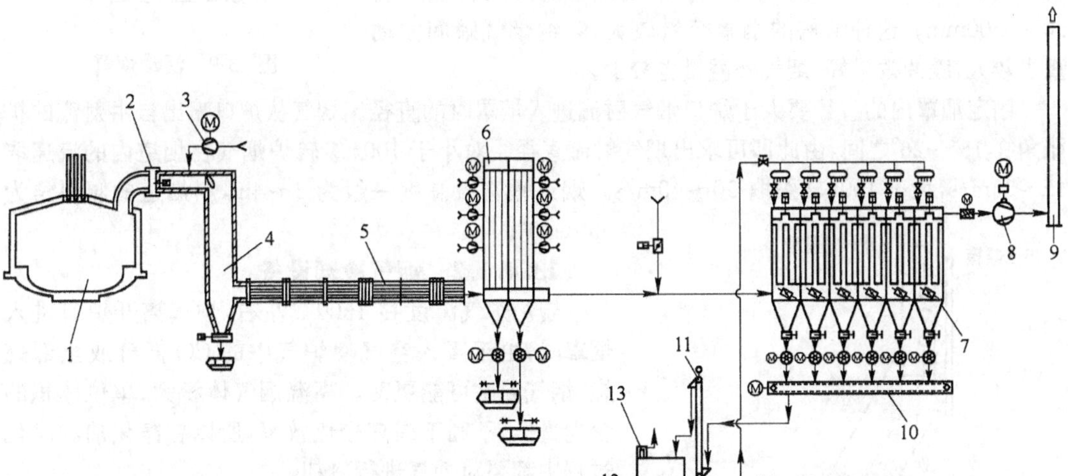

图 13-8　电炉炉内排烟系统(二)

1—电炉;2—水冷滑套;3—鼓风机;4—燃烧室;5—水冷烟道;6—强制吹风冷却器;7—脉冲除尘器;8—主风机;9—烟囱;10—刮板机;11—斗提机;12—贮灰仓;13—简易过滤器

13.4 烟气净化系统主要设备

氧气转炉与电弧炉的烟气净化系统设备大体相同并互为借鉴。烟气净化系统可概括为烟气的收集与输导、降温与净化、抽引与放散等三部分。烟气的收集有活动烟罩和固定烟罩。烟气的输导管道称为烟道。烟气的降温装置主要是烟道和溢流文氏管。烟气的净化装置主要有文氏管、脱水器、布袋除尘器和电除尘器等。转炉回收煤气时，系统还必须设置煤气柜和回火防止器等设备。

13.4.1 烟气的收集和冷却烟道

13.4.1.1 烟罩

烟罩位于炉口之上，主要作用是收集烟气使之不外溢，且可控制吸入的空气量。烟罩一般由固定段与活动段两部分组成，二者用水封连接。燃烧法通常只设固定段。为使烟罩在高温下不变形和烧坏，应通水冷却或汽化冷却。

图 13-9 为未燃法活动烟罩。吹炼时，可将活动烟罩降下，转炉倾动时活动烟罩升起；吹炼末期，为了便于观察炉口火焰，也要求活动烟罩能上下升降。

活动烟罩的下沿直径应大于炉口直径 $D_2 \approx (2.5 \sim 3)d$，活动烟罩的高度约等于炉口直径的一半 $H_t \approx 0.5d$，可使罩口下沿能降到炉口以下 200～300mm 处。活动烟罩的升降行程 S 为 300～500mm。这种结构的烟罩容量较大，容纳烟气瞬间波动量也较大，缓冲效果好，烟气外溢量也较少。

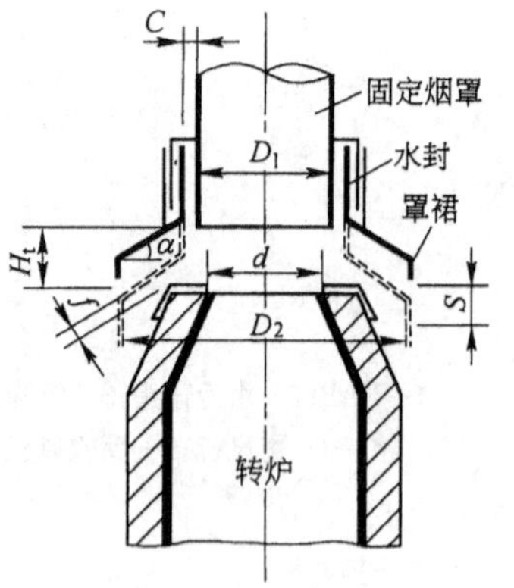

图 13-9 活动烟罩

固定烟罩内的直径要大于炉口烟气射流进入烟罩时的直径。烟气从炉口喷出自由射流的扩张角在 18°～26°之间，由此即可求出烟气射流直径。对小于 100t 级转炉烟气在烟道内的流速取 15～25m/s，大于 100t 转炉取 30～40m/s。烟道垂直段高度一般为 3～4m，斜烟道的倾斜角为 55°～60°。

13.4.1.2 烟气冷却设备

转炉炉气温度在 1500℃左右，炉气离开炉口进入烟罩时，由于吸入空气使炉气中的 CO 部分或全部燃烧，烟气温度可能更高。高温烟气体积大，单位体积的含尘量低，不利于提高净化效率，所以在净化前和净化过程中都要对烟气进行冷却。

目前新设计的转炉，多采用汽化冷却烟道（见图 13-10）。汽化冷却烟道是由无缝钢管排列围成的筒状烟道，其结构有水管式、隔板管式和密排管式。密排管式不易变形，加工简单，更换方便。

汽化冷却用水需经过软化处理和除氧处理。图 13-11 为汽化冷却系统流程，汽化冷却用水宜采用自然循环方式。

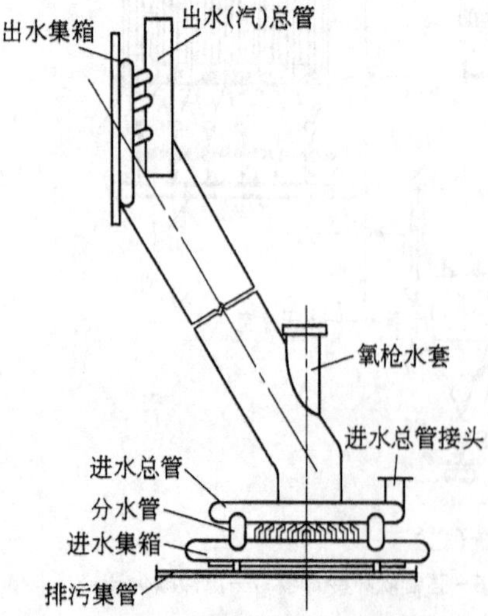

图 13-10 汽化冷却烟道

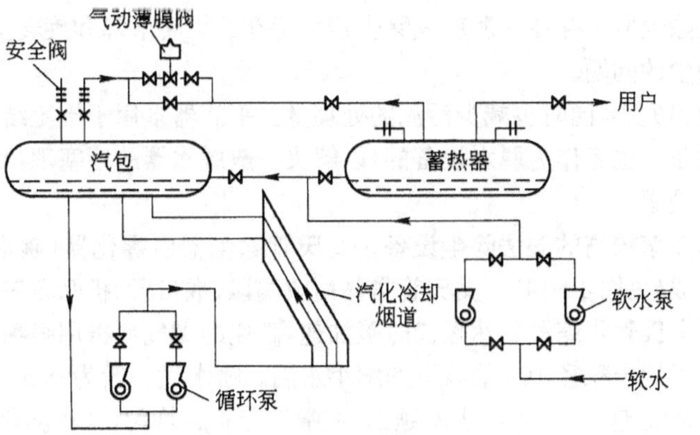

图 13-11 汽化冷却系统流程

13.4.2 烟气净化设备

13.4.2.1 除尘器

A 旋风除尘器

旋风除尘器为干式除尘器(见图 13-12)。含尘气体以一定速度从切线方向进入除尘器上部，然后气流向除尘器下方作螺旋下降运动(旋转速度为 20～30m/s)，再转折 180°，气流旋转上升从排气管抽走，在离心力的作用下，尘粒甩向器壁掉入灰斗，实现气尘分离。

旋风除尘器的缺点是阻损较大(与平旋器比较)，一部分烟尘会被气流旋转上升又进入烟气，除尘效率大为降低。

B 平面旋风除尘器

简称平旋器(见图 13-13)。它是利用气流作平面涡旋运动产生的离心力来达到除尘的目的。由于蜗形芯管的导向作用，边沿含尘气体在平旋器内旋转两周以上，使被分离的烟尘依靠惯性沿

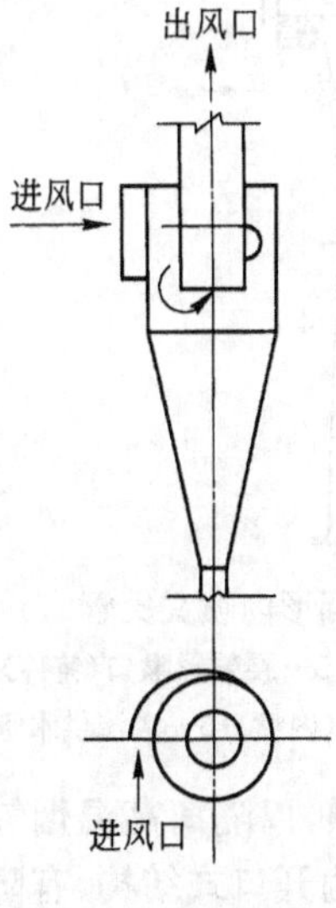

图 13-12 旋风除尘器

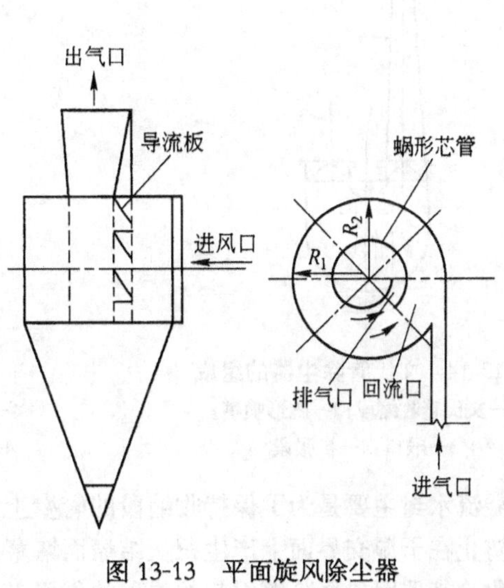

图 13-13 平面旋风除尘器

外壁成螺旋状下降；接近平旋器中心部分的气流，旋转一周后进入芯管继续旋转上升，并清除部分烟尘。因此平旋除尘器不存在一般旋风除尘器所特有的旋转下降和旋转上升两股气流互相干扰而造成第二次扬尘的问题。

平旋器的阻力损失小，同时也减少污泥的处理量。平旋器多用于干湿结合系统的小转炉上，作第一级粗除尘设备。也有作为脱水设备的，以解决一般脱水器的堵塞现象。

C 文氏管除尘器

文氏管是当前效率较高的湿法除尘设备。文氏管除尘器由雾化器（碗形喷嘴）、文氏管本体及脱水器三部分组成（见图 13-14）。文氏管本体由收缩段、喉口段、扩张段三部分组成。

转炉烟气流经文氏管收缩段到达喉口时被加速，高速的烟气冲击用喷嘴喷入的水幕，使水二次雾化成小于或等于烟尘粒径 100 倍以下的细小水滴。喷水量一般为 0.5～1.5L/m³（液气比）。气流速度（60～120m/s）越大，喷入的水滴越细，在喉口分布越均匀，二次雾化效果越好，越有利于捕集微小的烟尘。细小的水滴在高速紊流气流中迅速吸收烟气的热量而汽化，很快使烟气温度从 1000℃左右冷却到 70～80℃。同时，被水滴捕集和润湿的烟尘互相碰撞而凝聚成较大的颗粒，经过与文氏管串联的汽水分离装置（脱水器），使含尘水滴与气体分离，即烟气得到净化。

按文氏管的构造可分为定径文氏管和调径文氏管。在采用双文氏管串联的湿法净化系统中，通常以定径文氏管作为第一级，并加溢流水封，因此，又称溢流文氏管。以调径文氏管作为第二级除尘装置。下面分别介绍。

(1) 溢流文氏管。在双文氏管串联的湿法净化系统中，喉口直径一定的溢流文氏管（见图 13-15）主要起降温和粗除尘的作用。经汽化冷却烟道冷却至 800～1000℃的烟气，通过溢流文氏管时能迅速冷却到 70～80℃，同时使烟尘凝聚，再通过扩张段和脱水器将烟气中的粗粒烟尘除去，除尘效率为 90%～95%。

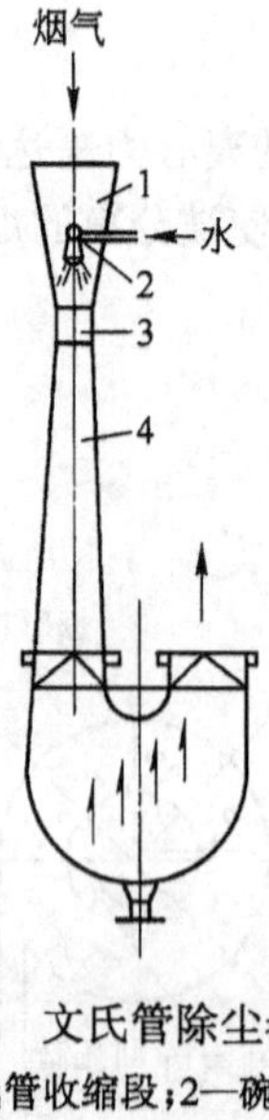

图 13-14 文氏管除尘器的组成

1—文氏管收缩段；2—碗形喷嘴；3—喉口；4—扩张段

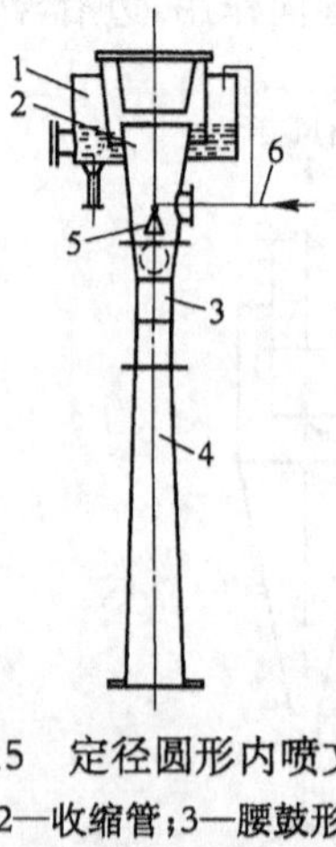

图 13-15 定径圆形内喷文氏管

1—溢流水封；2—收缩管；3—腰鼓形喉口（铸件）；4—扩散管；5—碗形喷嘴（内喷）；6—溢流供水管

采用溢流水封主要是为了保持收缩段的管壁上有一层流动的水膜，以隔离高温烟气对管壁的冲刷并防止在干湿交界面上产生积灰结瘤而堵塞。同时，溢流水封为开口式结构，有防爆泄压和调节汽化冷却器因热胀冷缩引起的位移的作用。

溢流文氏管的收缩角为20°～25°，扩张角为6°～8°；喉口长度为(0.5～1)$D_{喉}$(小炉子取上限)；溢流文氏管的入口气流速度为20～25m/s，喉口气流速度为40～60m/s，出口气流速度为15～20m/s；一文阻力损失3000～5000Pa；溢流水量每米周边约500kg/h。

(2) 调径文氏管。喉口部分装有调节设备的文氏管，主要用于精除尘。文氏管除尘器内水的雾化和凝聚，主要决定于烟气在喉口处的速度(在喷水量一定的条件下)。炼钢过程中烟气量变化很大，为了尽量保持喉口烟气速度不变，以稳定除尘效率，采用调径文氏管，它能随烟气量的变化相应增大或缩小喉口断面积，保持喉口烟气速度一定。在用压力控制法的烟气净化系统中采用调径文氏管，还可以调节风机的抽气量，以控制炉口微压差，确保回收煤气质量。

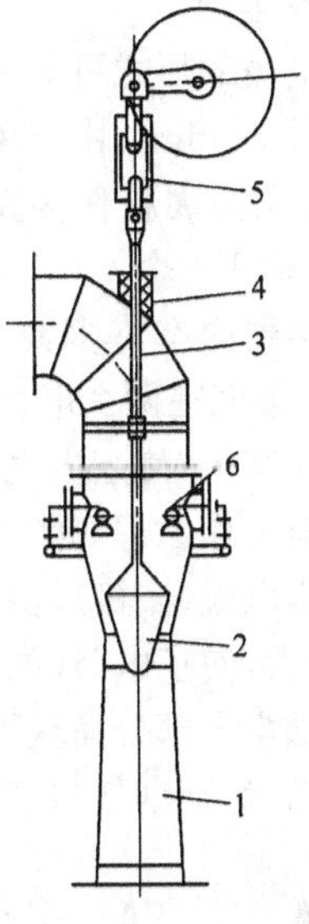

图13-16 圆形重砣式顺装文氏管
1—文氏管；2—重砣；3—拉杆；4—压盖；5—联结件；6—碗形喷嘴(内喷×3个)

常用的调径文氏管如图13-16所示。在文氏管的喉口有一圆锥体的重砣，在烟气量变化时，可以通过电动执行机构自动升降重砣，改变喉口大小。这种文氏管的阻力损失较大，除尘效率可达98%以上。为了克服重砣调节喉口阻力损失过大的缺点，目前新建转炉采用矩形可调喉口文氏管或圆弧形-滑板调节喉口断面。

矩形可调喉口文氏管(P-A文氏管)如图13-17所示，喉口断面为矩形。通过翼板或滑板的展开或闭合变更喉口断面积，以克服喉口用重砣调节时气流在重砣处产生涡流使阻损(11000～13000Pa)增大的缺点，此外翼板调节起动力矩小，设备制作容易。

圆弧形-滑板调节文氏管(R-D文氏管)如图13-18所示。在文氏管喉口段内安设米粒形阀板用以控制喉口开口度，可显著降低二文阻损(9000～12000Pa)。喉口阀板调节性能好，喉口开口度与气体流量在相同的阻损下，基本上呈直线函数关系，这样能准确地调节喉口的气流速度，提高喉口的调节精度。

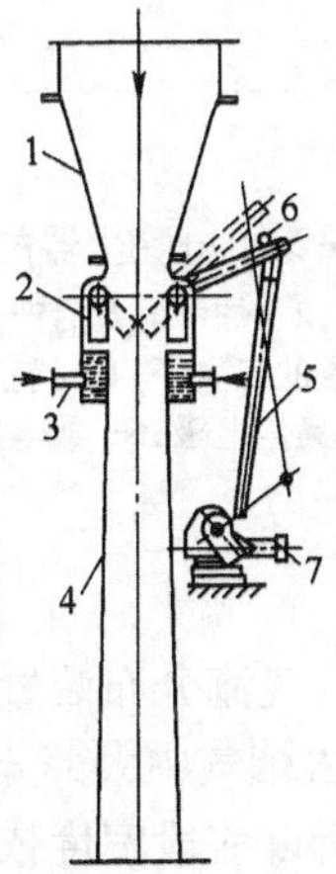

图13-17 矩形翼板式调径文氏管
1—收缩段；2—调径翼板；3—喷水管；4—扩散管；5—连杆；6—杠杆；7—油压缸

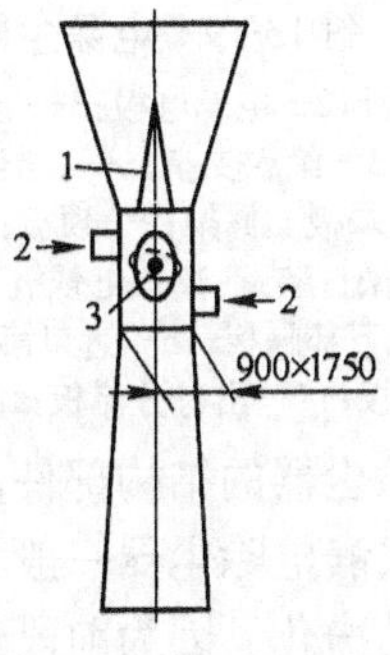

图13-18 圆弧形-滑板调节(R-D)文氏管
1—导流板；2—供水；3—可调阀板

另外，阀板由液压传动控制，可与炉口微压差同步，也使调节精度得到提高。

调径文氏管的收缩角为23°～30°，扩张角为7°～12°；调径文氏管收缩段的进口气流速度为15～20m/s，喉口气流速度为100～120m/s，二文阻损一般为10000～12000Pa。

D 静电除尘器

根据收尘电极的形式可分为管式电除尘器和板式电除尘器。管式电除尘器的管径通常为150～300mm，长2～5m。由于单根管通过的烟气量很小，经常采用多排管并列组成。板式电除尘器（图13-19）用金属板作为正极，其通道宽为200～400mm。通道数决定于所需净化的烟气量，一般为几个到几十个。

板式电除尘器内有许多集尘电极板和放电电极线交互悬吊着，通以数万伏（一般为50～90kV）直流电。烟气在两个电极间通过时，气体分子被电离成带正、负电荷的离子，离子与灰尘质点相遇而附于其上，使烟尘也带有电荷，而后被电极板吸引，烟气得到净化。

静电除尘器工作原理如图13-20所示。一般以导线（电晕线）作放电电极（阴极），以金属管或金属板作集尘电极（阳极），由于两个电极形状不同，造成了不均匀电场，在导线附近，电力线密集，电场强度较大，使正电荷（如气体正离子）束缚在导线附近，在空间则电子或负离子较多，于是在空间通过的烟尘大部分捕获了电子，带上负电荷，得以向正极移动，到达正极时，即失去电子而沉降到电极表面，达到烟气与烟尘分离的目的。

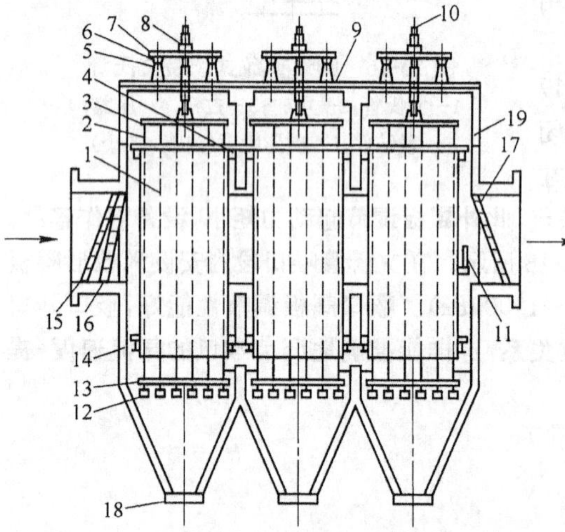

图13-19 电除尘器的结构

1—收尘电极；2—电晕电极；3—电晕极上架；4—收尘极上部支架；5—绝缘支座；6—石英绝缘管；7—电晕极悬吊管；8—电晕极支撑架；9—顶板；10—电晕极振打装置；11—收尘极振打装置；12—电晕极下架；13—电晕极吊锤；14—收尘极下部隔板；15—进口第一块分流板；16—进口第二块分流板；17—出口分流板；18—排灰装置；19—外壳

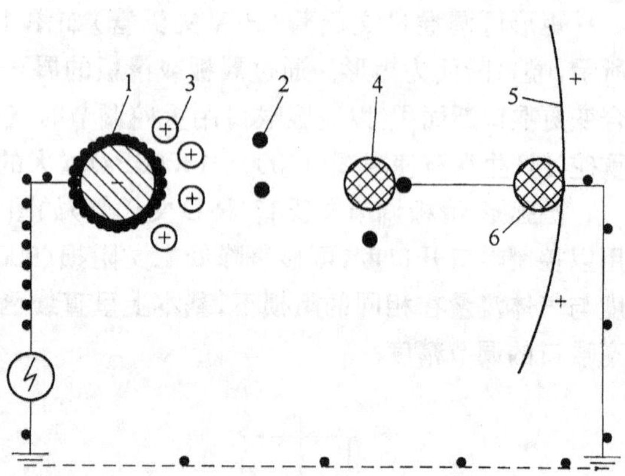

图13-20 电除尘器的工作原理

1—放电电极；2—炉气电离后产生的电子；3—炉气电离后产生的正离子；4—捕获电子后的尘粒；5—集尘电极；6—放电后的尘粒

静电除尘器的结构部件由放电电极（电晕电极）、收尘电极、气流分布装置、外壳和供电设备组成。卧式静电除尘器一般为三段或多段串联使用，每段可除去烟气中大部分烟尘，多段就能达到较彻底的净化。因为前段烟气中含尘量高，大颗粒烟尘多，所以前段宽度依次比后段大，电压则相反，后段电压依次比前段高些。烟气在静电除尘器内的流速一般为2～3m/s，烟气温度控制在不低于150～200℃。

静电除尘器效率高，而且稳定，不受气量波动的影响，最适合于捕集小于1μm的烟尘，处理气体量大，阻力损失小（一般在 300Pa 以下）。国外采用静电除尘器的较多。

E 布袋除尘器

布袋除尘器用于电弧炉烟气净化系统，它是将含尘烟气通过用织物制成的袋子进行过滤，使粉尘从烟气中分离出来，留在布袋内，再靠反吹风或振动的方法清除袋中的积灰（见图 13-21）。

13.4.2.2 脱水器

在湿法和半干半湿法烟气净化系统中，湿法除尘器的后面必须有汽水分离设备，即设置脱水器。脱水情况直接关系到烟气的净化效率、风机叶轮寿命和管道阀门的维护，而脱水效率与脱水器的结构有关。

A 重力脱水器

烟气进入脱水器后流速下降，流向改变，靠含尘水滴自身重力实现分离，适用于作为粗脱水设备，如作为溢流文氏管后面的脱水器。重力脱水器的入口气流速度一般不小于 12m/s，筒体内气流速度一般为 4～5m/s（见图 13-22）。

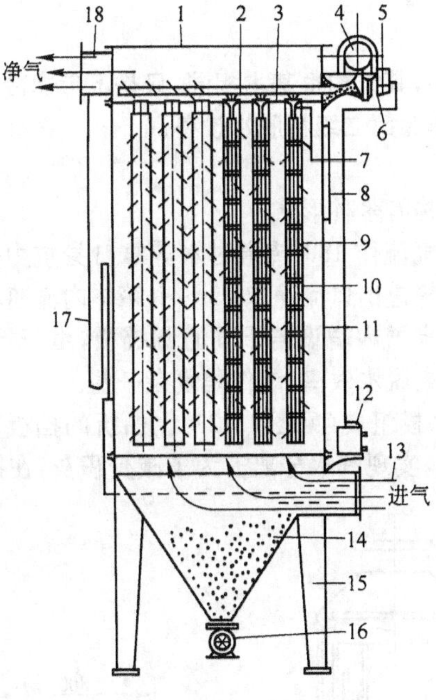

图 13-21 脉冲布袋除尘器

1—上箱；2—喷吹管；3—花板；4—气包；5—排气阀；6—脉冲阀；7—文氏管；8—检修孔；9—框架；10—气袋；11—中箱；12—控制仪；13—进口管；14—灰斗；15—支架；16—卸灰阀；17—压力计；18—排气管

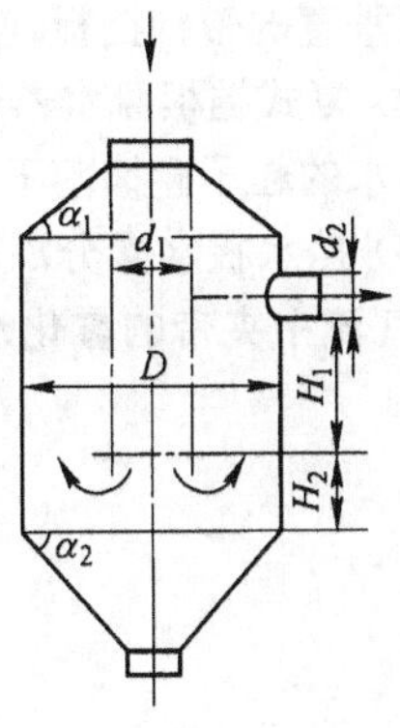

图 13-22 重力脱水器

B 弯头脱水器

弯头脱水器是利用离心力实现惯性沉降，使含尘水滴被甩至脱水器的叶片及器壁上并沿壁流下，通过排水槽排走。弯头的弯曲角度分为 90°和 180°两种，其结构如图 13-23 与图 13-24 所示。弯头脱水器入口气流速度为 10～12m/s，出口气流速度为 7～9m/s，脱水器内的截面气流速度为 5～10m/s。90°弯头一般为单叶片，180°弯头为 3～5 个叶片。弯头脱水器的缺点是易造成堵塞，改进分流挡水板和增设反冲喷嘴，有利于消除堵塞现象。

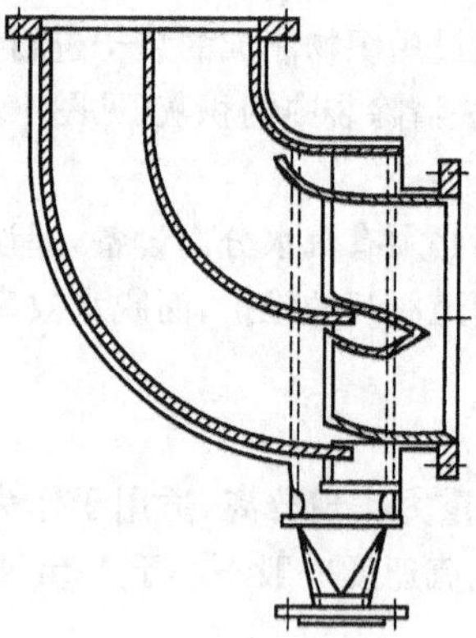

图 13-23 90°弯头脱水器

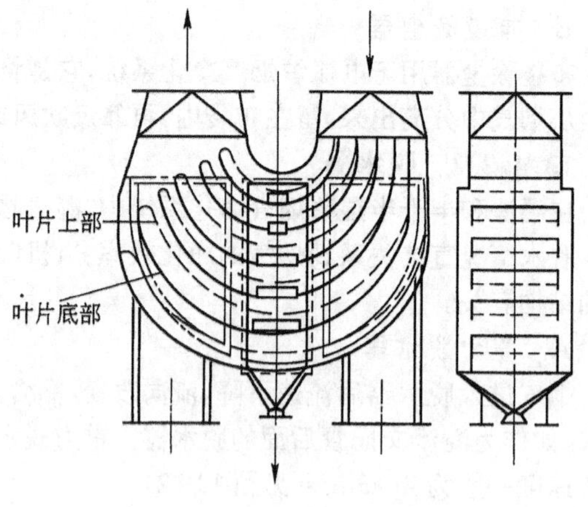

图 13-24 180°弯头脱水器

C 平面旋风脱水器

脱水原理与平面旋风除尘的原理完全相同，其结构也基本相同，只是不考虑冷却措施。平面旋风脱水效率高，可作为第一级粗脱水，也可作为第二级精脱水设备。

D 挡板脱水器

挡板脱水器仍属于重力脱水器类型，其结构有多种形式。

(1) 重力挡板脱水器(见图 13-25)。利用气流作 180°转弯时水雾靠自身重力分离下来。另有数道垂直的带钩挡板，起截留水雾之用。烟气进出口流速取 15m/s，箱体内流速取 5m/s。

(2) 复式挡板脱水器(见图 13-26)。在脱水器内增设若干同心圆挡板，由于挡板数增多，则烟气中水的粒子碰撞落下的机会也增多，可提高脱水效率，制作稍复杂一些。

(3) 挡水板水雾分离器。它是由多折挡水板组成(见图 13-27)。曲折的挡板对气流有导向作用，气流中夹带的雾化水被撞击在折叠板上，实现汽水分离。为了减少积灰，在挡板上方安有

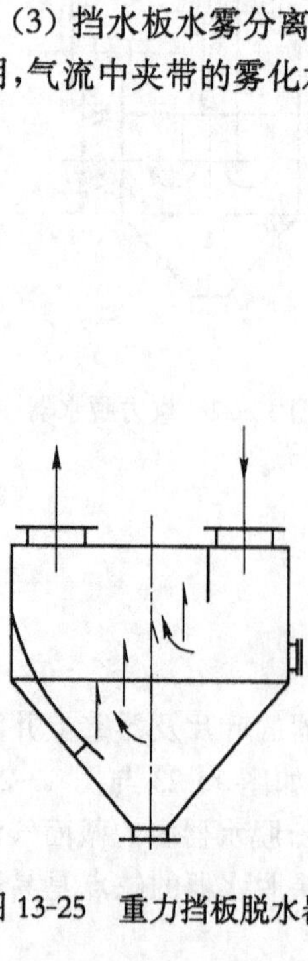

图 13-25 重力挡板脱水器

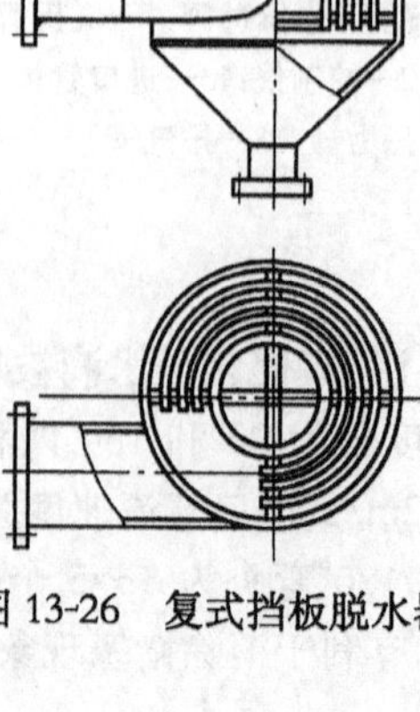

图 13-26 复式挡板脱水器

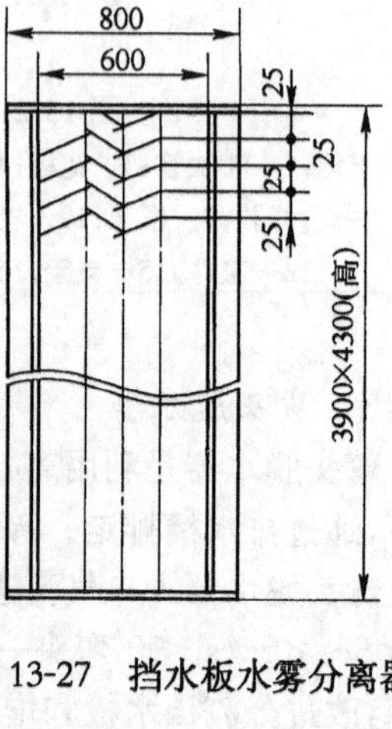

图 13-27 挡水板水雾分离器

清洗喷嘴，在非吹炼期由程序控制对挡水板进行自动清洗。挡水板水雾分离阻损较大，但结构简单，脱水效率高，不易堵塞，在日本OG法系统中它是关键的精脱水器设备之一。

E 丝网脱水器

丝网脱水器用以脱除较小雾状水滴。由于丝网的自由体积大，气体很容易通过丝网。夹带在烟气中的细小水滴与丝网表面碰撞，在丝网接头处聚集成大的液滴而脱离丝网沉降，实现汽水分离。

丝网脱水器是一种高效率的脱水装置，能有效地除去2～5μm的雾滴。它阻力小、质量小、耗水量小，一般用作风机前精脱水设备。但丝网脱水器长期运转容易堵塞，一般每炼一炉钢冲洗一次，冲洗时间为3min。为防止腐蚀，丝网用不锈钢丝、紫铜丝或磷铜丝编织。

13.4.3 煤气回收设备

转炉煤气回收设备主要是指煤气柜和回火防止器。

图13-28为某厂30t转炉煤气回收系统10000m^{3}煤气柜。为了保证煤气柜安全运转，储气量不得超过煤气柜容量的95%，需要安装自动放散装置来保证贮气柜的安全。

由于转炉煤气容易爆炸，从安全与回收煤气质量出发，要求整个系统严密，并规定当煤气中含O_2量大于2%时停止回收，利用燃烧期所产生的CO_2废气，清洗烟道中残存的O_2气以保证安全。同时炉口必须保持烟气正压，活动烟罩与固定烟罩采用水封，氧枪孔、下料孔充氮密封。

为了防止高速煤气与管道壁摩擦产生静电火花，要求整个系统设备用导线接地，并严禁其他火种接近系统设备。

在控制入柜煤气含氧量和杜绝火种的同时，还应防止煤气用户回火造成贮气柜爆炸的可能性，因此在煤气加压机和煤气用户之间加一个回火防止器（见图13-29），保证煤气柜安全。

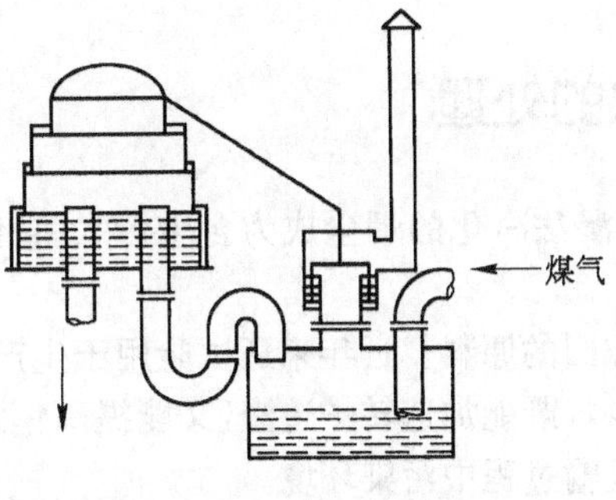

图13-28 自动放散煤气柜

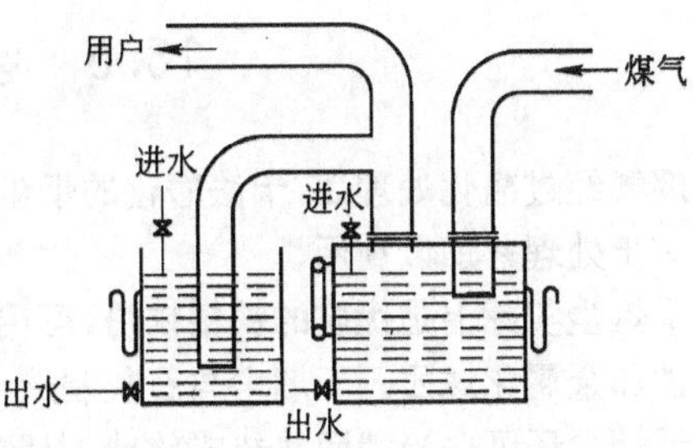

图13-29 水封式回火防止器

13.4.4 除尘风机与放散烟囱

除尘风机是转炉烟气净化系统的关键设备，是烟气在整个净化处理系统中流动的动力来源。

13.4.4.1 风机的选用原则

一般进入抽风机前的烟气温度为35～65℃，含尘量为100～150mg/m^3，CO含量为60%，对于湿法或半干半湿净化流程，气体的相对湿度为100%，并含有一定量的机械水滴。

为适应上述特点，除尘风机应按如下原则选择：

(1) 要求在调节抽风量时，其压力变化不大，同时当风机在小风量运转时不喘振；

(2) 具有良好的密封和防爆性能；

(3) 叶轮、外壳具有较高的抗磨性和一定的耐腐蚀性；

(4) 机壳上应设有水冲洗或其他清灰装置；

(5) 具有较好的抗振性。

目前国内氧气转炉烟气净化系统采用的风机，基本是D型煤气鼓风机、8-18型空气鼓风机与锅炉引风机三种。一般在"双文氏管"全湿法净化回收系统中采用D型煤气鼓风机(适于烟气介质压力高于22563Pa)；干湿结合净化系统采用8-18型空气鼓风机(适于烟气介质压力低于16579Pa)；燃烧法净化系统则采用锅炉引风机。

13.4.4.2 放散烟囱的选择原则

转炉烟气放散与一般工业废气放散不同，因此对转炉放散烟囱应作特殊考虑。

(1) 烟囱高度的确定。一般工业用烟囱只高于周围100m内的最高建筑物3～6m即可，对转炉用放散烟囱，考虑到其中含有大量烟尘和CO，应高于一般工业用烟囱20～30m。

(2) 放散烟囱结构形式的选择。风机和烟囱的布置方式有布置在转炉楼层中部或上部的，也有布置在地面上的，为了降低建筑结构造价和维护管理方便，以采用地面布置较好。对有多座转炉的炼钢车间，为防止煤气倒灌，烟囱不宜合用，即一座炉子应单独设置一个烟囱。

钢质烟囱防振性好，施工方便，在北方寒冷地区，要考虑防冻措施。

(3) 烟囱直径的确定。放散烟囱直径应根据以下两个因素决定：

1) 为防止烟囱烟气回火的发生，烟囱内最低气流速度(12～18m/s)应大于回火速度。

2) 为保证煤气的回收质量，回收系统与放散系统的阻力应相对平衡，以免引起烟罩口压力波动，即在回收期或放散期，都能使烟罩口处于微正压状态，避免空气吸入。因此关键在于提高放散系统的阻力与回收系统阻力相平衡。提高放散系统阻力的措施有：在放散管路上加一水封器，既提高系统阻力，又可以防止回火；在放散管路上加一阻力平衡器；放散管内气流速度取高一些，以提高沿程阻损值。

13.5 含尘污水的处理

烟气经过净化处理后，干法净化的烟尘成为干灰，湿法净化的烟尘成为含尘污水，它们都需要进一步处理并加以利用。

干烟尘实际上是优质的铁精矿粉，可用作烧结或球团的原料。近年来还试验用于生产粒铁、海绵铁和金属化球团。干烟尘与石灰制造合成造渣材料，既能加速转炉造渣，又能提高钢水收得率。干烟尘还可适当潮润并造成软球，以防在存放和运输过程中污染环境。

湿法净化系统中形成的大量含尘污水，也需经过处理并加以利用。如任意排放这种含尘污水，将严重污染江河水源。

含尘污水处理系统如图13-30所示。处理含尘污水的流程为：

水力旋流器分级⟶立式沉淀池浓缩⟶真空吸滤机脱水⟶干燥

(1) 分级。含尘污水中悬浮着不同粒度的烟尘，分级的任务是将其中大颗粒烟尘分离出去。含尘污水沿切线方向进入水力旋流器，在旋流器旋转过程中，大颗粒烟尘被甩向器壁沉降下来，落在螺旋输送机槽底上，再由泥浆泵送到圆盘真空过滤机(或采用板式压滤机、或多辊压榨机)过滤脱水。细小烟尘随水流从顶部溢出流向沉淀池。

(2) 浓缩。浓缩是使含尘污水中的烟尘沉降下来成为泥浆，同时使水得到澄清，以供循环使用。在立式沉淀池中烟尘在重力作用下慢慢沉降到底部，将底部泥浆送往圆盘真空过滤机脱水，澄清的水则从顶部溢出。为了促进烟尘的浓缩效果，可以在含尘的污水中加入硫酸铵、硫酸亚铁

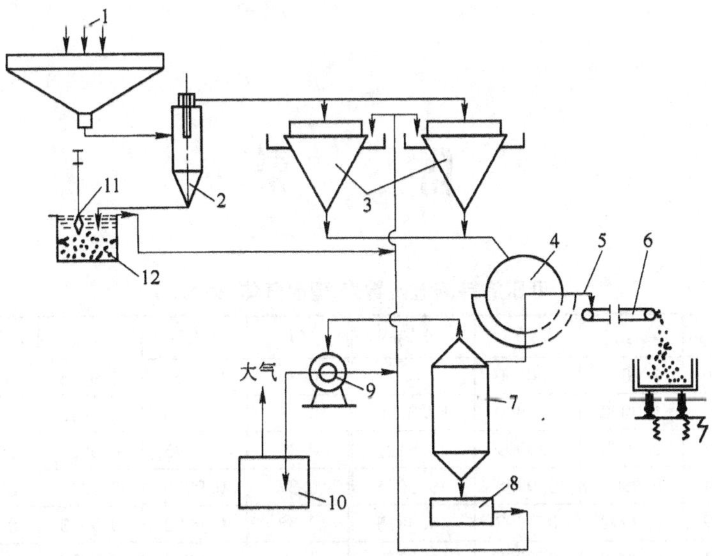

图 13-30 含尘污水处理系统

1—含尘污水；2—旋流器；3—立式沉淀池；4—过滤器；5—泥饼；6—皮带；7—真空罐；8—排水箱；9—真空泵；10—汽水分离器；11—抓斗；12—污泥池

或高分子微粒絮凝剂聚丙烯酰胺。

(3) 脱水。浓缩后排出的泥浆仍含有50%～75%的水，一般用转鼓式真空吸滤机脱水。沿鼓筒周身是垫有滤布的泥饼盒，盒内盛泥浆，抽真空通过滤布使泥浆脱水。在转动中脱水后的泥饼达到一定位置后，破坏真空使泥饼在重力作用下脱出。然后用水冲洗滤布，继续盛泥浆和进行抽滤。

(4) 干燥。经脱水的泥饼仍含有25%左右的水分，可以直接送走或者烘干和加工后供用户使用。

为了节约用水，沉淀池上部溢流出来的清水补充一部分新水后还可供净化用水。但是由于烟气中含有CO_2和少量SO_2等气体，净化过程溶解于水，对管道、喷嘴、水泵等有腐蚀作用。为此要定期测定水的pH值和硬度。通过检测发现pH值小于7，水呈酸性时，应补充新水并适当加入石灰乳，使水保持中性。有的转炉车间由于石灰粉料多，石灰粉被烟气带入净化系统并溶解于水成为$Ca(OH)_2$，$Ca(OH)_2$和CO_2作用生成$CaCO_3$，$CaCO_3$的沉淀容易阻塞喷嘴和管道。因此，除尽量减少石灰中粉料外，发现水pH值大于7呈碱性时，亦应补充新水；必要时可加入少量工业用酸，使水保持中性。汽化冷却器和锅炉用水需用软水，并需经过脱氧处理。

思考题

13-1 转炉烟气净化中对烟气的处理方法有哪几种，转炉烟气净化有哪几种形式？

13-2 转炉OG法净化系统包括哪些主要设备，其主要特点是什么？

13-3 电弧炉除尘方式有哪三种形式，电弧炉一次烟气和二次烟气的除尘有何不同？

13-4 转炉和电弧炉用除尘器有哪些，它们各有何特点？

13-5 除尘器用脱水器有哪些，它们各有何特点？

13-6 除尘风机和放散烟囱的选择原则是什么？

13-7 含尘污水如何处理？

附 录

可压缩等熵流函数表 理想气体:$\gamma=1.4$

M	P/P_0	ρ/ρ_0	T/T_0	A/A_0	M	P/P_0	ρ/ρ_0	T/T_0	A/A_0
0.00	1.0000	1.0000	1.0000	∞	0.34	0.9231	0.9445	0.9774	1.8229
0.01	0.9999	1.0000	1.0000	57.8738	0.35	0.9188	0.9413	0.9761	1.7780
0.02	0.9997	0.9998	0.9999	28.9121	0.36	0.9143	0.3989	0.9747	1.7358
0.03	0.9994	0.9996	0.9998	19.3005	0.37	0.9098	0.9347	0.9733	1.6961
0.04	0.9989	0.9992	0.9997	14.4815	0.38	0.9052	0.9313	0.9709	1.6587
0.05	0.9983	0.9988	0.9995	11.5914	0.39	0.9004	0.9278	0.9755	1.6231
0.06	0.9975	0.9982	0.9993	9.6659	0.40	0.8956	0.9243	0.9690	1.5901
0.07	0.9966	0.9976	0.9990	8.2915	0.41	0.8907	0.9207	0.9675	1.5587
0.08	0.9955	0.9968	0.9987	7.2616	0.42	0.8857	0.9170	0.9659	1.5289
0.09	0.9944	0.9960	0.9984	6.4613	0.43	0.8807	0.9132	0.9643	1.5007
0.10	0.9903	0.9950	0.9980	5.8218	0.44	0.8755	0.9094	0.9627	1.4740
0.11	0.9916	0.9940	0.9976	5.2992	0.45	0.8703	0.9055	0.9611	1.4487
0.12	0.9900	0.9928	0.9971	4.8643	0.46	0.8650	0.9016	0.9594	1.4246
0.13	0.9883	0.9916	0.9966	4.4969	0.47	0.8596	0.8976	0.9577	1.4018
0.14	0.9864	0.9903	0.9961	4.1824	0.48	0.8541	0.8935	0.9560	1.3801
0.15	0.9844	0.9888	0.9955	3.9103	0.49	0.8486	0.8894	0.9542	1.3595
0.16	0.9823	0.9873	0.9946	3.6727	0.50	0.8430	0.8852	0.9524	1.3398
0.17	0.9800	0.9857	0.9943	3.4635	0.51	0.8374	0.8809	0.9506	1.3212
0.18	0.9776	0.9840	0.9936	3.2779	0.52	0.8317	0.8766	0.9487	1.3034
0.19	0.9751	0.9822	0.9928	3.1123	0.53	0.8259	0.8723	0.9468	1.2865
0.20	0.9725	0.9803	0.9921	2.9635	0.54	0.8201	0.8679	0.9449	1.2703
0.21	0.9697	0.9783	0.9913	2.8293	0.55	0.8142	0.8634	0.9430	1.2550
0.22	0.9668	0.9762	0.9904	2.7076	0.56	0.8082	0.8589	0.9410	1.2403
0.23	0.9638	0.9740	0.9895	2.5968	0.57	0.8022	0.8544	0.9390	1.2263
0.24	0.9607	0.9718	0.9886	2.4956	0.58	0.7962	0.8498	0.9370	1.2130
0.25	0.9575	0.9694	0.9877	2.4027	0.59	0.7901	0.8451	0.9349	1.2003
0.26	0.9541	0.9670	0.9867	2.3173	0.60	0.7840	0.8405	0.9328	1.1882
0.27	0.9506	0.9645	0.9856	2.2385	0.61	0.7778	0.8357	0.9307	1.1767
0.28	0.9470	0.9619	0.9846	2.1656	0.62	0.7716	0.8310	0.9286	1.1657
0.29	0.9433	0.9592	0.9835	2.0979	0.63	0.7654	0.8262	0.9265	1.1552
0.30	0.9395	0.9564	0.9823	2.0351	0.64	0.7591	0.8213	0.9243	1.1452
0.31	0.9355	0.9535	0.9811	1.9765	0.65	0.7528	0.8164	0.9221	1.1356
0.32	0.9315	0.9506	0.9799	1.9219	0.66	0.7465	0.8115	0.9199	1.1265
0.33	0.9274	0.9476	0.9787	1.8707	0.67	0.7401	0.8066	0.9176	1.1179

续附录

M	P/P_0	ρ/ρ_0	T/T_0	A/A_0	M	P/P_0	ρ/ρ_0	T/T_0	A/A_0
0.68	0.7338	0.8016	0.9153	1.1097	1.03	0.5099	0.6181	0.8250	1.001
0.69	0.7274	0.7961	0.9131	1.1018	1.04	0.5039	0.6129	0.8222	1.001
0.70	0.7209	0.7916	0.9107	1.0944	1.05	0.4979	0.6077	0.8193	1.002
0.71	0.7145	0.7865	0.9084	1.0873	1.06	0.4919	0.6024	0.8165	1.003
0.72	0.7080	0.7414	0.9061	1.0806	1.07	0.4860	0.5972	0.8137	1.004
0.73	0.7016	0.7763	0.9037	1.0742	1.08	0.4800	0.5920	0.8108	1.005
0.74	0.6951	0.7712	0.9013	1.0681	1.09	0.4742	0.5869	0.8080	1.006
0.75	0.6886	0.7660	0.8989	1.0624	1.10	0.4684	0.5817	0.8052	1.008
0.76	0.6831	0.7609	0.8964	1.0570	1.11	0.4626	0.5766	0.8023	1.010
0.77	0.6756	0.7557	0.8940	1.0519	1.12	0.4598	0.5714	0.7994	1.011
0.78	0.6690	0.7505	0.8915	0.10471	1.13	0.4511	0.5663	0.7966	1.013
0.79	0.6625	0.7452	0.8890	1.0425	1.14	0.4455	0.5612	0.7937	1.015
0.80	0.6560	0.7400	0.8865	1.0382	1.15	0.4398	0.5562	0.7608	1.017
0.81	0.6495	0.7347	0.8840	1.0342	1.16	0.4343	0.5511	0.7879	1.020
0.82	0.6430	0.7295	0.8815	1.0305	1.17	0.4287	0.5461	0.7851	1.022
0.83	0.6365	0.7242	0.8789	1.0270	1.18	0.4232	0.5411	0.7822	1.025
0.84	0.6300	0.7189	0.8763	1.0237	1.19	0.4178	0.5361	0.7793	1.026
0.85	0.6235	0.7136	0.8737	1.0207	1.20	0.4124	0.5311	0.7764	1.030
0.86	0.6170	0.7033	0.8721	1.0179	1.21	0.4070	0.5262	0.7735	1.033
0.87	0.6106	0.7030	0.8685	1.0153	1.22	0.4017	0.5213	0.7706	1.037
0.88	0.6041	0.6977	0.8695	1.0129	1.23	0.3964	0.5164	0.7677	1.040
0.89	0.5977	0.6924	0.8632	1.0108	1.24	0.3912	0.5115	0.7648	1.043
0.90	0.5913	0.6870	0.8606	1.0089	1.25	0.3861	0.5067	0.7619	1.047
0.91	0.5849	0.6817	0.8579	1.0071	1.26	0.3809	0.5019	0.7590	1.050
0.92	0.5785	0.6764	0.8552	1.0056	1.27	0.3759	0.4971	0.7561	1.054
0.93	0.5721	0.6711	0.8525	1.0043	1.28	0.3708	0.4923	0.7532	1.058
0.94	0.5658	0.6658	0.8498	1.0031	1.29	0.3658	0.4876	0.7503	1.062
0.95	0.5595	0.6604	0.8471	1.0022	1.30	0.3609	0.4829	0.7474	1.066
0.96	0.5532	0.6551	0.8444	1.0014	1.31	0.3560	0.4782	0.7445	1.071
0.97	0.5469	0.6498	0.8416	1.0008	1.32	0.3512	0.4736	0.7416	1.075
0.98	0.5407	0.6445	0.8389	1.0003	1.33	0.3464	0.4690	0.7387	1.080
0.99	0.5345	0.6392	0.8361	1.0001	1.34	0.3117	0.4644	0.7358	1.084
1.00	0.5283	0.6339	0.8333	1.000	1.35	0.3370	0.4598	0.7327	1.089
1.01	0.5221	0.6287	0.8306	1.000	1.36	0.3323	0.4553	0.7300	1.094
1.02	0.5160	0.6234	0.8278	1.000	1.37	0.3277	0.4508	0.7271	1.099

续附录

M	P/P_0	ρ/ρ_0	T/T_0	A/A_0	M	P/P_0	ρ/ρ_0	T/T_0	A/A_0
1. 38	0. 3232	0. 4463	0. 7242	1. 104	1. 73	0. 1936	0. 3095	0. 6256	1. 367
1. 39	0. 3187	0. 4418	0. 7213	1. 109	1. 74	0. 1907	0. 3062	0. 6229	1. 376
1. 40	0. 3142	0. 4374	0. 7184	1. 115	1. 75	0. 1878	0. 2029	0. 6202	1. 386
1. 41	0. 3098	0. 4330	0. 7155	1. 120	1. 76	0. 1850	0. 2996	0. 6175	1. 397
1. 42	0. 3055	0. 4287	0. 7126	1. 126	1. 77	0. 1822	0. 2964	0. 6148	1. 407
1. 43	0. 3012	0. 4244	0. 7097	1. 132	1. 78	0. 1794	0. 2932	0. 6121	1. 418
1. 44	0. 2969	0. 4201	0. 7069	1. 138	1. 79	0. 1767	0. 2900	0. 6095	1. 428
1. 45	0. 2927	0. 4158	0. 7040	1. 144	1. 80	0. 1720	0. 2868	0. 6068	1. 439
1. 46	0. 2886	0. 4116	0. 7011	1. 150	1. 81	0. 1714	0. 2837	0. 6041	1. 450
1. 47	0. 2845	0. 4074	0. 6982	1. 156	1. 82	0. 1688	0. 2806	0. 6015	1. 461
1. 48	0. 2804	0. 4032	0. 6954	1. 163	1. 83	0. 1662	0. 2776	0. 5989	1. 472
1. 49	0. 2764	0. 3991	0. 6925	1. 169	1. 84	0. 1637	0. 2745	0. 5963	1. 484
1. 50	0. 2724	0. 3950	0. 6897	1. 176	1. 85	0. 1512	0. 2715	0. 5936	1. 495
1. 51	0. 2685	0. 3909	0. 6868	1. 183	1. 86	0. 1587	0. 2686	0. 5910	1. 507
1. 52	0. 2646	0. 3869	0. 6840	1. 190	1. 87	0. 1563	0. 2656	0. 5884	1. 519
1. 53	0. 2068	0. 3829	0. 6811	1. 197	1. 88	0. 1539	0. 2627	0. 5859	1. 531
1. 54	0. 2570	0. 3789	0. 6783	1. 204	1. 89	0. 1516	0. 2598	0. 5833	1. 543
1. 55	0. 2533	0. 3750	6754	1. 212	1. 90	0. 1492	0. 2570	0. 5807	1. 555
1. 56	0. 2496	0. 3710	0. 6726	1. 219	1. 91	0. 1470	0. 2542	0. 5782	1. 568
1. 57	0. 2459	0. 3672	0. 6698	1. 227	1. 92	0. 1447	0. 2514	0. 5756	1. 580
1. 58	0. 2423	0. 3633	0. 6670	1. 234	1. 93	0. 1425	0. 2486	0. 5731	1. 593
1. 59	0. 2388	0. 3595	0. 6642	1. 242	1. 94	0. 1403	0. 2459	0. 5705	1. 606
1. 60	0. 2353	0. 3557	0. 6614	1. 250	1. 95	0. 1381	0. 2432	0. 5680	1. 619
1. 61	0. 2318	0. 3520	0. 6586	1. 258	1. 96	0. 1360	0. 2405	0. 5655	1. 633
1. 62	0. 2284	0. 3483	0. 6558	1. 267	1. 97	0. 1339	0. 2378	0. 5630	1. 646
1. 63	0. 2250	0. 3446	0. 6530	1. 275	1. 98	0. 1318	0. 2352	0. 5605	1. 660
1. 64	0. 2217	0. 3409	0. 6502	1. 284	1. 99	0. 1398	0. 2326	0. 5589	1. 674
1. 65	0. 2184	0. 3373	0. 6475	1. 292	2. 00	0. 1278	0. 2300	0. 5556	1. 688
1. 66	0. 2151	0. 3337	0. 6447	1. 301	2. 01	0. 1258	0. 2275	0. 5531	1. 702
1. 67	0. 2119	0. 3302	0. 6419	1. 310	2. 02	0. 1239	0. 2250	0. 5506	1. 716
1. 68	0. 2088	0. 3266	0. 6392	1. 319	2. 03	0. 1220	0. 2225	0. 5482	1. 730
1. 69	0. 2057	0. 3232	0. 6364	1. 328	2. 04	0. 1201	0. 2200	0. 5458	1. 745
1. 70	0. 2026	0. 3197	0. 6337	1. 338	2. 05	0. 1182	0. 2176	0. 5433	1. 760
1. 71	0. 1996	0. 3163	0. 6310	1. 347	2. 06	0. 1164	0. 2152	0. 5409	1. 775
1. 72	0. 1966	0. 3129	0. 6283	1. 357	2. 07	0. 1146	0. 2128	0. 5385	1. 790

续附录

M	P/P_0	ρ/ρ_0	T/T_0	A/A_0	M	P/P_0	ρ/ρ_0	T/T_0	A/A_0
2.08	0.1128	0.2104	0.5361	1.806	2.37	0.07168	0.1522	0.4709	2.338
2.09	0.1111	0.2081	0.5337	1.821	2.38	0.07057	0.1505	0.4688	2.359
2.10	0.1094	0.2058	0.5313	1.837	2.39	0.06948	0.1488	0.4668	2.381
2.11	0.1077	0.2035	0.5290	1.853	2.40	0.06840	0.1472	0.4647	2.403
2.12	0.1069	0.2013	0.5266	1.869	2.41	0.06734	0.1456	0.4626	2.425
2.13	0.1043	0.1990	0.5243	1.885	2.42	0.06630	0.1439	0.4606	2.448
2.14	0.1027	0.1968	0.5219	1.902	2.43	0.06527	0.1424	0.4585	2.471
2.15	0.1011	0.1946	0.5196	0.5199	2.44	0.06426	0.1408	0.4565	2.494
2.16	0.09956	0.1925	0.5173	0.5175	2.45	0.06327	0.1392	0.4544	2.517
2.17	0.09802	0.1903	0.5150	0.5153	2.46	0.06229	0.1377	0.4524	2.540
2.18	0.09650	0.1882	0.5127	0.5120	2.47	0.06133	0.1362	0.4504	2.564
2.19	0.09500	0.1861	0.5104	0.5107	2.48	0.06038	0.1347	0.4484	2.588
2.20	0.09352	0.1841	0.5081	2.005	2.49	0.05945	0.1332	0.4464	2.612
2.21	0.09207	0.1820	0.5059	2.023	2.50	0.05853	0.1317	0.4444	2.637
2.22	0.09064	0.1800	0.5036	2.041	2.51	0.05762	0.1302	0.4425	2.661
2.23	0.08923	0.1780	0.5014	2.059	2.52	0.05674	0.1288	0.4405	2.686
2.24	0.08785	0.1760	0.4991	2.078	2.53	0.05586	0.1274	0.4386	2.712
2.25	0.08648	0.1740	0.4969	2.096	2.54	0.05500	0.1260	0.4366	2.737
2.26	0.08514	0.1721	0.4947	2.115	2.55	0.05415	0.1246	0.4347	2.763
2.27	0.08382	0.1702	0.4925	2.134	2.56	0.05332	0.1232	0.4328	2.789
2.28	0.08252	0.1683	0.4903	2.154	2.57	0.05250	0.1218	0.4309	2.815
2.29	0.08123	0.1664	0.4881	2.173	2.58	0.05169	0.1205	0.4289	2.842
2.30	0.07997	0.1646	0.4859	2.193	2.59	0.05090	0.1192	0.4271	2.869
2.31	0.07873	0.1628	0.4837	2.213	2.60	0.05012	0.1179	0.4252	2.890
2.32	0.07751	0.1609	0.4816	2.233	2.61	0.04935	0.1166	0.4233	2.923
2.33	0.07631	0.1592	0.4794	2.254	2.62	0.04859	0.1153	0.4214	2.951
2.34	0.07512	0.1574	0.4773	2.274	2.63	0.04784	0.1140	0.4196	2.979
2.35	0.07396	0.1556	0.4752	2.295	2.64	0.04711	0.1128	0.4177	3.007
2.36	0.07281	0.1539	0.4731	2.316					

参考文献

1 郑沛然编. 炼钢设备及车间设计. 北京：冶金工业出版社，1996

2 李传薪主编. 钢铁厂设计原理(下册). 北京：冶金工业出版社，1995

3 贾凌云编. 转炉-连铸工艺设计与程序. 北京：冶金工业出版社，2005

4 陈雷主编. 连续铸钢. 北京：冶金工业出版社，1994

5 冯聚和编. 炼钢设计原理. 北京：化学工业出版社，2005

6 蔡开科主编. 连续铸钢. 北京：科学出版社，1991

7 蒋仲乐主编. 炼钢工艺及设备. 北京：冶金工业出版社，1981

8 陈家祥主编. 连续铸钢手册. 北京：冶金工业出版社，1991

9 沈才芳编. 电弧炉炼钢工艺与设备. 北京：冶金工业出版社，2001

10 云正宽主编. 冶金工程设计(工艺设计). 北京：冶金工业出版社，2006

11 徐文派主编. 转炉炼钢学. 北京：冶金工业出版社，1988

12 马廷温主编. 电炉炼钢学. 北京：冶金工业出版社，1990

13 王永忠，宋七棣编. 电炉炼钢除尘. 北京：冶金工业出版社，2003

14 刘浏. 中国转炉炼钢技术的进步. 钢铁，2005，40(2)：1～5

15 王润泽. 非正弦振动技术简介. 江苏冶金，2006，6：63～64

冶金工业出版社部分图书推荐

书　　名	作　者	定价(元)
能源与环境	冯俊小	35.00
钢铁冶金原理（第4版）	黄希祜	82.00
冶金与材料热力学	李文超	65.00
冶金物理化学研究方法（第4版）	王常珍	69.00
冶金热工基础	朱光俊	49.00
钢铁冶金原燃料及辅助材料	储满生	59.00
钢铁冶金学（炼铁部分）（第3版）	王筱留	60.00
现代冶金工艺学（钢铁冶金卷）	朱苗勇	75.00
钢铁冶金学教程	包燕平	49.00
炼钢学	雷　亚	42.00
炉外精炼教程	高泽平	40.00
连续铸钢（第2版）	贺道中	38.00
冶金设备（第2版）	朱　云	68.00
冶金设备课程设计	朱　云	19.00
冶金设备及自动化	王立萍	29.00
炼铁厂设计原理	万　新	38.00
炼钢厂设计原理	王令福	29.00
轧钢厂设计原理	阳　辉	46.00
物理化学	邓基芹	36.00
无机化学	邓基芹	36.00
煤化学	邓基芹	25.00
冶金专业英语（第2版）	侯向东	36.00
冶金原理	韩明荣	35.00
金属材料及热处理	王悦祥	35.00
高炉冶炼操作与控制	侯向东	49.00
转炉炼钢操作与控制	李　荣	39.00
炉外精炼操作与控制	高泽平	38.00
连续铸钢操作与控制	冯　捷	39.00
高炉炼铁设备	王宏启	36.00
铁合金生产工艺与设备（第2版）	刘　卫	45.00
矿热炉控制与操作（第2版）	石　富	39.00
炼钢工艺及设备	郑金星	69.00
稀土冶金技术	石　富	39.00
铝冶金生产操作与控制	王红伟	42.00